改变观念：
量子纠缠引发的
哲学革命

Change the Concepts:
Philosophical Revolution from
Quantum Entanglement

成素梅 著

科学出版社

北 京

内 容 简 介

量子纠缠是量子力学的一个核心特征，已经成为量子信息技术产生、发展的理论资源。量子物理学家对量子纠缠现象的理解经过了概念探讨、实验验证和技术应用三个阶段，至今仍在进行之中，由此引发的一系列观念之争具有重要的哲学意义。量子力学的基本假设发出了诸如微观世界是不连续的、概率是基本的、微观粒子本身是不可观察与不可概念化的抽象实在、量子理论是在谈论世界等一系列哲学宣言，深刻地改变了我们的概率观、理论观、实在观、整体观及因果观等。本书对量子纠缠现象带来的这些观念变革的探讨，将我们理解科学的视域从关注实验与理论理解转向关注技能与实践理解，揭示了科学家具有的认知技能与直觉判断对科学发现的重要作用，阐述了"体知认识论"的哲学立场。

本书可供从事物理学哲学和科学哲学研究的专家、学者及爱好者阅读参考。

图书在版编目（CIP）数据

改变观念：量子纠缠引发的哲学革命/成素梅著. —北京：科学出版社，2020.8
ISBN 978-7-03-065821-0

Ⅰ. ①改… Ⅱ. ①成… Ⅲ. ①量子论 Ⅳ. ①O413

中国版本图书馆 CIP 数据核字（2020）第 145546 号

责任编辑：邹 聪 张 楠/责任校对：杨 赛
责任印制：吴兆东/封面设计：有道文化

科 学 出 版 社 出版
北京东黄城根北街 16 号
邮政编码：100717
http://www.sciencep.com
北京中石油彩色印刷有限责任公司印刷
科学出版社发行 各地新华书店经销
＊
2020 年 8 月第 一 版 开本：720×1000 1/16
2024 年 8 月第五次印刷 印张：20
字数：350 000
定价：128.00 元
（如有印装质量问题，我社负责调换）

国家社科基金后期资助项目
出版说明

后期资助项目是国家社科基金设立的一类重要项目，旨在鼓励广大社科研究者潜心治学，支持基础研究多出优秀成果。它是经过严格评审，从接近完成的科研成果中遴选立项的。为扩大后期资助项目的影响，更好地推动学术发展，促进成果转化，全国哲学社会科学工作办公室按照"统一设计、统一标识、统一版式、形成系列"的总体要求，组织出版国家社科基金后期资助项目成果。

全国哲学社会科学工作办公室

前　言

量子力学是一群天才物理学家杰出智慧的结晶。他们凭借经验加猜测的直觉认知能力，奇迹般地提供了用来描述微观粒子运动变化的数学方程，以及我们理解微观世界的概念框架。量子力学在我们今天的日常生活和高科技设备中起着关键作用。不论是身边随处可见的各式计算机、电视机、手机等电子产品，还是应用越来越广的核电站、激光器、半导体、激光手术、光纤通信、互联网等技术，都离不开量子力学。美国诺贝尔物理学奖获得者斯坦博格（J. Steinberger）曾估计，在当代经济发展中，有 1/3 的国民生产总值以某种方式来自以量子力学为理论基础的高科技。[①]这充分证明了量子力学理论体系的有效性。更乐观的是，到目前为止，物理学家还没有发现能够否定量子力学形式体系的任何实验，反而量子信息技术的发展，越来越证明了量子力学的正确性。然而，令人深感困惑的是，物理学家至今仍然无法全面理解量子力学的概念本质，乃至关于量子力学的基本问题的探讨从未间断。

这虽然说明，变革哲学的进程要比变革科学与技术的进程更加缓慢，但从另一个角度来看，则反映出当代哲学家在把科学革命提升到哲学革命时，似乎不如康德那样的近代哲学家更有胜任能力。究其原因，自然与当代科学和哲学发展的专业化程度密切相关，但也反映出当代哲学教育的薄弱之处和当代科学哲学发展的滞后性。

科学革命面对的是实验事实，技术革命面对的是市场应用，哲学革命面对的是改变观念和对世界的一致性理解。在改变观念的意义上，量子力学不仅是一个破坏者，使物理学家经历了经典物理学大厦轰然崩塌的无奈与绝望；而且是一个前所未有的建设者，使物理学家经历了创立新理论大厦时的兴奋与激动。物理学家经历的无奈、绝望、兴奋和激动交叉更迭，迫使物理学史上最杰出的几位天才人物不得不卷入关于物理学基本问题的争论之中，由此呈现出一幕幕至今影响深远的观念之战。然而，令人遗憾的是，科学哲学家依然没有真正消化这些观念之争的前提假设、争论本质、

---

① 安东·泽林格：《量子物理学的实验与哲学基础》，2019 年 3 月 31 日，http://www.cctv.com/lm/131/61/85875.html。

蕴含的观念变革等，美国哲学家约翰·塞尔（John Searle）在 20 世纪末预言 21 世纪的哲学发展时，把科学哲学家依然没有能够消化吸收量子力学带来的哲学挑战，说成是当前科学哲学界的一件丑闻。塞尔指出，

> 量子力学确实对我们的世界观提出了基本的挑战，我们还完全没有对其加以消化。科学哲学家，包括对科学哲学感兴趣的物理学家，到目前为止都没有为我们提供一种融贯的说明，来解释量子力学如何与我们的整个宇宙观相符合，尤其是因果性与决定论的问题，我把这看作是一件丑闻。[①]

在量子力学的本质特征中，最令人难以接受和最令人费解的特征当数量子纠缠（quantum entanglement）。"量子纠缠"概念是波动力学的创始人薛定谔在量子力学的形式体系创立近 10 年之后的 1935 年才提出来的。从学理上讲，量子纠缠现象是指，当物理学家把量子力学的态叠加原理应用到由两个或两个以上的粒子构成的复合系统时，表现出来的一种特有的量子现象，意指两个同源的微观粒子之间总是存在着纠缠关系，不管它们相隔多远，对一个微观粒子的扰动，会立即引发另一个粒子的相应变化，或者说，此时此地发生的事情，同一时刻能够在遥远的另一个地方引起反应。这类似于科幻魔术一般，极大地颠覆了常理，成为一切悖论之源，爱因斯坦一直无法接受，称之为"幽灵般的超距作用"。

令人匪夷所思的是，这种奇特的量子纠缠现象竟然被实验所证实，科学家甚至认为，量子纠缠的实验证实是近几十年来最重要的科学发现之一。近年来，量子纠缠态已经成为开发量子信息技术的核心资源。通过这种资源，可以完成经典信息处理系统无法完成的任务，而且，以量子纠缠为基础的大容量并行计算能力是传统计算机望尘莫及的。量子纠缠成为当前研发量子计算机的理论基础，并且，基于量子纠缠态的量子计算和量子通信的研究已经成为国际学术界争夺智力资源与技术资源的前沿研究领域，美国甚至以举国之力来大力发展量子信息技术。反过来，与量子信息技术发展相关的理论研究，又把我们对量子世界的认识推向深入，甚至正在带来第二次量子革命。

从科学哲学的发展来看，当这种貌似荒诞的奇妙现象成为一种实验事实并得到有效的技术应用时，当以它为核心特征的量子力学变成一种不得

---

① （美）约翰·塞尔：《哲学的未来》，龚天用译，《哲学分析》2012 年第 6 期，第 180 页。

不被接受的世界观时，就到了迫切需要我们对由量子纠缠带来的哲学革命展开系统研究的时候了。这便是本书的应有之义。

然而，任何一种新观念的提出，从来不像古希腊神话中的雅典娜那样，一开始就以最完整和最完美的形式，从宙斯的头脑里一下子跳出来，而是必然要经历一个被不断理解与接受，甚至是激烈争论的过程。量子纠缠现象带来的哲学革命是根本性的，玻尔、海森伯、薛定谔、玻恩、爱因斯坦等量子力学的创始人都对这种哲学革命做出了特殊贡献。然而，科学哲学家只是部分地关注这一革命，依然没有达到消化吸收的程度。这就为本书的展开论述提供了研究空间。

本书由十章内容和四个附录组成。写作的基本思路是：首先，提供了本书讨论问题的哲学前提、概念前提以及哲学资源。其次，一般性地简要概述了以量子纠缠为资源的当代量子信息技术的发展和量子纠缠理论的研究现状，使没有量子力学基础的读者能够直观地体会到量子纠缠的存在性。接下来的几章内容，沿着量子化观念的确立、量子力学形式体系的创立以及"量子纠缠"概念的提出，探讨每个阶段所带来的观念转变。第九章在前面几章的基础上，上升到一般的哲学层次揭示科学家的直觉认知能力具有的认识论意义，明确指出，传统科学认识论由于忽视了对科学家特有的认知能力的研究，因而把认识论的研究建立在了"沙滩之上"，所以是不可靠的。然后，通过探讨熟练应对的哲学基础和实践理解，论证了一种体知认识论（epistemology of embodiment），由此希望为拓展当前科学哲学框架提供一个可供借鉴的思路。

本书的四个附录是我在写作本书的过程中，试图以量子力学和量子纠缠概念的历史背景为基础，从一般的哲学层面讨论认识论问题时，所研读的部分相关文献。由于这些文献对量子力学哲学和科学哲学的研究都是极其重要的，因此，作为附录收入本书，以与有兴趣的读者共享。

附录一是《尼尔斯·玻尔文集》哲学卷主编大卫·法沃霍尔特（David Favrholdt）对玻尔的语言哲学思想的系统研究成果，其观点为我们理解玻尔的哲学思想提供了一个新的视域。我在 2012 年访问哥本哈根大学玻尔档案馆期间，专程前往作者家中拜访，受作者之托，我与刘默博士根据英文版共同翻译，原文来自玻尔档案馆。2012 年 5 月底到 8 月底，我在国家留学基金的资助下访问哥本哈根大学的玻尔档案馆期间，了解了法沃霍尔特的工作，并得知他与戈革先生是挚友，他们都是玻尔观点的坚定捍卫者和宣传者。法沃霍尔特特别喜欢中国文化，在他家的墙上不仅贴着几幅中国画，而且悬挂着一个中国算盘，其中，有一幅画是戈革先生的作品。

附录二是石里克于 1911 年在罗斯托克大学的哲学讲师就职演讲，从未公开发表，原文为德文，这篇译文由我和我指导的 2012 级硕士研究生林青松根据英文版翻译。这个演讲代表了当时哲学家对哲学与科学关系的思考。

附录三是塞尔对休伯特·德雷福斯（Hubert Dreyfus，在本书中简称德雷福斯）观点的质疑和德雷福斯对塞尔的回应，他们之间的争论既有助于我们深化对现象学的理解，也有助于我们澄清背景应对的意义。这两篇文章是在塞尔和德雷福斯的相应授权下，由我和我指导的 2013 级硕士研究生赵峰芳翻译的。

附录四是我和我指导的 2009 级硕士研究生姚艳勤共同对德雷福斯兄弟两人进行的一次学术访谈。德雷福斯曾于 2009 年 6 月 23 日访问上海社会科学院哲学研究所，在他访问期间，我们曾就一些相关问题进行过交流。这次访谈是通过远程视频完成的。

本书的初稿是我在五年前承担的"上海市哲学社会科学规划一般课题"的结项成果，当时的书名为《量子纠缠引发的哲学问题》。现在呈现给读者的版本是根据"国家社科基金后期资助项目"提供的匿名评审意见修改而成的，并在原稿基础上增加了 1/5 的篇幅，来完善本书观点的论证。本书也是我长期以来从事量子力学哲学和科学哲学研究的最新思考。由于学识有限，而本书涉及的内容既有科学前沿，也有哲学前沿，所以，书中难免会有不足之处，诚请专家和读者批评指正。

在本书即将出版之际，我首先感谢科学出版社的樊飞先生为本书申报国家社科基金后期资助项目所做的大量具体工作；感谢国家社科基金后期资助项目为本书的后续研究与出版提供的资金资助；感谢项目评审人提供的建设性修改意见；感谢邹聪编辑为本书的出版付出的辛勤劳动；感谢美国南加州大学哲学系主任斯柯特·索姆斯（Scott Soames）教授的邀请，使我有机会在项目被批准之后，于 2018 年 1 月 10 日到 4 月 10 日在那里进行为期三个月的学术访问，并在访问期间，有机会与量子哲学家大卫·马克·华莱士（David Mark Wallace）教授共同探讨量子纠缠带来的哲学问题，并有机会参加他主持的物理学哲学工作坊；感谢山东大学的王华平教授为我的此次美国之行提供的推荐与帮助；感谢上海社会科学院哲学研究所营造的自由而宽松的研究氛围；感谢我最亲爱的家人给予的理解与无私奉献。

成素梅

2019 年 5 月

目　　录

第一章　哲学前提与概念前提

在物理学的发展史上，还没有任何一种现象比量子纠缠现象带来的哲学挑战更基本、更尖锐；也没有任何一个理论能像量子纠缠理论那样，在还没有理解其机理的情况下，就得到了跨学科的应用研究。这种情况在很大程度上与蕴含了量子纠缠现象的核心理论——量子力学的抽象程度密切相关。就抽象的理论形态而言，理论模型是在符号投射中建立起来的，它可以按照符号系统自身的自主性、结构性相对独立地进行符号运演，并得出其指代意义尚待确定的新指符，经过符号反演后被解释为某种"所指"。例如，狄拉克（P. A. M. Dirac）对正电子的解释、量子力学中对波函数 Ψ 的统计解释，都是在这种符号约定—符号投射—符号运演—符号反演过程中得出的。[①]

然而，解释的过程是对对象的认知进行创造性重建的过程，总是包含着背景知识的引入。按照解释学家海德格尔的观点，解释需要以由"前有"、"前见"和"前设"所构成的"前结构"为中介。"前有"是指解释者受所处的文化背景、知识状况、精神物质条件及心理结构的影响而形成的东西。这些东西虽然不能条理分明地给予清晰的陈述，但是，却规定了我们对世界的理解与解释；"前见"是从"前有"中选出的一个特殊角度和观点，成为解释的切入点，通过"前见"，外延模糊的"前有"被引向一个特殊的问题域，进而形成特定的见解；"前设"是解释"前有"的假设，从这些假设得出"前有"的结果。解释学家的这些见解，虽然不完全适用于对符号的解释与反演的理解，但是，符号解释与反演中确实存在着先存观念和知识的引入问题，这已是当代不争的事实。

因此，为了有助于更明确地探索量子纠缠带来的哲学革命，本书在正式进入讨论环节之前，先对与本书相关的一些重要的基本观点和概念进行简要的概述。本章由三节内容和一个简短结论组成。第一节通过阐述科学哲学的当代使命，来揭示哲学、科学哲学、科学三者之间的相互促进关系，从而为本书的论证提供哲学前提；第二节通过澄清本体论、方法论和认识

---

① 申仲英、张富昌、张正军：《认识系统与思维的信息加工》，西安：西北大学出版社，1994年，第 53 页。

论三个不同层次的"实在"概念，来揭示理论描述的实在所具有的客观性，从而为本书的论证提供概念前提；第三节借助美国现象学家德雷福斯的"技能获得模型"的讨论，来揭示科学家在长期的实践过程中形成的直觉认知能力所具有的哲学价值，从而为本书的论证提供哲学资源。

第一节　科学哲学的使命①

　　1911 年，作为逻辑经验主义创始人的石里克在担任罗斯托克大学哲学讲师的就职演讲中提到，有人认为，20 世纪不再需要哲学，因为曾经归类为哲学的那些问题，现在由具体科学来回答，而科学根本无法解答的那些问题，则是无意义的问题，应该加以摒弃。石里克针对当时的这种观点，提出了"哲学是否还有事情可做"或者说"哲学的任务是什么"的问题。这一"石里克之问"既反映了当时自然科学对哲学的强势影响，也反映了科学家对 19 世纪末盛行的思辨哲学的蔑视与反抗。但是，石里克认为，质疑者对哲学的这种怀疑态度依然缺乏辩护。原因在于，一方面，到 20 世纪初，那种"傲慢"的观念论思想已然被瓦解；另一方面，当我们进一步质问这些怀疑论者凭什么理由做出如此苛刻的判断时，他们给出的理由本身却是哲学的（石里克关于上述观点的论证见本书附录二）。

　　在石里克看来，哲学不是一门具体科学，哲学的论题是整个世界，而不是世界的某一部分，因此，哲学并不是与自然科学并驾齐驱的。在逻辑关系上，哲学与科学的关系不是外在的，而是形成了一个有机整体，科学的完成必然会受到哲学的影响。科学是在各个具体领域内创造知识，而哲学旨在追求知识的完整性，从而把科学的结果充实到一个闭合的世界图像之中，并使其纳入到人类整个精神生活的框架之内。②因此，哲学的真正任务自始至终是相同的：它的目标在于实现和谐的精神生活，而科学则是哲学思想的基础，当科学发展的专业化程度越来越高时，哲学却向着更加综合的相反方向发展，哲学最重要的任务之一就是阐述科学为它提供的世界图像。因为如果忽视科学的发展，像哲学初期的智者那样，朴素地绘制世界的图像，是不可能成功的。哲学只能以两种方式完成科学图像，一种是下行方式，另一种是上行方式。下行方式是关注科学基础，从检视科学假

---

① 本节主体内容曾以笔谈的形式发表于《中国政法大学学报》2015 年第 5 期，原文名为《从"石里克之问"谈起》，收入本书时稍作修改。

② 〔德〕莫里兹·石里克：《哲学的当前任务》，成素梅、林青松译，《哲学分析》2015 年第 1 期，第 156 页。

设开始；上行方式是形成融会贯通的世界观，这是形而上学的任务。[①]

值得关注的是，到 20 世纪末，哲学家再一次重新提出了这一"石里克之问"，并提供了大致相同的答案。美国哲学家凯茨（J. J. Katz）在 1998 年出版的《实在论的理性论》一书中论证非自然主义的哲学观时，对 20 世纪哲学的语言转向提出了批评。他认为，语言哲学抛弃了哲学在古代所具有的特权地位，以各种形式的自然主义取而代之的做法，不仅把许多哲学家的杰出研究贬低为过时的形而上学的延续，而且，把哲学看成是二阶的，也就是说，是对自然科学提供的一阶知识的逻辑分析。其中，有影响的两条进路分别来自维特根斯坦和蒯因。维特根斯坦把哲学看成是一种语言疗法；而蒯因则认为，哲学研究与自然科学研究是相互制约的，如果没有自然科学的制约，哲学家的许多结论就会成为非科学的推测。因此，蒯因把哲学看成是"自然科学中的认识论"。凯茨批评说，这些自然主义的疗法不仅没有治愈哲学中的形而上学疾病，反而使这些疾病像"传染病"那样更加蔓延开来。因此，凯茨认为，对 20 世纪语言哲学革命的重新评价，以及对哲学研究的对象是什么的反思，依然是 21 世纪哲学研究的一项任务。在凯茨看来，哲学虽然不像科学那样提出关于实在的知识，但并不等于说哲学对于科学研究没有任何认识论的贡献。他认为，哲学既是一阶的，也是二阶的，哲学开始于科学停止的地方。[②]本书后面将要详细探讨的爱因斯坦与玻尔关于如何理解量子力学的争论为凯茨的这种哲学观提供了一个佐证。

塞尔在世纪之交预言 21 世纪的哲学发展时，也是首先从澄清科学与哲学的关系入手的。塞尔认为，科学与哲学之间虽然不存在明确的分界线，但是，两者在方法、风格和前提方面存在着重要的区别。在塞尔看来，科学问题是能够通过科学方法得以解答的问题，哲学问题则是关于概念框架的问题。在塞尔看来，对于一个哲学问题而言，一旦我们能够对其加以修正，使之形式化，从而能够找到一种系统的方法来做出回答，那么它就不再是一个哲学问题，而成为一个科学问题。这意味着，当我们找到了科学方法回答所有哲学问题时，最终作为一门学科的哲学将不复存在。但塞尔进一步指出，这种情况一直是古希腊以来的哲学家的梦想，事实上，我们采用的通过解决所有的哲学问题来消除哲学的方式，并不很成功。在古希

---

① （德）莫里兹·石里克：《哲学的当前任务》，成素梅、林青松译，《哲学分析》2015 年第 1 期，第 155-158 页。

② 参见 Katz J J, *Realistic Rationalism*, Cambridge: The MIT Press, 1998.

腊人留给我们的问题中大约有 90% 的问题依旧是哲学问题，我们尚未找到科学的、语言学的或数学的方法来回答这些问题。而且，科学的发展还提出了古希腊人所没有提出的新的哲学问题，比如，对量子力学、哥德尔定理的悖论结果的正确的哲学解释问题，古希腊也不会有像我们所思考的语言哲学或者心灵哲学这样的科目。为此，塞尔把哲学看成是处理概念框架的问题和我们不知道如何系统地处理的那些问题。①

　　石里克、凯茨和塞尔这三位在 20 世纪颇有影响的哲学家在以不同方式回答"石里克之问"时，在他们的心目中，已经包含了科学哲学的成分。石里克所说的哲学应以下行的方式关注科学的基础问题，凯茨所说的哲学也可能是一阶的，对讨论实在问题会有间接贡献，以及塞尔所说的哲学对把前科学的问题转化为科学问题时所起的促进作用，都属于科学哲学的范围。我们反思"什么是科学"的问题，并不是一个科学问题，而是一个典型的科学哲学问题，相比之下，我们反思"什么是哲学"的问题，却是一个典型的哲学问题，而反思"什么是科学哲学"的问题，则要求助于"科学"和"哲学"的定义。

　　在哲学、科学和科学哲学三者的关系中，从诞生的时间顺序来看，哲学最为古老，科学是技术传统与哲学传统交汇的产物。然而，科学一旦产生，又反过来极大地影响了孕育它的哲学的发展。②作为一门学科的科学哲学则是 20 世纪初的哲学家在借鉴科学研究方式来改造思辨哲学或观念论哲学的过程中发展出来的一个新的哲学分支。因此，科学哲学是在科学传统与哲学传统的基础上诞生的。同样，科学哲学一旦产生，也反过来极大地影响和推动了现代哲学的发展，而且，科学研究越深入，科学哲学的问题域就越丰富，对哲学的促进作用就越强大，科学哲学在哲学中的地位也就越重要。

　　具体地说，哲学有不同的流派。20 世纪前半叶，在哲学中占有优势地位的是语言哲学，而语言哲学的创始人却是数学教授弗雷格，其重要的分析手段则是数理逻辑。然而，当逻辑经验主义者把哲学的研究局限于辩护的语境中时，哲学从曾经作为科学"母亲"的身份，被降格为科学的"仆人"，转而为科学服务。在此基础上诞生出来的科学哲学，曾一度成为西方哲学研究的主流，或者说，对一般哲学研究的发展起到了实质性的推动作

---

① （美）约翰·塞尔：《哲学的未来》，龚天用译，《哲学分析》2012 年第 6 期，第 163-181 页。

② （英）斯蒂芬·F. 梅森：《自然科学史》，上海外国自然科学哲学著作编译组译，上海：上海人民出版社，1977 年，第 7 页。

用。近几十年来，心灵哲学取代了语言哲学的地位成为哲学的核心，而这一切显然归功于认知科学、神经科学、人工智能等学科的发展，乃至哲学的其他分支，如认识论、形而上学、行动哲学等，反过来成为心灵哲学的分支。塞尔甚至认为，"今天在哲学中最为活跃的和最富有成果的一般研究领域乃是一般的认知科学领域"①。这样，认知科学哲学的研究成为一般哲学研究的新基础，或者说，成为当代哲学领域内最活跃的一个领域。

除此之外，20 世纪的科学发展还对许多关于自然界的哲学假设和常识假设提出了有力的挑战。比如，普朗克提出的量子假设，打破了"自然界是连续的"观念，确立了"自然界是不连续的"量子化观念；量子力学中薛定谔方程的概率特征的确立，打破了传统意义上把人类基于概率的认知归结为是无知的权宜之计的观念，确立了自然界的变化是随机的，而不是决定论的，决定论反而是概率等于 1 的一种特殊情况的观念。这一观念的确立进一步挑战了曾经被康德说成是先验范畴的决定论的因果性观念。更值得关注的是，最近 20 多年来，曾经是爱因斯坦和玻尔争论核心的量子纠缠和薛定谔方程中的态叠加原理，像能量一样，已经作为开发量子信息技术的有效资源被加以利用，并且，这一领域现在已经成为许多发达国家热切关注的焦点与热点。就像量子信息学家本内特（C.H. Bennett）等所认为的那样，"以量子原理为基础的信息理论，推广并完善了经典信息理论，就像从实数推广到复数完善了数一样"②。与此同时，量子信息理论的研究反过来助推和深化了我们对量子力学的基本原理的理解。这些正是本书将要展开论述的主要问题。

现在我们面临的问题是，不论是在科学界，还是在哲学界，都还没有消化量子力学带来的这些科学进步。虽然量子物理学家在运用量子力学的形式体系解决物理学问题时，不会遇到任何认识论问题，但是，当他们在传播量子力学的理论体系时，却产生了不同的理解，量子力学的解释至今依然是量子哲学家讨论的核心论题，神秘的量子纠缠所必然导致的观念转变更是没有完成。正是在这种意义上，塞尔在预言 21 世纪的科学哲学发展时认为，"21 世纪科学哲学最振奋人心的任务是对量子力学的结果给出说明，从而使我们能够把量子力学同化到整个融贯的世界观中，这也是科学家和哲学家的共同任务……在研究这一项目的过程中，我们将会不得不修

---

① （美）约翰·塞尔：《哲学的未来》，龚天用译，《哲学分析》2012 年第 6 期，第 173 页。

② Bennett C H, DiVincenzo D P, "Quantum Information and Computation", *Nature*, Vol. 404, No. 6775, 2000, pp.247-255.

改某些关键概念，比如，因果性概念；并且这种修改将对其他问题产生重大影响，比如，关于决定论与自由意志的问题"[1]。

这说明，科学哲学与哲学的关系与其说是特殊与一般、部分与整体的关系，还不如说是类似于建筑物的根基和脚手架与房屋的关系。因此，从哲学的视域来看，存在着三个层次的研究，即科学研究、科学哲学研究和哲学研究。这里的科学哲学是广义的，既包括物理学哲学、生命科学哲学、认知科学哲学等，又包括笼统地关注科学的目标、方法、手段和成功等问题的一般科学哲学，第二层次的科学哲学研究既与第一层次的科学研究中的基础问题相关，也与第三层次的一般的本体论与认识论等形而上学问题相关。因此，在这个意义上，科学哲学架起了科学与哲学之间的桥梁。

就科学、哲学和科学哲学对认知世界的贡献而言，科学是最直接的，因为科学直接关注实在世界中发生的问题，哲学是最间接的，因为哲学关注的对象是最一般的本体论和认识论等问题，而科学哲学则是介于科学与哲学之间的，既是直接的，也是间接的，因为科学哲学关注科学的基础问题。比如，爱因斯坦等1935年发表的质疑量子力学完备性的那篇论文所依据的两个前提假设——实在论假设和定域性假设，就是从他们所坚持的科学实在观中提炼出来的。这篇论文不仅导致了薛定谔在同一年发表的文章中，设计出著名的"薛定谔猫"佯谬的思想实验，而且提出"量子纠缠"概念来概括爱因斯坦等提出的物理现象。1964年，贝尔在玻姆工作的基础上，提出了检验量子力学是否正确的判别标准。这是基于哲学质疑，促进物理学家更深入地理解量子力学的概念框架的一个典型案例。本书在接下来的章节中将试图揭示这群创造历史的量子物理学家的心路历程，剖析整个历史进程中蕴含的哲学革命。

因此，从科学、哲学和科学哲学三者的关系来看，每一个层次的研究都离不开前一层次研究中所提出的但却暂时无法解答的问题。科学的问题最初源于日常生活，比如，在近代自然科学中，首先发展起来的学科是力学、光学、热学、电学、天文学、无机化学、有机化学等，这些科学学科解决我们在日常生活中遇到的仅凭常识无法解答的问题，然后，随着研究的不断深入，逐渐地拓展到宇观和微观等人的感官无法触及的领域。科学哲学的问题来源于在科学中提出的，但科学家并不热衷于解决，以及在单一的科学学科内无法得到解决的那些问题。这些问题通常与科学研究对象的本体论和认识论特征相关，比如，电子、光子、基因等理论实体是否具有本体论地

---

① （美）约翰·塞尔：《哲学的未来》，龚天用译，《哲学分析》2012年第6期，第180页。

位的问题,就不是科学家所关心的问题,而是科学哲学家关心的问题。对这些问题的研究有助于促进一般的本体论与认识论问题的研究。哲学的问题来源于科学基础层次中更一般的本体论与认识论等问题。这些问题是在关于科学基础问题的不同的哲学争论中提出的,而这些争论本身在具体的某某哲学(比如物理学哲学、数学哲学、生命科学哲学、认知科学哲学等)范围内无法得到解答,需要上升到更一般的哲学层次来讨论。

当然,这只是逻辑上的推理,在现实的研究活动中,通常情况是三者会交织在一起,找不到截然分明的界限。关于一般认识论问题的研究离不开科学认识论的研究,科学认识论的研究又进一步涉及关于科学的基本原理的前提和根据的问题,而这些基本原理是科学的基础。反过来,在一个时代占据主流的认识论又会影响到科学家的认知视域和理论观。同样,关于一般本体论问题的研究离不开科学本体论的研究,科学本体论的研究又进一步涉及科学理论提出的新的实体是否具有本体论地位的问题,而这些理论实体是科学理论得以成立的基础。还有,近些年来,随着科学技术的快速发展,关于一般伦理问题的研究离不开科学伦理和技术伦理的研究,而科学伦理和技术伦理的研究又进一步涉及更深层次的科学决策和技术决策问题,特别是,科学家与工程技术人员的伦理观将会极大地影响到他们对科学与技术的应用。比如,当下人工智能伦理原则的确立成为迫切问题,如此等等,不一而足。

事实上,只要我们把不断发展的科学技术(比如当前的互联网发展、大数据技术的应用、人工智能技术等)看成是带来新的哲学问题的刺激源,哲学研究就必须高度关注今天的科学技术发展,科学哲学就越来越会成为发展一般哲学的奠基者、助推器或促进者。因此,笔者认为,当代哲学最重要的任务之一,不只是解读古本,更加重要的是,需要承担起把不同领域内的科学家基于自己的科学实践提出的不同世界观协调起来,从而形成统一的世界观的职责。因为哲学不仅与科学和技术的发展相关,而且与人类文明和文化的发展相关。特别是,当原本以事实判断为主的科学研究越来越与科学家的价值判断密不可分时,当原本以价值判断为主的文明和文化领域的研究越来越以历史上的事实判断为依据时,科学哲学的作用就会更加突出,一般哲学的地位也会随之攀升。

因此,科学技术研究越深入,科学技术哲学研究就越迫切,哲学研究也随之越重要。人类心灵的安顿离不开哲学智慧的导引。这构成了本书讨论问题的哲学前提。

第二节　三个层次的实在概念①

任何一项科学认知活动都是基于科学认知主体固有的本体论承诺，在认识论意义上，以科学方法为手段来进行的。在这一认知模式中，承认并且确认科学认知对象（即认知客体）的客观性与独立性，无疑是科学认识的理所当然的基本前提。然而，以量子力学为核心的现代自然科学的发展，迫切要求对这一前提做出更明确的论证和进一步的深入阐发。因为量子物理学家面对的量子对象是理论实体。相对于我们人类这样的认知主体而言，电子、光子等理论实体的存在形式，既不能被简单地看成是粒子或波，也不能根据其观察到的行为表现来推断它们在被测量之前的存在状态。这就构成了一种新的实在形式。因此，本书在探讨量子纠缠带来的哲学革命之前，还需要对我们通常所说的"客观实在"概念进行详尽的阐述。在本节中，笔者依据客观实在在科学认知过程中与认知主体的相互作用方式的不同，以及对客观对象把握的程度的不同，将通常所讲的实在划分为三个层次：自在实在、对象性实在、科学实在。它们分别对应于本体论意义上的实在、方法论意义上的实在和认识论意义上的实在。

一、自在实在：科学认识的潜在对象

自在实在是指独立于人类的一切活动与意识而自在自为地存在着的自然现象和自然规律。这种实在，一方面由于独立于人的意识，从而是客观的；另一方面由于独立于人的活动，从而是天然的，可以称为"天然自然"。它是科学活动得以进行的潜在对象。人类出现之前的整个自然界都属于自在实在，目前人类活动尚未触及的领域也属于自在实在。

自在实在由于并没有打上人类活动的烙印，因而对人来说往往是模糊的、未分化的、不清晰的，实质上是指存在论意义上的实在。人们对它的认识只能通过间接的推理和思辨来进行。尽管如此，承认自在实在的存在，并不仅仅是科学研究传统中的一个形而上学的观念，而更重要的是，它为自然科学的发展提供了基本前提，为科学研究的进行创设了潜在的对象世界。

自在实在的这种潜存性并非孤立的、永恒的。对人来讲，也并非永久隐藏着的，它将随着科学技术的发展，逐渐转化为科学研究的现实对象，

---

① 本节主体内容曾发表于《晋阳学刊》1993 年第 1 期，原文名为《科学认识中实在的三个层次》，收入本书时稍作修改。

称为"对象性实在"。毫无疑问，自在实在向对象性实在的转变不是随意可得的，必然会受到许多主客观条件的直接制约，比如，社会的需要、文化环境、生产力的状况、实验技术、人类的认知程度，等等。通常情况下，首先是与人类生活和社会发展的现实需求密切相关的自在实在进入人们认识的视域，从而转变为对象性实在；其次是技术的不断发展使人类感官阈限之外的自在实在成为人类的研究对象；最后，随着科学技术的发展和人类认知水平的不断提高，把理论描述的实体转变为人类思维中的研究对象。因此，从这个意义上看，自在实在向对象性实在的转变总是变化的、动态的、开放的和发展的。

二、对象性实在：科学研究的现实对象

对象性实在是指纳入人的认识活动和实践活动之中并成为人的活动对象的实在。相对于自然界而言，这种实在由于和人发生了直接或间接的相互作用，通常称为人化自然。它是科学研究的现实对象。凡是经由人的活动而与之建立了信息交换或调节控制关系的自然物均属于对象性实在。这里的对象性实在不包括技术产生在内。但是，技术的发展有助于把更深层次的自在实在转变为对象性实在。

一方面，对象性实在由于直接来源于自在实在，从而具有客观独立性，具有不依赖于个人意志的固有规定；另一方面，对象性实在是在经由人的认识活动和实践活动之后，成为人类可感知的认知对象的，从而具有对象性的特点。它的固有规定表现在与人的相互作用中，随着相互作用方式的改变，其固有规定的表现也会不同。对象性并不改变客观性，但却赋予客观性人化的特点。自然科学的所有研究对象均属于对象性实在。

对象性实在的客观性与物质性特点在科学发展的近代时期已被完全揭示出来。在近代科学中，对象性实在的呈现仅限于宏观、低速的研究范围。测量仪器对测量过程的影响是连续可补偿的，甚至在一定的条件下，测量误差可完全忽略不计。这种追求简单性、终极性、必然性，排斥复杂性、相对性、随机性的研究方式，长期以来形成了科学研究中的经典实在论传统。

在经典实在论的传统中，科学家似乎忽视了包括测量仪器、语言符号、研究方法与思维方式等在内的认知中介对认知结果所起的作用。隐含的基本共识是，科学语言和符号能够无歧义地表达科学认知的结果，科学仪器对测量结果的影响要么是可预期的，要么是可补偿的，科学家借助正确的科学方法或测量程序能够完全把握自在实在的所有属性，即在终极意义上认识与把握自在实在。因此，在经典实在论的传统中，对象性实在完全等

同于自在实在。这种观点在最大限度地接纳对象性实在的客观性特点的同时，也最大限度地掩盖了对象性实在的对象性或人化的特点。

对象性实在的人化特点是随着 20 世纪以来的物理学的发展，才逐渐引起了人们的关注。首先，相对论力学告诉我们，在一定条件下人们只能认识研究对象的固有属性的相对表现，而不可能在终极意义上把握其固有规定。人们由此强调研究对象对测量环境（如参照系）的依赖性，描绘出难以直观理解的质增、尺缩、时缓等新的效应。其次，量子力学指出，在微观测量过程中，由于不对易算符所对应的物理量之间存在着相互制约关系（即不确定关系），所以，具体测量时，一个量（如位置）的精确确定，必须以牺牲另一个量（如动量）的绝对确定性为代价。这就揭示了研究对象与测量域境①的不可分割性，表现为对微观客体特性的认识取决于主体对测量仪器的选择。这些特征第一次显示并且突出了对象性实在与自在实在的异同关系，并在一定程度上揭示了对象性实在的人化特点，强化了对象对测量域境的依赖性。

对对象性实在的人化特点的揭示虽然是人们认识中的一个飞跃，但是，倘若与经典实在论追求终极符合性、一一对应性的认识模式相反，而过分夸大对象性实在的人化特点，忽视其客观性特点，则必然会由认识的一个极端走向另一个极端，同样是失之偏颇的。这是因为，对象性实在的人化特点是在客观性基础上显示出来的。所以，只有合理地、统一地认识和理解对象性实在的客观性与对象性特点，才能从本质上认识客观世界的辩证特征。这是澄清关于认识的主观性问题的关键所在。

现代科学技术水平的发展业已表明，人们不仅早已实现了"敢上九天揽月，敢下五洋捉鳖"的宏愿，而且对对象性实在的研究范围已向着小至分子、原子、原子核、核子、夸克等，大至地球、太阳系、总星系等不断扩展。这种发展趋势充分证明，我们要使自在实在更多方面、更深层次的性质和规律反映到认识中来，只有而且必须不断改善自在实在向对象性实在转变的条件，才能不断扩大可观察变量和可控制变量的范围。例如，早在人们发现电子以前，电子固然已存在于原子中，但是，只有当真空技术的发展和对真空放电现象的研究导致了物理学的三大发现时，才打开了原子的大门，原子这方面的特性才随之进入物理学家的认识视域。开始时，物理学家只是把电子作为粒子来研究其特征，比如，质量、电荷、云室中

---

① "测量域境"是指"the context of measurement"，这里把"context"术语译为"域境"，而不是"语境"，是考虑"语境"概念特指某个概念所在文本的上下文，而在测量的情况下，"context"是指实验者在进行测量时面对整个测量环境的设置，而不是语言或文本的上下文，所以，采用了"域境"的译法。

的径迹和计数器中的计数等，尔后，由于量子力学的创立，物理学家才逐渐把电子的波动性、自旋等其他方面的特性揭示出来。并且电子衍射实验的成功为德布罗意的实物粒子具有波粒二象性的假说提供了科学依据。

毋庸置疑，对象性实在的分层讨论，是以本体论层次的自在实在为渊源，在认识论意义上所迈出的认识现实对象的第一步。这种实在的确立表明：实际进入人类认识系统的对象已不再是自在意义上的客观实在，而是在一定的历史条件下，与认识主体发生了对象性关系的那一部分客观实在。正如恩格斯所言，

> 我们只能在我们时代的条件下进行认识，而且这些条件达到什么程度，我们便认识到什么程度。[1]

这种认识说明了自在实在向对象性实在的转变是动态的，并且与社会发展相关，揭示了人类认识世界具有的条件性、相对历史性与绝对把握性之间的辩证统一关系。

对象性实在所提供的是科学事实，是观察与实验之后的结果。对对象性实在的认识不仅能为创造新的科学概念提供直接信息，为形成新的科学理论提供实验基础，而且能为判定科学理论的真伪提供实验事实，为科学预言提供立论依据。

随着对对象性实在所提取的信息的加工处理、抽象升华，科学家对实在自身的认识进入认识系统的高级阶段，即语言、符号的建构阶段。对由语言符号及推理规则构成的科学理论所描绘的实在图景的认识，使人类的认识进入了由理论所构建的科学实在领域。

三、科学实在：对对象的理论建构

科学实在是指经由人的实践活动和人的认识活动（包括感性认识和理性认识）而在科学理论中所描绘的实在。这种实在包括两个层次的内容。

其一，狭义地讲，科学实在等同于科学理论所绘制的理论实体及其结构。例如，天文学所揭示的天体结构，原子物理学所描绘的原子结构，生物学所断言的核酸蛋白质体系，以及电子、光子、基因、夸克等理论实体。

其二，广义地讲，科学实在除包括理论实体及其结构之外，还包括由

---

① （德）恩格斯：《自然辩证法》，中共中央马克思恩格斯列宁斯大林著作编译局译，北京：人民出版社，1974 年，第 219 页。

形成理论的概念、命题的内涵所反映的理论实体的属性。例如，广义相对论揭示的天体的红移现象，原子结构所具有的固有属性，核酸蛋白质体系所显示的本质特征，等等。

实体及其属性是相互依存的，通过关系的作用，三者形成了双向的制约机制。实体通过关系反映出某种属性，对属性的认识使人们达到对实体的描述；反过来，一定的关系作用于实体必然显示出一定的属性，对属性的认识又达到了对关系的掌握。这表明，科学实在在形式上具有物质性和可感知性，因为它是通过可感知的物质形式（语言、符号、模型）存在的。而在内容上却存在两个不容或缺的特点。

其一，复制性。科学实在是在复制对象性实在的过程中产生出来的。或者说，科学实在归根到底是对对象性实在的某种复制（同态的或同构的）。模型总是对原型的某种复制，从而总具有某种程度的相似性。

其二，建构性。科学实在是在人的活动中经由物理操作和心智操作而建构起来的。它是人的感性物质活动和理性思维活动的共同结果。操作方式的不同、使用的语言符号系统及推理规则不同、进行思维的方式不同，均会导致对同一对象所建构起来的理论描述及形成的理论实体的不同。

科学实在内在的复制性和建构性特点不是彼此孤立的，而是高度统一的。科学实在是在人的复制性认识过程中建构起来的。复制性在建构中显示为层次性结构；建构性在复制中保持其客观性基础。这意味着科学实在在具体建构中必须具备双重功能，一是尽可能准确地复制对象，使对象在思维中完整地再现出来；二是尽可能简练地凝结对对象的感知，使感觉和思维清晰起来。因此，科学实在既不完全是客观的，也不完全是主观的。科学实在的主体性特征概括起来主要通过下列两种方式体现出来。

（1）科学实在在建构中具有层次性特点与"进化"发展图式。这是由科学理论发展的特征所决定的。爱因斯坦认为，一个新的理论之所以成立必须至少满足两个条件：其一，外在的证实性。这意味着理论不应当同现存的实验事实相矛盾，理论的预言，应尽可能得到后来实验的进一步证实。其二，内在的完备性。这意味着理论内部应达到逻辑上的自洽。新理论所满足的这些前提，要把旧理论作为极限情况包括在新理论之中。形成理论的这种层次性特点决定了科学实在的层次性特点。从经典力学体系到相对论力学体系，再到量子力学的过渡都是典型事例。

科学实在不仅随着科学理论的"进化"发展而改变自身的实在图景，而且在"进化"发展的同时，不断地提高科学实在与自在实在之间的符合程度。例如，原子物理学在描述原子结构时，经历了由 J. J. 汤姆孙模型（由于电子的发现）到卢瑟福的有核原子模型（依据粒子的大角度散射实验），又到玻尔的原子分立轨道模型（为解决原子稳定性等问题），再到量子力学中彻底废除轨道概念的量子化描述（微观粒子具有波粒二象性的特征）的过程。可以看出，其中每一种原子模型的提出，都相应地绘制出一种原子结构图景。但是，随着新实验的不断成功，人们便会对原子结构逐渐有更深刻的了解，并且新的原子模型具有更大的普遍性。

（2）科学实在的内涵与外延取决于认识主体对科学理论的建构方式。在近代自然科学产生之初，归纳主义的过程论曾得到普遍的支持。按照归纳主义，理论是通过实验归纳—提出定理—经验证实而形成的。这时，经验事实起着决定的作用。问题的症结在于，相对论与量子力学的发展出现了新的前景。首先，与人类有信控关系的对象性实在已经完全远离了人类可感知的宏观世界，向着大至宇观乃至胀观，小至微观乃至渺观发展；其次，测量中引入一种仪器就相当于引入一种或几种测量理论。测量过程中的不可逆性特点愈发显著，表现为测量仪器的干扰作用成为无法补偿的测量"误差"。用玻姆的话讲就是，测量前后不可能具有同等的位相关系。最后，形成理论本身的数学化、模型化、符号化程度越来越高。

鉴于这些特点，形成理论的途径便越来越多样化。这时，"假说-演绎"的方法更受人重视。按照这种方法，理论是通过发现问题—提出假说—演绎检验而取得生存权的。在这一条途径中，形成理论所依赖的经验事实已不再是决定性因素，而仅是一种辩护性因素。起决定作用的则是科学家所持的实在观与认识观以及他们的直觉、灵感等思维活动。这就导致了基于同样的实验事实所建构的物理方程，对同一个数学符号将会有完全不同的物理理解，从而形成截然不同的理论体系。尽管不同的理论都能对现存的实验现象做出完整的描述，但理论所描绘的科学实在图景却存在着根本的差异。例如，在本书后面将要详细讨论的量子力学发展史上，出现了对薛定谔方程中引入的波函数是对粒子个体的描述，还是对粒子"系综"的描述的不同理解；对海森伯的不确定关系是由粒子自身的属性所致，还是由测量仪器所致，抑或由计算中的统计效应所致的不同理解。这样便形成了两种量子论体系：因果性的量子理论与正统的量子力学。固然，理论的最终抉择依赖于实验的进一步"裁决"，但是，在做出抉择之前，具有不同图景的理论的并存和关于科学基本问题的争论却表明，由科学理论所描绘的科学实在的内涵与外延最终取决于认识主体对科学理论的建构方式与理解方式。

科学实在所显示的这些主体性特征是毋庸置疑的，但是一旦绝对化，所得出的哲学结论将失之偏颇。因为科学实在不仅仅有表现为主体性的一面，而且有它赖以存在的客观性基础。科学实在在建构中的复制性特点意味着科学实在中蕴含着不容否定的客观性成分。

（1）认识主体背景知识的客观性。任何一种科学理论的形成都依赖于认识主体拥有的背景知识。这种背景知识一部分来自主体直接经验的分析总结，一部分来自主体间接学习的归纳综合。但无论是何种途径，事实上，都包含着对对象性实在的复制性过程。可见，背景知识中理应包含着对自在实在的描述的客观性因素。

（2）测量过程的客观性（包括选择测量仪器和确定测量方式）。测量环境的选定与进行的测量，虽然依赖于主体，但一经确定，测量仪器作为认识工具将会与自在实在发生相互作用。测量结果正是在这种相互作用中得到的"共生"现象。毫无疑问，这种"共生"现象中必然包含着来自自在实在的信息内容。

（3）科学概念和命题内涵的客观性。科学实在是由科学理论通过概念与命题的形式描绘出来的。正如爱因斯坦所说的那样，尽管概念体系连同那些构成概念体系结构的句法规则都是人的自由创造物，

> 可是，它们必须受到这样一个目标的限制，就是要尽可能做到同感觉经验的总和有可靠的（直觉的）和完备的对应（zuordnung）关系。[1]

换言之，

> 概念和命题只有通过它们同感觉经验的联系才获得其"意义"和"内容"。[2]

这说明科学概念与命题约定的任意性，并不排斥其内涵和语义的客观性。简而言之，科学实在是从概念上把握实在的一种努力尝试，是一个具有复杂内在结构的理论实体。它以承认自在实在的存在为前提，以对象性实在为基础，以求真为目标，以科学方法为手段，以概念和命题的进化发展为过程，形成具有高度动态性特征的科学图画。

---

[1]　爱因斯坦：《爱因斯坦文集（第一卷）》，许良英、范岱年编译，北京：商务印书馆，1976年，第5-6页。

[2]　爱因斯坦：《爱因斯坦文集（第一卷）》，许良英、范岱年编译，北京：商务印书馆，1976年，第5页。

四、三种实在之间的关系及其意义

自在实在、对象性实在和科学实在的划分并非是创设了三种不同的实在，而是同一实在在认识过程的不同认识阶段的不同表现。它们之间存在着内在的转变统一关系，如图 1-1 所示。

图 1-1　自在实在、对象性实在和科学实在的转变统一关系

这一转变关系图表明："人不能完全把握=反映=描绘全部自然界、它的'直接的整体'，人在创立抽象、概念、规律、科学的世界图画等等时，只能永远地接近于这一点。"[①]列宁的这句话，在自然科学发展的今天仍然具有时代意义。

科学实在不仅是对自在实在的整体模拟，而且还能在一定条件下扩展自在实在的范围。比如，牛顿万有引力定律的提出，导致了海王星和冥王星的发现；电磁场理论的提出，导到了电磁波的发现；量子力学导致了量子纠缠现象的发现；狄拉克相对论性电子方程和空穴理论的提出，导致了正电子、反质子的发现，这些发现不仅扩展了对象性实在的范围，也加深了人们对自在实在的认识。因此，自在实在、对象性实在与科学实在三者之间的关系并不是一种线性的单值决定性关系，而是一种相互促进与共同扩展的同构或同态关系。

关于实在的三个层次的本体论意义在于，它能够从根本上保证人类认识实在的本体性和物质性；认识论意义在于，它能够从本质上表明，人类的认识正是基于主观性的理解来确立其客观性陈述的过程，从而达到认识的相对真理与绝对真理的辩证统一；方法论意义在于，它不仅能够帮助我们更合理地理解现代科学的新特征，而且能够为我们澄清目前存在的各种实在论与反实在论之争提供一种可供反思的进路。这是本书在后面讨论问题时所需要的概念前提。

---

① （苏联）列宁：《哲学笔记》，中共中央马克思恩格斯列宁斯大林著作编译局译，北京：人民出版社，1974 年，第 194 页。

第三节　关注技能：科学哲学的新视域①

除了上面阐述的哲学前提和概念前提之外，为了探讨量子纠缠带来的哲学革命，还需要交代本书在阐述问题时所依赖的哲学资源，或者说，本书基于这些哲学资源来揭示，量子物理学家在创造性地提出关键概念和重要理论时，依靠"猜测"得到的假设，竟然能获得实验证实甚至得到技术应用的主要原因。这也体现了物理学家在解决反常问题时，具备了能够凭借直觉来揭示自然界真实本性的直觉判断能力。

然而，这种直觉能力并不是空穴来风，也不是天生就有的，而是物理学家在长期的专业训练过程中养成的。天才的物理学家虽然面对的问题不同、运用的方法不同、得到的启迪不同，但是，他们都有良好的专业训练、扎实的专业背景、对问题的高度关注，以及热衷于解决问题的兴趣等共同因素。他们的直觉认知能力越高，把握事物本质的能力就越强，判断力就越好，看问题的眼光就越独特，对问题的解决就越精准。比如，本书在后面的章节中，对普朗克如何提出量子化假设、海森伯等如何创立矩阵力学、薛定谔如何创立波动力学等的分析表明了这一点。这种关注科学家的认知技能是如何获得的研究视域，把科学哲学家赖欣巴赫曾经划入心理学领域的科学发现问题，重新纳入科学哲学研究的范围之内。

本书将借助于美国哲学家休伯特·德雷福斯阐述的"熟练应对现象学"这一哲学资源，来讨论这些革命性的科学发现所带来的相关哲学观念的转变。这些讨论有可能开辟科学哲学研究的新进路。

德雷福斯主要从事欧洲大陆哲学、心理学、认知科学、伦理学和认知科学哲学等研究，曾担任美国哲学学会主席。他的早期工作以研究海德格尔、胡塞尔、梅洛-庞蒂和福克的思想而著名。1963 年，他在应美国兰德公司的邀请担任人工智能前沿发展的哲学顾问之后，从现象学出发批判了人工智能和认知论者的心灵哲学，论证了"人工智能远不及人脑思维"和"网络教育培养不出大师"的观点。他的《计算机仍然不能做什么：对人工推理的批判》一书被翻译成 12 种语言，在人工智能、认知科学和哲学等领域产生了很大的反响；2000 年麻省理工学院出版社同时出版了纪念德雷福斯的哲学工作的两本论文集：《海德格尔、真实性与现代性：纪念德雷福斯论文集 1》和《海德格尔、应对与认知科学：纪念德雷福斯论文集 2》。

---

① 本节主体内容曾发表于《学术月刊》2013 年第 12 期，原文名为《德雷福斯的技能获得模型及其哲学意义》，作者：成素梅、姚艳勤。

　　罗蒂在《海德格尔、真实性与现代性：纪念德雷福斯论文集 1》的序言中指出，毫不夸张地说，到 20 世纪末，如果没有德雷福斯，欧洲哲学与英美哲学之间的分歧会比实际情况更加严重，通过行为，好像分析哲学与大陆哲学之间的分裂不再很严重，德雷福斯为填平这两者之间的鸿沟做了许多工作。[①]纪念文集的出版和罗蒂的评价说明了德雷福斯的哲学工作的重要性。关于德雷福斯的具体观点参见本书的附录三"塞尔与德雷福斯之争"和附录四笔者对德雷福斯的访谈。

　　20 世纪 80 年代以来，德雷福斯与他的弟弟斯图亚特·德雷福斯（Stuart Dreyfus，在本书中简称斯图亚特）合作把他们的哲学观点浓缩为一个具体的技能获得模型来阐述，从而把专家的知识与技能问题纳入了哲学思考的视域，比现象学家更通俗、更明确地深化了我们对身体与世界、实践与认知、技能与知识、熟练应对（skillful coping）与身体的意向导向性（intentional directedness）、理性思维与直觉思维等概念的哲学讨论，同时，也为我们重新理解科学和摆脱当代科学哲学的疑难问题提供了有价值的启示，因而非常值得关注。

　　德雷福斯兄弟俩共同提出的"技能获得模型"实质性地推动了身体哲学的发展。斯图亚特最早在 1980 年的一份研究报告中以飞行员与外语学习者的学习过程为例，把人们掌握与提高技能的过程划分为五个阶段；他们在 1986 年合作出版的《心灵超越机器：计算机时代人的直觉和专长的力量》一书中进一步基于日常生活中常见的各项技能活动，如开车、下棋、体育运动等，对这五个阶段进行了详细而明确的阐述。后来，德雷福斯于 2001 年发表在《科学、技术与社会公报》上的《远程学习是何种程度上的教育？》一文中又增加了两个阶段，学术界通常把人们提高技能的这七个阶段称为技能获得模型（model of skill acquisition）。

　　当然，把技能划分为若干阶段的讨论，并不是一个新颖的话题，心理学、教育学和运动学等领域早有涉及。但有所不同的是，德雷福斯阐述技能获得模型的宗旨并不是告诉人们通过哪几个阶段或如何才能获得某一项技能，而是试图借助于对不同等级的技能所特有的特征表现的剖析，揭示人们在从技能的低级阶段到达高级阶段时经历的认知转变以及人的身体在技能获得过程中具有的优先的认识论地位。这七个阶段具体如下。[②]

①　Wrathall M, Malpas J(Eds.), *Heidegger, Authenticity and Modernity: Essays in Honor of Hubert L. Dreyfus Volume 1*, Cambridge: The MIT Press, 2000.

②　Dreyfus H, "How Far is Distance Learning from Education?" *Bulletin of Science, Technology & Society*, Vol. 21, No. 3, 2001, pp.165-174.

（1）新手阶段。在这个阶段，学习者首先要在教练或老师的指导下把目标任务分解为他们在没有相关技能的前提下能够辨认的域境无关（context-free）的一些步骤或程序，然后，老师向学习者提供相应的操作规则，这些规则与学习者的关系，就像计算机与其程序的关系一样，是一种执行与被执行关系。这时，学习者只是规则或信息的消费者，只知道根据规则进行操作，但操作起来很笨拙。

（2）高级初学者阶段。当学习者掌握了处理现实情况的某些实际经验，开始对相关域境有了一定的理解时，他们就能够注意目标域中有意义的其他先例。他们在充分观摩了大量的范例之后，学会了辨认新的问题，这时，指导准则就会涉及根据经验可辨别的新的情境因素，也涉及新手可辨别的客观上明确的非情境特征。比如，在课堂上，老师为了让学生能够开始理解所学内容的意义，需要使信息域境化，这时，老师像教练一样帮助学生选择和辨认相关问题，或者说，老师需要在思维或行动的实际情境中陪伴学生。德雷福斯认为，在这个阶段，不管是远程教育，还是面授，学习都是以分析思维来进行的。这时，学习者掌握了一定的技能，获得了处理实际情况的经验和能力，开始根据自己的需要和兴趣关注与任务相关的其他问题，有了初步融入情境的感觉。

（3）胜任者阶段。学习者随着经验的增加，能够辨认和遵守的潜在的相关因素与程序越来越多，通常会感到不知所措，并对掌握了相关技能的人产生了发自内心的敬佩感。学习者为了从这种信息"超载"上升到能胜任的程度，开始通过接受指导或从经验上设计适合自己的计划或选择某一视角，进行因素的取舍与分类，即确定在具体情境中把哪些因素看成是重要的、哪些因素看成是次要的，甚至可忽略不计，从而使自己的理解与决策变得更加容易。这时，学习者真正体会到，在获得技能的实践中，真实情境要比开始时教练或老师精确定义的规则或准则复杂许多，没有一个人能为学习者列出所有可能的情境类型。在这一阶段，学习者开始有了较为明确的计划与目标，提高了快速反应能力，降低了任务执行过程中的紧张感，但他们只能独立处理较为简单的问题。

（4）精通者阶段。随着经验的增加，学习者能够完全参与到问题域中，在学习过程中积累的积极情绪与消极情绪的体验强化了成功的回应，抑制了失败的回应。学习者由伴有直觉回应的情境识别能力取代了由规则和原理表达的操作程序。学习者只有在把实践经验同化到自己的身体当中时，才能发展出一种与理论无关的实践方式。这时，学习者开始体现出直觉思维，但还是以理性思维为主。因此，这个阶段的最大特征是学习者具备了一定的直觉回应能力，即获得了根据域境来辨别问题或情境的能力。

（5）专家阶段。精通的学习者只是专心于娴熟的技能活动世界，只明白做什么，但还需要经过思考来决定如何去做。当所学的技能变成了学习者的一技之长时，他们就成了专家。专家不仅明白需要达到的目标，而且马上知道如何达到目标，即知道实现目标的具体方式或途径。这种更高的辨别力把专家与精通者阶段的学习者区分开来。在许多情境中，尽管两个层次的人都具有足够的经验从同样的视角看出问题，但战略决策会有所不同，专家具有更明显的直觉情境回应能力，或者说，已经具备了以适当方式去做适当事情的能力，在处理问题的过程中能够做到随机应变，体现出直接的、直觉的、情境式的反应。这时，学习者的直觉思维完全替代了理性思维，比如，掌握了学习内容的学生能够立即看出问题的解决方案。

（6）大师阶段。在这个阶段，学习者体现出明显的创新能力，形成了自己的独特风格，达到了技能的最高水平，德雷福斯称为"大师"。德雷福斯反复强调说，从专家阶段到大师阶段，一定是在师徒关系中完成的。师徒关系的学习，要求有专家在场。也就是说，学习者需要拜几位自己敬佩或崇拜的大师为师，并花时间与他们一起工作，通过模仿大师的风格，最终形成自己的风格。但值得注意的是，师徒工作不是先把学习内容划分为不同的部分，然后，再分别拜几位擅长某个部分的大师为师，而是从整体上模仿每一位大师的不同风格。与几位大师一起工作使得学习者能够在博众家所长的基础上，最终形成自己的独特风格。比如，年轻的科学家在几个著名的实验室里工作，为某位成功的科学大师做助理等。德雷福斯认为，这样看来，远程学习或网络学习永远达不到这一阶段，因为这种教育与学习方式不是师徒关系的教育与学习。因此，在德雷福斯看来，远程教育充其量只能培养出专家，达到精通者或专家阶段，但不可能培养出大师，无法达到驾驭阶段。

（7）实践智慧阶段。实践智慧阶段是技能的最高境界。达到这个层次的技能具有了社会性，成为一项社会技能，并形成了一种文化实践。德雷福斯认为，在特殊领域内，人们不仅必须通过模仿专家的风格获得技能，而且为了获得亚里士多德所说的实践智慧，即在适当时间以适当方式做适当事情的一般能力，必须学到专家的文化风格。文化风格是体知型的（embodied），不可能从某一个理论中捕获到，也不是在课堂上通过语言来传递的，而只是在实践中通过人与人的互动或相互作用来潜在地传递的，或者说，文化渗透是无形的，是生活的潜在"向导"。德雷福斯举例说，孩子一出生就是其父母亲的徒弟，在日常生活中，他们首先像父母亲学习，或者说，父母亲最早充当了孩子眼里的模仿者，我们通常所说的"言传身教"表达的正是这一意思。

德雷福斯在阐述技能获得模型的这七个阶段时，重点突出了人们掌握技能的熟练程度与身体的不同反应之间的内在关系，揭示了身体在认知过程中所起的重要作用，深化了"从实践开始"，而不是"从意识开始"的一系列值得关注的哲学讨论。

在上面描述的技能获得模型中，前三个阶段为低级阶段，第四个阶段为过渡期，后三个阶段为高级阶段。在德雷福斯看来，虽然并不是每一位技能获得者最终都能够达到技能的高级阶段，而且，在学习过程中，这几个阶段的划分也不是绝对的，有时会相互交叉，但是，所有能够达到高级阶段的学习者，在他们成长为专家和大师的过程中，通常都经历了非常值得关注的三大转变。

（1）情感转变。在前三个阶段，学习者总是程度不同地处于某种紧张状态，身体动作比较僵硬，以遵守规则或程序进行操作为主，遇到特殊情况时，时常会伴有恐慌与惧怕，在完成任务之后，通常会表现出"松口气"或"胜利"和"得意"的感觉。当学习者达到后面的三个阶段时，这些情感反应会逐渐地消失，取而代之的是，从面对"突发"事件时的"一筹莫展""恐吓与无助"的情感状态转变为"享受与体验"域境变化带来的刺激感与满足感。这种情感转变是在实践过程中随着经验的积累而无意识地完成的。对于科学研究的情况也是如此。学生在刚开始学习做实验时，对某些实验仪器的操作不太熟练，当仪器出现故障时，会感到紧张甚至焦虑，当进入高级学习阶段之后，这些情感反应会逐步消失。

（2）实践转变。在前三个阶段，学习者程度不同地处于"手忙脚乱"和"应接不暇"的状态，甚至会因为情境因素的复杂多变而深感信息"超载"，能力不济。当学习者达到后面的三个阶段之后，他们的实践体验发生了质的变化，转变为"得心应手"、"胸有成竹"和"沉着应战"的状态。他们具备了对问题域的批判能力，也能够前瞻性地修改现有的技能获得程序或规则，形成自己的独特风格，成为值得信赖的专家。这种实践转变是通过身体动作的灵活程度或应对问题的老练程度体现出来的。德雷福斯认为，当学习者成长为专家之后，他们能够自信而"流畅"地应对问题，即"知道如何去做"。这时，经验所起的作用似乎超过任何一种在形式上用语言表达所描述的规则。①

---

① Dreyfus H, Dreyfus S, *Mind Over Machine: The Power of Human Intuition and Expertise in the Era of the Computer*, New York: Free Press, 1986，pp.1-40.

（3）认知转变。与情感转变和实践转变相比，认知转变更为根本与高级。德雷福斯认为，学习者在前三个阶段程度不同地处于域境无关状态，第四个阶段为过渡期，后面的三个阶段进入了域境敏感（context-sensitive）状态。当学习者对技能的掌握进入域境敏感状态时，他们发生了认知转变，即在全面把握情境要素、综合运用规则的能力、形成判断问题的视角和思维方式以及与世界的关系等问题上都发生了实质性的变化。在前三个阶段，学习者主要是根据规则处理问题，没有丰富的经验积累，还不具备处理突发事件的能力，他们对所处情境的感知是域境无关的或部分域境无关的，在处理问题时，理性的分析思维占据主导地位。

当学习者达到后面的三个阶段之后，他们在基于经验判断问题时，通常会与所处的情境或世界融为一体，直觉思维占有主导地位。而以直觉思维为基础的直觉判断的有效性揭示了学习者的实践技能（practical skillfulness）的意向导向性在认知过程中所起的重要作用，也揭示了使意向行动成为可能的背景熟悉程度（background familiarity）的非表征性。这时，认知方式从开始时的"慎重考虑"的主客二分状态转变为"直觉应对"的身心一体化状态。这种"直觉"不同于天生的生物学意义上的"本能"，而是指在长期的实践过程中通过身体的内化而养成的后天的"直觉"，因而既是因人而异的，又是可培养的。这种后天的直觉的发挥是由所处的情境唤醒的，是学习者能动地嵌入域境的结果。因此，在技能性活动中，人的身体的参与具有了优先的认识论地位，成为认知活动的一个重要组成部分。

学习者在获得技能的过程中所经历的这三大转变说明，任何一项技能的掌握，不论是日常的生活技能（如做饭、照顾孩子、社交等）、竞技型的身体技能（如体育、演奏、仪器操作等），还是实验室里的仪器操作技能（如精密仪器的使用）和抽象的理论思维技能（如科学研究、技术发明等），都是学习者在亲历实践的过程中获得的。高超的技能表现通常不是以表征为基础的，也不能通过形式结构来分析，而是建立在身体意向的基础之上。在常态的实践过程中，学习者通过身体意向的导向性，直觉地进行"实践应对"（practical coping），即只是对所处的情境做出流畅而娴熟的回应。只有当他们的应对活动遇到意外挑战时，他们才会做出富有创造力和想象力的回应。因此，能够对挑战情形做出富有创造力和想象力的回应的能力是具有身体的人类专家特有的，以计算程序为基础的"专家系统"没有这种应对意外挑战的应变能力。在常态的实践应对活动中，实践应对的身体意向性是建立在实践基础上的与整个情境相关的意向性，是通过身体的协调性和方向性，而不是心灵的导向性体现出来的意向性。

劳斯（J. Rouse）从三个方面解读了德雷福斯提出的这种认知转变：首先，实践的意向动作不是以心理表征为中介的，而是以感知的多样性、意会规则或从具体情境中抽象出来的其他形式的意向内容为中介的。因而，实践应对摆脱了意向中介的束缚，揭示了"事情"（things）本身。其次，这些"事情"不是具体的对象（objects），而是围绕实践关注所构成的相互联系的整个情境。比如，在篮球场上，一位快攻队员的目标不只是带球，还有投篮，他的队友也随之不断地变换队形来为他守护，这些事情都是相互联系在一起的。最后，实践的应对动作不是一系列的独立动作，而是在情境（situation）展开时，对情境的灵活回应。整个情境不是各个不同对象的排列组合，而是由某些可能的动作所构成的。在这些回应方式中，有些是"必要的"，有些则是不恰当的。[①]

也就是说，在德雷福斯看来，实践应对活动是一种全身心的积极的应对活动，也是行动者的身心完全啮合到整个域境要求中的活动。当行动者的活动偏离了他的身体与环境之间的最佳关系状态时，身体会自动地向着接近于最佳状态和减少偏离的方向调节。这种调节完全是由当时所处的问题域境唤起的，而不是由"慎重考虑"的心理意向唤起的。身体只有在遇到意外情况时才会从过去实践的同化状态重新聚焦于未来的可能性。因此，专家在进行实践应对时，他的身体不是中介，而是成为意向指向性本身。应对总是指向现实的可能性，而不是可能的实现性。[②]成功的应对是不断地适应各种情况的变化，而不是完成事先确定的计划或预期的目标。因此，成功地、持续地进行的沉着冷静的娴熟应对本身也是一种知识，我们通常称为"技能性知识"。

德雷福斯的技能获得模型虽然是在剖析具体的身体操作技能的基础上提出的，但是，同样也适用于科学研究的情况。在科学研究活动中，科学家同样只有在不断尝试的实践过程中，才能获得认知技能，而且，不断尝试或不断模仿的过程，也是不断嵌入他们的特殊研究领域，进行实践应对的过程。特别是，当我们把德雷福斯的技能获得模型应用于思考与科学家的认知技能相关的哲学问题时，就把哲学研究的进路从过去要么只关注理论体系的句法、语义和语用的分析哲学进路，以及要么只强调"物"（thing）

---

① Rouse J, "Coping and Its Contrasts", In Wrathall M, Malpas J(Eds.), *Heidegger, Authenticity and Modernity: Essays in Honor of Hubert L. Dreyfus Volume 1*, Cambridge: The MIT Press, 2000，p.9.

② Rouse J, "Coping and Its Contrasts", In Wrathall M, Malpas J(Eds.), *Heidegger, Authenticity and Modernity: Essays in Honor of Hubert L. Dreyfus Volume 1*, Cambridge: The MIT Press, 2000，p.14.

的整体呈现与工具的身体化展现的现象学进路，转向了关注如何使学习者成长为科学家的实践论进路。这种研究进路的拓宽与问题域的转换不仅揭示了技能与身体反应和认知之间的内在相关性，而且更重要的是，为避免科学哲学研究中的各种二元对立提供了方法论与认识论的借鉴价值，因而具有深远的哲学意义。这是本书所要借鉴的哲学资源。

第四节　结　　语

总而言之，本书在接下来的第二章至第九章将基于前面提供的哲学前提和概念前提，借助德雷福斯阐述的技能获得模型所揭示出的哲学资源，剖析量子纠缠概念的产生与发展所带来的相关哲学观念的变革，这几章的讨论为本书最后提炼出的"体知认识论"框架提供了现实的案例支撑。另外，从科学哲学的发展来看，借助这些前提、概念和哲学资源，将有助于我们把科学哲学家分析问题的视域从过去只关注理论与实验之间的关系问题，拓展到关注科学家本人的个人成长经历、他们之间的学术交往及其创造性研究的许多细节。

第二章 量子纠缠的存在性

量子纠缠涉及实在性、因果性、定域性乃至自然观、理论观和科学观等哲学问题。本书在系统地阐述量子纠缠现象引发的哲学革命之前，首先需要回答的关键问题是：如此难以理解的"量子纠缠"真的存在吗？答案当然是肯定的。自20世纪90年代以来，当物理学家开始意识到量子纠缠不仅是量子力学的一个怪异特征，而且还是实现量子密码术、纠缠辅助通信、量子隐性传态以及量子计算的有效资源时，他们已经把量子纠缠看成是近几十年来最重要的科学发现之一，并且开始从与信息相关的维度来探讨量子纠缠理论的问题。目前，量子纠缠动力学研究已经成为量子纠缠理论研究的一个重要方向，与此同时，量子信息理论与技术的研究和发展又反过来促进了物理学家对量子纠缠、非定域性和信息等概念的重新理解。

本章首先把"量子纠缠"作为一个整体性概念接受下来，通过简要梳理量子纠缠在密码术、量子通信和量子计算三个方面的技术应用，以及量子信息理论的当前进展，来揭示量子纠缠的存在性，以便使读者在进入艰难的问题论证之前，首先从直观上感受一下量子纠缠的实际应用及其理论发展。

第一节 量子密码技术

在通信系统中，最重要的一个环节就是保证信息的完全送达，这就诞生了密码技术。经典密码技术的做法是通过一种算法把要传送的信息与一些附加的信息混合起来，为要传送的信息加密，称为"密码"。钥匙主要有两种：私钥密码和公钥密码。私钥密码系统的保密原理是，信息的发出者和接收者以安全的方式共用一个密码，所谓"一次一密"，优点是简单方便，只要双方共同约定，就可以发挥效用，缺点是容易泄密，因为多次使用就会被窃听者解密。公钥密码系统的保密原理是利用单向函数的特性进行的。问题在于，任何建立在数学技巧上的密码，只具有相对安全性。因为随着数学和计算技术的不断进步，密码迟早都会被破译。特别是，从理论上看，就是世界上最复杂的二进制密码，也会在量子计算机面前变得不堪一击。

这样，信息科学家与技术人员对新的信息加密体系的探索，直接促进了量子密码技术的发展。

最早想到将量子力学原理应用于密码学并提出"量子密码"概念的人是美国科学家威斯纳（S. Wiesner）。他在 1970 年提出了可利用共轭编码制造不可伪造的"电子货币"，其想法是，将光子嵌入货币中，让每一张货币都包含由一串光子构成的量子序号，根据量子力学定律，复制光子的任何行为都会瞬间改变光子的特性，从而保证了"电子货币"的不可伪造性。当时，这一提议虽然由于想法太过离奇，而没有引起人们的广泛关注，但却在密码学的发展史上具有划时代的意义。IBM 公司的物理学家本内特和加拿大蒙特利尔大学信息科学教授布拉萨德（G. Brassard）正是基于对电子货币设想的讨论，冒出了量子密钥分配（quantum-key distribution）的想法，量子密钥分配是用量子进行编码并传输数据的技术。他们两人进行了长达五年的合作，开创了人类历史上第一个依赖于物理学定律而不是数学复杂度的密码术。1984 年，他们发表了关于量子密钥分配的研究成果，正式提出了量子密钥分配概念和第一个量子密钥分配协议（简称 BB84 协议），揭开了量子密码技术发展的新篇章。但在当时，这项工作同样没有引起人们的重视。1991 年，英国科学家埃克特（A. Eket）提出了一个新的想法，他在被称为 E91 的通信协议中，提出了把量子纠缠原理应用于密码技术的设想。

量子保密通信是量子信息技术中最成熟和与国防应用最密切的技术，可划分为实现地球—卫星量子保密通信，以及自由空间传输的量子密钥分配和实现地面上的量子保密通信两大类。量子密码是利用量子态作为信息加密、解密的密钥，其原理是量子纠缠，即通过测量一个纠缠光子的属性，推断另一个纠缠光子的属性。量子密码的安全性由"量子不可克隆定理"加以保证。量子态不可克隆是量子力学的固有特性，意指在量子力学中没有任何一个物理过程能够实现对未知量子态的精确复制，这样就设置了一个不可逾越的界限。比如，如果把一枚旋转的硬币比作是一个粒子，一旦你要复制它的状态，就必须对它进行测量，这种外来的测量行为就会改变它的存在状态（量子态），也就是说，量子态一旦被测量过，就会遭到破坏，不再是原来的量子态了。这是由量子测量的本性决定的。这个定理是 1982 年由伍特斯（W. Wootters）等在《自然》期刊上发表的《单量子态不可复制》一文中提出的。该文证明，量子力学的线性特性禁止这样的复制。后来，适用于两态的量子态不可克隆定理被进一步推广到适合于混合态的情形，并证明了一个更强的定理，文献中通常称为"量子不可播送定理"，这一定理是量子不可克隆定理的强化版。

　　量子密码技术是一项可以通过公开信道完成安全密钥分发的技术，通信双方在进行保密通信之前，首先使用量子光源，通过公开信道，依照量子密钥分配协议在通信双方之间建立对称密钥，再使用建立起来的密钥对明文进行加密。当有窃听者对信道中传输的光子进行窃听时，会被合法的收发双方通过一定的校验步骤发现。其由于物理安全保障机制不依赖于密钥分发算法的计算复杂度，因此，可以达到密码学意义上的无条件安全。这样，将量子密码技术安全分发的密钥用于"一次一密"加密，可以实现无条件安全的保密通信。[①]

　　通常情况下，窃听者的基本策略有两类：一是通过对携带着经典信息的量子态进行测量，从其测量的结果来获取所需的信息。但是，根据量子力学的基本原理，对量子态的测量会干扰量子态本身，因此，这种窃听方式必然会留下痕迹而被合法用户所发现。二是避开直接量子测量而采用量子复制机来复制传送信息的量子态，窃听者将原量子态传送给对方，而留下复制的量子态进行测量以窃取信息，这样就不会留下任何会被发现的痕迹。但是，量子不可克隆定理确保窃听者不会成功，任何物理上可行的量子克隆机都不可能克隆出与输入量子态完全一样的量子态来。

　　随着互联网的发展，在线生活方式成为常态之后，保护隐私越来越受到重视。比如，人人都希望打电话不被窃听，网络传送文件不担心途中被窃取，网络活动能够得到保密，等等，这一切就越来越突显出量子密码技术在信息安全领域内的战略意义，因而受到各国政府的高度重视，由此也拉开了新一轮技术竞赛的帷幕。比如，2003 年在哈佛大学、波士顿大学和一个私人实验之间搭建了量子保密通信网络；2004 年 6 月，世界上第一个量子密码通信网络在美国马萨诸塞州剑桥城正式投入运行，到 2007 年，美国国防高级研究计划局（DARPA）在波士顿建设了一个 10 节点的量子密码网络；2005 年 7 月，有报道说基于量子加密技术的网络安全芯片已经面世，依靠量子力学定律来建立防黑网络的网络安全系统已经实现了产品化；2005 年，在伦敦举办的欧洲信息安全展会上，发布了一款交钥匙型（turnkey）量子加密系统；2009 年，欧洲在维也纳建立了一个 8 节点的量子密码网络；2010 年，日本国家信息与通信研究所（NICT）在东京建立了一个 4 节点的量子密码演示网络，使用了 6 种量子密钥分配系统。

---

　　① 周正威、陈巍、孙方稳等：《量子信息技术纵览》，《科学通报》2012 年第 17 期，第 1499 页。

我国在这方面的研究走在了国际前列。2004 年，中国科学技术大学的韩正甫研究组发明了新的编解码器，用于自适应补偿光纤量子信道受到的扰动，大大提升了光纤量子密码系统的实际传输距离和稳定工作时间，并在北京和天津之间 125 公里商用光纤中演示了量子密钥分配，创造了当时世界最长的商用光纤量子密码实验纪录。该小组随后发明了基于波分复用技术的"全时全通"型"量子路由器"，实现了量子密码网络中光量子信号的自动寻址，并使用这一方案分别在北京（2007 年）和芜湖（2009 年）的商用光纤通信网中组建了 4 节点与 7 节点的城域量子密码演示网络。中国科学技术大学的潘建伟研究组也于 2008 年和 2009 年在合肥组建了 3 节点与 5 节点量子密码网络。①

中国还致力于在太空搭建量子网络。2017 年，中国量子卫星实验成功，展示了有史以来最长距离的量子纠缠，以及地球和太空之间的首次量子传输，打开了实用量子通信技术和基本量子光学实验的新领域。英国广播公司网站在 2017 年 6 月 16 日发表了题为"巨大飞跃中的中国量子卫星"的报道称，随着中国一枚新型航天器的实验成功，"间谍卫星"这一词汇有了新的含义，从原则上说，这一航天行动利用量子力学的规律可以提供无法被破译的秘密信道。冠名为"墨子号"的这颗量子卫星是史无前例的，它不仅推动了一种新型的更具有安全性的互联网的搭建，而且搭载了精密光学设备的"墨子号"持续环绕地球飞行，向相距 1200 公里的两座地面站发送光量子。量子不确定性使参与秘密通信的人员可以知道自己是否在遭到窃听，窃听者的活动会扰乱联络。

然而，虽然量子密码技术已经有了很大发展，但是，要真正实现量子密码技术的安全使用和量子密码通信的产业化，还需进行三方面的工作：其一，检验系统的安全性。量子密码通信从理论上来说是绝对安全的，但在实际情况中，由于技术上的限制，存在各种各样的问题，尚需要进行更多的检验。其二，性能上要达到实用。密钥的传输速率尚不能达到视频的"一次一密"实时传输，需要进一步降低。其三，行业标准尚未建立。达到什么样的标准可以认为是安全的，尚没有一个统一的判断方案。②尽管如此，量子密钥技术的应用已经进入小规模的商业化阶段。

从理论上讲，量子密钥分配过程虽然利用了量子态行使保密通信的功能，但是，这里的量子态的功用在于建立通信双方之间经典信息的关联，

---

① 周正威、陈巍、孙方稳等：《量子信息技术纵览》，《科学通报》2012 年第 17 期，第 1499 页。
② 郭光灿：《量子信息技术》，《重庆邮电大学学报（自然科学版）》2010 年第 5 期，第 523 页。

量子态只是充当建立安全的经典信息关联的桥梁与保障，人们最终还是利用经典信息关联来做经典意义上的密码通信。因此，量子密码技术还不完全等同于量子通信。现在的量子密码技术有点像玻尔当年的轨道量子化理论一样，也是一种半经典、半量子的方式，这显然不能令人满意。因此，如何探索信息量子化的量子通信技术，成为当代通信理论与技术研发的一个前沿课题。

第二节　量子通信技术

就像物质和能量量子化之后诞生了电子计算机、激光、半导体及核能等深刻影响了 20 世纪人类文明进程的高新技术一样，信息一旦量子化，其所催生出的量子信息技术对人类文明进步的影响将更难以估量。量子通信就是利用量子纠缠效应进行信息传递的一种新型通信方式，主要方式是通过信息编码在少数光子、电子等微观粒子的量子态上，运用量子力学规律进行信息存储、传输和处理，提供不可窃听、不可破译的绝对安全的通信系统。具体来说，运用量子态承载信息，根据薛定谔方程描述信息的演化，在量子通道中传送量子态所携带的信息，运用量子态的幺正变换进行信息处理，即信息计算，最后，借助量子测量提取信息，等等。

从物理学的发展看，物质世界本质是量子化的，而对物质世界的经典描述只是近似的和有条件的。信息既然是编码在物理态中的东西，那么用量子态取代经典态就是很自然的事情。量子通信系统主要由量子态发生器、量子通道和量子测量装置组成。量子通信的关键是如何建立量子通道，也称为量子信道，以保证安全无误地传送量子态信息的问题。量子信息领域的开拓者本内特等提出的"量子隐形传态"（quantum teleportation）理论，奠定了量子通信从设想走向实践的基础。

所谓量子隐形传态，是指利用共轭粒子对的量子纠缠特性，将甲地的一个粒子的未知量子态，在乙地的另一个粒子上还原出来，这种传输所付出的代价是，在成功传送量子态的同时，损毁量子纠缠态。因为在这一量子通信的过程中，承载甲地量子态信息的量子系统，实际上并没有被发送出去，该系统仍然在甲地；但是，原先蕴藏在该系统中的量子态的信息，已经借助量子纠缠态中奇妙的量子关联，被传送到乙地。在传送量子信息的这一过程中，仿佛一个量子物体的灵魂被抽走了，重新装载在遥远异地的另外一个物体上，所以被称为量子隐形传态。

量子隐形传态的基本原理是对待传送的未知量子态与 EPR（Einstein-

Podolsky-Rosen）对的其中一个粒子实施联系 Bell 基测量，由于 EPR 对之间的量子关联是非定域性的，所以，未知态的全部量子信息将会"转移"到 EPR 对的第二个粒子上，只要根据经典通道传送的 Bell 基测量结果，对 EPR 对的第二个粒子的量子态进行适当的幺正变换，就可使这个粒子处于与待传送的未知态完全相同的量子态，从而在 EPR 对的第二个粒子上实现对未知态的重现。

但是，在遥远的两地之间建立起高品质的量子纠缠态的联系，涉及一系列问题。目前，量子纠缠态的制备、量子态的产生与跨越物理空间进行完好的分发，这些问题已经解决。物理学家能够在各种不同的物理系统中产生量子纠缠态，并且，能够很好地运用光子系统充当量子信道的物理系统。因为光子能够在媒介中快速传输而不易受到环境的扰动。1997 年，奥地利的塞林格小组在室内首次完成了量子隐形传态的原理性实验验证，成为量子信息实验领域的经典之作。

迄今，物理学家正在广泛研究与应用基于纠缠光子对的量子隐形传态的技术。例如，2003 年潘建伟和塞林格等改进了先前的实验，能够使得被传送的粒子自由传播，而不需要先前实验中必须通过破坏性的量子测量来证实实验成功与否。潘建伟等于 2004 年在建立 5 光子纠缠的基础上，完成了开放终端的量子隐形传态，能够将待传送的量子态发送给非单一的用户。但是，即便是光子系统，传输距离仍有限制，随着传输距离的增加，光子纠缠的品质会下降，以至于无法完成理想的量子信息的传输。[①]

然而，构建一个全量子通信网络，需要有通信波段的纠缠光源、高品质的量子存储器、高效的量子中继站、节点的量子信息处理技术等环节。从目前的进展看，将这些技术组合在一起，构成一个全量子的通信网络，不存在原则上的困难。但是，如何提高各个环节的品质，优化整个系统，达到高速率的量子信息的传输，依然存在着许多技术挑战。

在量子通信领域，我国在许多方面已经达到了世界先进水平。2010 年，山西大学彭堃墀院士领导的研究组，采用模清洁器以及改进的锁频技术，提高了非简并光学腔中产生的 EPR 纠缠光场的纠缠度，创造了当时世界上连续变量纠缠光的高品质。山西大学张靖领导的研究组在理论上提出了通过相敏简并光学参量放大器对于注入压缩真空态光场的操控和增强的方案。彭堃墀院士的研究组在实验上实现了这一理论预言。

① 周正威、陈巍、孙方稳等：《量子信息技术纵览》，《科学通报》2012 年第 17 期，第1501-1502 页。

目前，我国在城域量子通信关键技术方面达到了产业化要求，产业化预备方面与欧美处于同等水平。中国科学技术大学的潘建伟团队在实用化量子网络通信、量子存储和量子中继器技术研究方面处于国际前列。同时，中国科学院正在大力推动战略先导专项"量子科学实验卫星"，并于 2012年首次成功实现百公里量级的自由空间量子隐形传态和纠缠分发，为发射全球首颗"量子通信卫星"奠定了技术基础。2013 年，潘建伟院士研究组牵头的千公里级大尺度光纤量子通信骨干网工程"京沪干线"正式立项，将建设连接北京、上海，贯穿济南、合肥等地的高可信、可扩展、军民融合的广域光纤量子通信网络，建成国际上首个大尺度量子通信技术验证、应用研究和应用示范平台。中国科学院 2017 年成功发射了量子科学实验卫星，在此基础上将实现高速的星地量子通信。这些发展标志着量子通信技术很快就会在国家安全和金融等信息安全领域发挥作用。

第三节 量子计算机技术

计算是人类逻辑思维能力最重要的一种体现，从古老的算盘到当代的电子计算机，人类的计算技术实现了革命性的突破。特别是随着电子计算机向着小型化、网络化与智能化方向的不断发展，人类文明正在从工业文明时代转向信息文明时代。然而，在这条不断计算化的发展道路上，提高计算机的运算速度以提升计算机的运算能力始终是科学家奋斗的一个重要目标。目前来看，科学家提高计算机的运算速度主要有两条进路：一是制造越来越先进的计算机硬件，以提高芯片制造技术为主；二是设计越来越快速的计算机程序，以发明新的快速算法为主。

就第一条进路而言，1965 年，英特尔公司前任总裁摩尔（G. Moore）在《电子学》期刊上发表的文章中提出的"摩尔定律"认为，芯片上集成的晶体管数目随时间呈指数增长。当代芯片制造业的发展已经证实了摩尔定律的这一预言，也见证了信息技术发展的惊人速度。从摩尔定律的提出至今 50 多年的时间里，计算机已经从一个占有很大空间的庞然大物发展成为生活中必不可少的实用工具。而这种发展背后的动力目前还是主要归功于半导体芯片技术的不断提高。从技术上看，从电子管到晶体管，从集成电路到大规模的集成电路，芯片的集成度越来越高，目前先进的光刻技术甚至可以把逻辑门和导线做到微米量级。但是，当尺度小到原子层级时，显著的量子效应将会严重影响其性能，从而使传统计算机硬件的制造技术陷入绝境，达到发展的极限。在这种情况下，大力发展量子芯片技术就成为一项必然选择。

就第二条进路而言，1982 年，诺贝尔物理学奖获得者费曼在一次演讲中提到，量子力学中的叠加性、相干性和纠缠态等量子特性可能在未来的量子计算机中起本质作用，并且，其首次提出了一个利用量子体系进行计算的抽象模型，拉开了把量子论与计算机科学相结合的一个崭新领域——量子计算机的帷幕。今天，这位物理学巨匠的预言正在向着越来越接近现实的方向发展。三年之后的 1985 年，牛津大学的多依奇（D. Deutsch）就设计了有关量子计算机的雏形，提出了"量子图灵机"，完成了与经典图灵机模型的对应。这标志着量子计算机的研究开始步入正轨。自 20 世纪 90 年代以来，量子计算机的研发成为许多国家关注的热点与焦点。突破性的发展取决于下列两种算法的提出。

其一，1994 年，计算机科学家肖尔（P. Shor）利用量子力学的叠加性和纠缠态提出了大数质因数分解的量子算法，也称为"肖尔算法"，这种算法比传统计算机运算速度快指数倍，从而为量子计算的发展开辟了道路。之后，世界众多研究小组加入该研究行列，在量子计算研究领域不断取得重大进步。所谓大数质因数分解是指，把一个大整数分解为所有质数因子的乘积，而且，数论告诉我们，这种分解是唯一的。

其二，1997 年，格罗夫（L. K. Grover）提出了一种量子搜索算法，也称为"格罗夫算法"。在传统搜索算法中，解空间过大，导致了需要搜索的路径过多。因此，经典搜索策略主要是设法减少实际搜索空间。而对于量子搜索算法来说，搜索所有的路径不再是困难所在，问题在于，寻求如何减少甚至消除非解路径上的振幅，并把它转移到解路径上来。打一个比方，搜索算法解决问题就像是一个人在汪洋大海上寻找目标。传统算法类似于近距离寻找的人，因此，每次找到的目标有限。而量子算法是高空远距离寻找的人，他可以鸟瞰整个海面，但是，由于距离遥远，看到的是一个模糊的海面，为了看清目标，他不得不设法突出目标的"颜色"，同时使其他点的颜色变淡，从而使目标更清晰、更突出。这里"颜色"的深浅就相当于振幅的大小。

总之，采用肖尔算法，可以攻破所有的经典密钥系统，利用格罗夫算法，量子计算机能对搜索速度具有平方根级的加速，这在实际中非常有用。这两种重要算法的发现，将量子计算机的研究带入了高潮。量子图灵机计算与传统图灵机计算的最大不同之处是，表征基本信息单元的比特是一个两能级的量子系统，它的状态由希尔伯特空间的基矢量叠加而成。在经典计算机中，经典比特可以用两个逻辑值来表示：是与否、真与假、对与错、

开与关等，通常用二进制的 0 和 1 表示。在量子计算机中，当用 0（|0>）态和 1（|1>）态表示 1 个原子所处的基态和激发态时，根据态叠加原理，|0>和|1>的叠加态|Ψ>=a|0>+b|1>也是可能的状态。这样，对 N 个量子比特的单次操作，等效于同时对 2^N 个基矢量做了变换。也就是说，一次量子操作，完成了经典计算机需要 2^N 次操作才能完成的计算。因此，用量子态代替经典态将达到不可比拟的运算速度。经典运算类似于万只蜗牛排队过独木桥，而量子并行运算好比万只飞鸟同时腾空而起。

量子图灵机具有的这种并行性计算能力是由量子力学原理所赋予的。不过，当我们要读出信息时，量子力学原理只允许读出 2^N 种可能性中的一种，每种可能性出现的概率由演化后状态的基矢量前面的概率幅 a 和 b 来决定，其中，a 和 b 是复系数，满足归一化条件，即$|a|^2+|b|^2=1$。所以，原则上量子计算是一种概率计算。而量子计算的并行性特征恰好是量子计算机优越于经典计算机最重要的特征之一。

到目前为止，量子计算机在理论和实践上的发展都十分迅速。从理论上看，科学家已经能够演示量子计算机的工作原理、量子逻辑门操作、量子算法和量子编码等，证实了量子计算机的实现在理论上不存在不可逾越的障碍。但是，在实践中，由于量子相干性十分脆弱，环境引起的量子退相干效应是相当致命的，会大大降低量子计算效率，使有效计算变成无效计算。因此，如何实现容错量子计算，确保最终输出的可靠性，一直制约和阻碍着量子计算机的研制进程。当前研究的主要方向，一方面是集中在寻找极低干扰条件的环境、保真度优的量子器件、探索新的更易于用量子器件实现的算法过程等；另一方面是探索如何能够制造出基于量子力学的计算芯片，而这一项工作依然任重道远，甚至还有很大的不确定性。

然而，我们应该看到，尽管量子信息技术的发展还处于初级阶段，但是，这已经预示着有一天我们会进入量子信息时代。随着量子信息时代的到来，人类将会由以信息文明为主导的社会进入以智能文明为主导的社会。到那时，我们的观念还将面临重要的改变。

第四节 量子纠缠理论的新进展

除了我们上面简要阐述的量子密码技术、量子通信和量子计算机三个领域之外，量子技术目前在机器学习、纳米级机器人的制造、各种电子装置以及嵌入式技术、卫星航天器、核能控制、中微子通信技术、量子通信技术、虚空间通信技术、军事高科技技术以及医疗技术等许多领域都取得了突破性的进展。因此，我们可以预言，21 世纪将是量子技术全面崛起的量子时代。而特别令人欣慰的是，我国在量子信息领域的研究处在世界前列，已经成为量子信息世界版图中一股不可或缺的力量。

随着这些技术的深入发展，21 世纪以来，量子纠缠作为一种重要资源，自然受到了科学家的密切关注，兴起了量子纠缠理论研究的热潮，甚至在一定意义上可以说，量子信息技术就是利用纠缠同时又和纠缠斗争的技术。在量子信息理论产生之前，尽管 1982 年阿斯派克特等人的实验已经证明了量子力学的有效性，从而间接地证明了量子纠缠的存在性，但也只有少数物理学家对研究纠缠感兴趣，而且，不论是物理学家还是物理哲学家，通常都把量子纠缠理解成是"全或无"（all or nothing）的现象，并简单地把纠缠描述成是神秘的整体论，认为量子纠缠是由微观粒子之间存在的非定域性关联导致的，反过来，又认为量子纠缠的存在证明了微观粒子之间存在着非定域性关联。自 20 世纪 80 年代末以来，随着量子信息理论和技术的发展，特别是随着纠缠理论的出现，物理学家对纠缠的理解发生了许多重要的转变。

首先，他们不再把量子纠缠看成是质疑量子力学的利器，而是认为，纠缠能够被量化，提出了"纠缠度"的概念，其范围可以是从"最大限度的纠缠"到完全没有纠缠。过去，人们通过违反贝尔不等式程度的相关概念来提出"纠缠度"的概念，认为纠缠的总量与违反贝尔不等式的程度成正比。现在人们认为，这种用违反贝尔不等式作为对纠缠的一般度量是有局限性的。他们证明，存在着一些贝尔型不等式，对它的最大违反是由非最大限度的纠缠态来提供的，因此，纠缠和非定域性并不总是单调变化的。莱因哈特·温纳（Reinhard Werner）甚至在 1989 年表明，有些混合态（现在被称为温纳态），尽管是纠缠态，但却并不违反贝尔不等式，也就是说，可能存在着没有非定域性的纠缠。①

其次，他们认为，纠缠是可以被操纵的，人们能够提供所有部分都相互纠缠的大量电子，并把这种纠缠浓缩到最大程度纠缠的少数电子中，使其他电子不再纠缠，这个过程被称为"纠缠提取"（entanglement distillation），有时，也称为"纠缠浓缩"（entanglement concentration）或"纠缠纯化"（entanglement purification）。反过来，人们也能够提供最大程度纠缠的一个

① Werner R, "Quantum States with Einstein-Podolsky-Rosen Correlations Admitting a Hidden-Variable Model", *Physics Review A*, Vol.40, No.8, 1989, pp.4277-4281.

电子对，并把这种纠缠扩展到很多个电子，这个过程被称为"纠缠稀释"（entanglement dilution）。但也有人认为，并不是所有的纠缠都能以这种方式稀释，有些纠缠态是受"束缚的"。这些被束缚的纠缠态是满足贝尔不等式的态，即它们是定域的。[①]

最后，他们表明，人们不仅能够拥有没有定域性的纠缠，而且也能够拥有一种没有纠缠的非定域性，纠缠和非定域性是不同的物理资源。这些研究进一步突出了理解纠缠概念和非定域性概念的新维度。

虽然就纠缠和非定域性是不同的资源而言，解决如何量化纠缠和非定域性，以及如何澄清两者之间的关系等问题，是目前量子信息理论与技术研究的重要课题，还需要进行更系统而深入的研究，但是，这些新进展已经足以表明，量子纠缠概念和非定域性概念比早期只基于贝尔定理进行的分析更微妙，并且，拥有了更多面向，它们不仅是存在的，而且是量子通信与量子计算的可贵资源，这些应用佐证了以量子纠缠为核心特征的量子力学形式体系的正确性。

第五节　结　　语

物理学家对量子纠缠概念的理解与接纳经历了两个阶段：其一是观念质疑与概念辨析阶段；其二是实验证实与技术应用阶段。从前面我们概述的量子纠缠的技术应用前景及其研究进展来看，随着量子信息理论与量子信息技术的发展，就像电磁波在今天得到了广泛的应用一样，量子纠缠在未来也一定大有用武之地。就目前来看，关于量子纠缠的测量、转换和纯化等研究已经成为21世纪的前沿热点。然而，当科学家不得不承认如此不可思议的量子纠缠确实是真实存在的时，这是令他们既向往又烦恼的一件事情。他们之所以向往，是因为它已经带来了令人向往的技术应用；他们之所以烦恼，是因为如果接受量子纠缠的存在性，就意味着，最终承认量子力学是正确的。

问题在于，如果物理学家证明量子力学是正确的，那么，接受量子力学的基础假设，就必须放弃建立在常识和经典物理学基础之上的一系列哲学观念。因此，对于当代哲学研究来说，量子纠缠引发的哲学问题比过去任何时候都更加尖锐与深刻。我们对这些问题的讨论，在本质上，不

---

① Bokulich A, Jaeger G (Eds.), *Philosophy of Quantum Information and Entanglement*, Cambridge: Cambridge University Press, 2010, p.xvii.

是对传统哲学观念的细枝末节的修正或补充，而是从传统的根深蒂固的哲学观念中脱胎换骨的过程，蕴含着哲学思维方式的大转变以及彻底的哲学革命。而要揭示这些哲学革命，就需要科学哲学家深入量子纠缠概念的产生与演变的过程当中。这就为本书接下来几章内容的阐述提供了必要性。

第三章 量子假设：改变自然观

我们在第二章只是从技术应用和理论发展两个层面，证实了量子纠缠是真实存在的，并由此间接地证明了量子力学原理是正确的，但是，真正理解量子纠缠现象，并揭示其所带来的哲学革命，还需要把我们的视域重新拉回到物理学家提出量子假设概念的时代。这是因为，一方面，量子化之路是物理学家在不断地进行思想斗争和激烈的观念争论之中铺设的；另一方面，量子纠缠是量子力学的形式体系本身所蕴含的一个最根本的特征，是量子力学理论的内禀性质，是物理学家在认知微观世界的量子化道路上所揭示出的一种极其奇特的现象。

然而，我们要理解这种奇特的量子现象，还需要回到量子理论产生与发展的过程当中，通过对这段历史的回顾，来揭示物理学家在面对实验与理论之间的矛盾时，如何在方法论意义上不得不接受新的实验事实、放弃传统的理论见解、进行观念创新的心路历程；如何在认识论意义上不得不向"自然界是连续的"这一传统的形而上学观念宣战，确立"自然界是不连续的"观念；如何不得不在实验事实的引导下，基于他们卓越的科学专长，凭借他们特有的科学直觉，闯出一条前所未有的量子化之路。除此之外，还在科学哲学的意义上，提供了数学形式如何能够把握世界本质的一个典型案例，也提供了量子物理学家如何能够凭借他们高超的科学研究技能和敏锐的直觉认知能力，打破认知僵局，揭示出自然界隐藏的内在本质，从而为验证本书最后要阐述的体知认识论立场提供典型的科学案例。本章主要以量子概念的提出与拓展为线索，剖析物理学家放弃"自然界是连续的"观念和接受"自然界是不连续的"观念的心路历程，以及他们做出的艰难选择。

第一节 紫外灾难

19 世纪末到 20 世纪初的社会发展奠定了量子时代到来的社会经济基础，这种发展在很大程度上与经典物理学的理论成果和技术革命相关。然而，令许多物理学家备受鼓舞的经典物理学的发现，却反过来颠覆了经典物理学的孕育者，成为经典物理学的无情的掘墓人，由此拉开了量子时代的帷幕。经典物理学的大厦是经过无数物理学家世世代代的持续努力而建造起来的。尽管在物理学家中间，每个人的贡献大小不同，但平均而言，他们都只不过是整个建筑大厦的一块砖瓦。然而，量子时代的到来却彻底摧毁了物理学家几百年来辛辛苦苦建立起来的这个宏伟大厦，与此相伴随，也使在经典物理学土壤中培育和成长起来的一些基本观念要么失去其普遍性，要么遭到否定。结果，一些曾经被认为是绝对真理的信念破灭了，量子时代谱写了物理学家认识自然界的新的历险篇章。

这种历险的渊源可追溯到物理学家对光的本性的认识。早在 17 世纪，牛顿与惠更斯等分别提出了关于光的本性的两种截然不同的假说：光的粒子说与光的波动说。一开始，牛顿力学在自然科学家的意识中已经普遍占有不可动摇的优势，他们力求应用空间运动的简单力学定律来解释一切自然现象，并取得了丰硕成果。牛顿遵循自己学说的逻辑，认为光是由粒子组成的自然物，或者说，从原子论的物质观出发，把光看成是从光源或从发光体发射出的粒子流。但在当时，这种理解需要解决的一个困难问题是，当光被吸收时，组成光的粒子会是怎样的？是有重量的粒子，还是无重量的粒子？这两者之间又有何区别呢？牛顿本人对此提不出有说服力的解释。

比牛顿年长的同时代人荷兰物理学家惠更斯试图以光的波动理论来解释光的特征。他把光理解成是像声音一样能够通过某种媒介传播的波的运动。当时，光的波动理论必须克服的主要困难是，假如太阳与地球之间是物质真空，那么，从太阳发射出的波如何能够传播到地球上呢？为了解决这一难题，物理学家假设"以太"来充当理想的传播媒介。后来，光的偏振现象的实验表明，光的传播方向与波阵面相垂直。这就使得以太媒介的构造非常成问题。因为波被认为是只有在刚性的物体中才能传播。然而，在科学的道路上，如果没有新的实验事实的支持，科学权威所起的作用就会很大。在关于光的本性问题的争论中，鉴于牛顿的影响力，在当时的物理学界，光的粒子说胜过了光的波动说。

到了 18 世纪，光的波动理论才得到了更多人的认可。因为测量表明，光在光密媒介中的传播速度小于光在光疏媒介中的传播速度。这种现象与波动理论的预言相一致，而与粒子理论的预言相矛盾。特别是，光的衍射现象与干涉现象的发现，成为光的波动论成立的更明确的例证。到 19 世纪末，麦克斯韦所阐述的电磁场理论，使物理学共同体相信，电磁波以光速传播，光是一种形式的电磁波，电磁场本身可以被看成是能够通过真空传播的一种物理实体，从而逐渐地抛弃了作为波的传播媒介的"以太"观念。

标准的波动理论所遇到的第一个真正的困难来自对物质与光的相互作用的理解。实验表明，在一定的温度下，日常生活中的任何物体都会不断地辐射和吸收电磁波，辐射出来的电磁波的波长与物体本身的特性和温度相关，因而被称为热辐射。在一定的时间内，物体辐射能量的多少以及辐射按波长的分布都与温度有关。当温度低于 800 开时，绝大部分的辐射能分布在光谱的红外长波部分，肉眼看不到，要用专门的仪器来测定；自 800 开起，如果温度逐渐升高，辐射能量将逐渐地向短波部分分布。用肉眼观察辐射时，先看到由红色变为黄色，再由黄色变为白色，最后，在温度极高时变为青白色。

物理学家为了研究不依赖于任何特定物体的普遍的热辐射规律，定义了一个理想物体——黑体——作为研究热辐射的标准物体。所谓"黑体"是指，它能够吸收所有外来的电磁辐射，但是，在相同的温度下，又比其他任何物体散射电磁辐射的能力都强。黑体辐射是光与物质相互作用达到平衡后所表现出的现象，简单地说，是指热平衡物体的辐射谱，从理论上看，黑体能够辐射出所有波长的能量。这样，如何从实验现象中，归纳出一般的辐射定律，就成为物理学家在 19 世纪末研究的前沿问题。

当时，物理学家试图根据理想黑体的辐射现象提出具有普遍意义的光谱分布函数，其中，基尔霍夫的工作是有代表性的。基尔霍夫于 1860 年在热辐射学说中提出了热力学的思想，并基于对"黑体辐射"问题的详细研究，提出了一个热辐射定律，通常称为"基尔霍夫定律"。这个定律认为，黑体单位面积发射的能量只取决于频率和温度，与物体的构成材料性质无关。这一定律似乎意味着代表了某种绝对性，这激发了普朗克的兴趣。普朗克在《科学自传》中谈到他的注意力执着地转向基尔霍夫定律时是这么说的，

> 我觉得追求、寻找绝对的东西就是最美好的任务，所以我就热心地、拼命地从事这个研究工作。[①]

普朗克最初感到麦克斯韦的电磁理论是解决这个问题的一条进路，但是，他在进行了一系列的研究工作之后发现，这条路行不通。于是，他在

---

① （德）M.普朗克：《科学自传》，林书闵译，北京：龙门联合书局，1955 年，第 15 页。

没有办法的情况下，选择转向热力学方面来考虑问题。而从事热力学研究正是普朗克的强项。到 19 世纪末，物理学家根据实验事实，提出了两个定律：一个定律是维恩从麦克斯韦-玻尔兹曼的受热物体的分子分布定律出发，总结出的维恩能量分布定律；另一个是瑞利-琼斯从统计力学出发应用统计推理得到的瑞利-琼斯能量分布定律。这两个定律都是在实验基础上归纳出的经验公式。前者在短波区与实验结果相符，后者在长波区与实验结果相符。然而问题是，当运用瑞利-琼斯公式计算辐射能量时，在辐射的波长接近紫外线的条件下，计算出的能量为无限大，出现了所谓的"紫外线灾难"。由于瑞利-琼斯公式是根据经典物理学中的能均分原理得出的，所以，"紫外线灾难"事实上也是经典物理学的灾难。物理学家通常把这个"灾难"说成是 19 世纪末飘浮在物理学上空的两朵乌云之一。如何驱散这朵乌云就成为当时包括普朗克在内的物理学家探索的一个重要方向。

第二节　"幸亏猜中了的定律"

普朗克出生于当时德国一个传统的知识分子家庭，其祖父曾是哥廷根大学的神学教授，父亲是慕尼黑大学的法学教授。在普朗克的职业生涯中，他曾担任过柏林大学校长一职，1930～1937 年被提任为威廉皇家学会会长，后来，这个学会改名为马克斯·普朗克科学促进学会，直到今天，这个学会仍然在德国科学技术的发展中起着决定性的作用。该学会下设物理学与技术部、生物与医学部、人文与社会科学部，拥有 80 多个机构，遍及德国各地，是世界著名的非营利性的独立研究组织。这证明了普朗克在德国科学中的学术地位。1957～1971 年德国官方印制的 2 马克硬币使用了普朗克的肖像，1983 年为了纪念普朗克诞辰 125 周年，又发行了 5 马克纪念硬币。这一事件也从一个侧面反映了德国政府对科学家工作的尊重。

普朗克所获得的学术成就主要得益于他的天赋与执着，当然也与他的长寿相关。在学术生涯中，普朗克于 1874 年进入慕尼黑大学学习数学和物理，在 1879 年 21 岁时就以"论机械热学第二定律"为题进行了论文答辩，获得哲学博士学位。普朗克在他的《科学自传》中回顾他的博士学位论文的选题时说，他当时感兴趣的是与能量原理有关的论文与课程。他曾认真钻研克劳修斯的论文，他觉得克劳修斯的文笔简洁易懂，极富启发性，对他产生了极其深刻的影响。克劳修斯基于"热量不是自动地从一个冷的物体移入热的物体中"这一假定，推导出热力学第二定律。这个假定是在批判当时占优势的热质说的基础上得出的。热质说把热量从高温过渡到低温看成与重量从高处下落到低处的情形完全一样。普朗克认为，这个错误的看法在当时是根深蒂固的。

这样，普朗克为了澄清这一观念的本质，研读克劳修斯的论文，在研读过程中，他认为，克劳修斯的假定需要一个特别的说明，原因是，

> 因为这个假说不只是应该表示：热量不是直接从一个冷的物体移入热的物体里；并且它也应当指出：我们不可能有任何办法，将热量从一个冷的物体搬入热的物体里，而在自然界里不留下任何一种充当补偿的变化。[1]

克劳修斯的假说事实上是如何理解热传导过程中的不可逆问题。在普朗克看来，一个过程是否可逆的判据只与初态和终态的性质有关，而与这个过程的路径无关，所以，在一个不可逆过程中，终态在某种意义上比初态更优越，就是说自然界对终态具有较大的"偏爱"。于是，普朗克把克劳修斯提出的熵作为这种偏爱多少的一个量度，得出定律："在每一个自然过程里，所有参与过程的物体的熵，其总和总是增加的。"普朗克把这一点看成是第二定律的意义。他说，

> 在一八七九年所完成的慕尼黑大学博士论文，就是上面的这些推论加以整理而成的。[2]

普朗克接着回忆说，他的这篇论文在物理学界产生的影响等于零。普朗克明确指出，之所以会如此，主要原因在于，在当时的物理学家中间，

> 没有一个人会是真正地了解这篇论文的内容。他们之所以同意通过这篇东西作为博士论文，大约只因为他们从我通常在物理实验方面与在数学研究方面的工作，认识我这个人而已。并且，就连这个论文题目与之比较有关的物理学家们对我的论文也不发生兴趣，更谈不上有所称赞。[3]

---

① （德）M.普朗克：《科学自传》，林书闵译，北京：龙门联合书局，1955年，第3页。
② （德）M.普朗克：《科学自传》，林书闵译，北京：龙门联合书局，1955年，第4页。
③ （德）M.普朗克：《科学自传》，林书闵译，北京：龙门联合书局，1955年，第5页。

　　但是，普朗克并没有因此而放弃对熵的继续研究，而是凭着坚定的信念，深信这项任务是有意义的。在后来的研究中，他进一步把熵看成与能量一样，是同一个物理量最重要的特性，把熵增加原理看成具有与能量守恒原理一样的普适性，也就说是，到处都适用，毫无例外。普朗克的这一观点与玻尔兹曼的看法不同。在玻尔兹曼看来，熵只代表概率，允许有例外情形。后来，普朗克改变了他的看法，接受了玻尔兹曼的观点。普朗克对熵与概率关系的这些关注，架起了他通往量子化道路的一个阶梯。

　　普朗克从 1896 年开始转向热辐射的经典研究。仅在 1897～1900 年的 3 年时间，他就在德国的《物理学年鉴》上发表了 6 篇有关不可逆辐射过程的论文。1900 年，他在研究热辐射正常光谱中的能量分布的过程中，以基尔霍夫定律和维恩辐射定律为依据，以当时测定黑体辐射的实验为基础，凭借他在热力学方面无与伦比的鉴别力，基于经典电动力学和熵增加原理，在维恩和瑞利-琼斯公式之间利用内插法建立了一个普遍公式。这个运用经验方法得出的辐射公式，在任何情况下都与实验测量数据相符合，而且，测量方法越精细，量度越准确，从而提供了化解"紫外线灾难"的一线希望。但是，令人匪夷所思的是，连普朗克本人在内，都不清楚这个公式的物理意义。对此，普朗克曾回忆说，

　　　　纵使是人们承认了这个公式的绝对正确性与适用性，这个辐射公式依然只具有一个形式上的意义，因为人们只将它看作是一条幸亏猜中了的规律而已。[1]

　　"幸亏猜中了的规律"这一说法表明，普朗克在给出他的辐射公式时，并不完全是根据逻辑推理得出来的，而是凭借直觉突然想到的适当方法获得的。这样，从理论上论证和推导这一公式，并赋予其明确的物理意义，成为普朗克接下来要完成的主要任务。

第三节　能量量子化假设

　　1900 年，普朗克从研究熵与概率之间的关系入手，引入一个通常用 h 表示的新常数，他称为"元作用量子"，后来简称为"作用量子"。但是开始时，普朗克并没有意识到这个"作用量子"携带了革命性的价值，而

---

[1]（德）M.普朗克：《科学自传》，林书闵译，北京：龙门联合书局，1955 年，第 20 页。

是尝试着努力把它融入经典物理学的概念框架之内。普朗克在回忆他的这一想法和尝试时说，为了解释作用量子在物理学中所占的地位，

> 就设法要将这个作用量子 h 引入经典理论的范畴里。但是在所有这样的尝试里面，这个量都显得笨重、巨大、顽固、刚愎，总没办法将它挤进去的。只要我还允许将这个量看作无限小，就是说遇到较大的能量与较长的周期时，则样样都好，什么都是对的。可是一到普遍情形，则总有地方有漏洞，现出有裂缝。我们过渡到愈快的振动，则这个裂缝就愈大，就愈令人注意。由于一切要去填补这个漏洞，接上这个裂缝的尝试都失败了，都流产了，所以人们很快就肯定了：作用量子在原子物理上扮演着一个基本角色，并且随着这个作用量子的登台上演，在物理科学界就出现了一个新时代。这一点就再也用不着怀疑了。因为通过这个作用量子就意味着一点一直到那时为止闻所未闻的东西，它的使命就是：将莱普尼兹（Leibniz）与牛顿（Newton）发明微积分以来，我们在假设一切因果关系都是连续的这个基础上所建立起来的物理思想方法，加以彻底地改造。①

普朗克说的这个"新时代"就是"量子时代"。因为他的辐射公式无论如何也无法在经典观念的框架内得到理解，只有在一种崭新的观念中才是正确的。这种观念就是，只有当假定在辐射过程中能量不是以任何数量，而是以不可分的份额——"量子"——非连续地被释放或被吸收时才是正确的。这个最小的能量 ε 等于作用量子 h 和辐射的振荡频率 ν 的乘积，即 $\varepsilon=h\nu$。这种观点被称为"能量量子化"假说。1900 年 12 月 14 日，普朗克在德国物理学会议上，报告了他的这一革命性的发现，这也是他第一次在同行面前阐述量子假设的观点。不久之后，他的推论文章就以"正常光谱中能量分布律的理论"为题发表在正式刊物上。

这是本书到目前为止所能找到的普朗克提出作用量子过程的最明确的描述。《原子时代的先驱者：世界著名物理学家传记》一书的作者赫尔内克在谈到普朗克的性格时说，

---

① （德）M.普朗克：《科学自传》，林书闵译，北京：龙门联合书局，1955 年，第 22 页。原文"莱普尼兹"，今译为"莱布尼茨"。

　　这位科学家通过什么途径得出了最终结果，这是一个别人不知道的问题。普朗克像高斯和伦琴一样，总是不乐意谈论自己的研究所采用的方法和中间步骤。他对计算和论证自己的常数所走过的"十分错综复杂的道路"的叙述，不比伦琴对他作出了发现的那个夜晚所发生的事件的叙述更详细些。[①]

　　在能量观念上，普朗克的能量量子化假说与通常的波动理论有着本质上的区别。在普通的波动理论中，能量是连续的，物体所发射或吸收的能量可以取任意值；而按照普朗克的量子假设，能量却是不连续的，存在着能量的最小单元 h，物体发射或吸收的能量必须是这个最小单元的整数倍，而且是一份一份地按不连续的方式发射或吸收。这种前所未有的解释观念，迫使物理学家认真思考，在微观领域的现象中，可能存在着与宏观现象中截然不同的规律和概念。

　　普朗克的能量量子化假设的提出表明，在量子理论诞生的过程中，实验的重要性根本不亚于理论的重要性。当时的大多数精密实验是在柏林的德国联邦物理技术研究所进行的，在那里，黑体辐射的精确谱线的测量，不仅具有纯学术意义，而且被认为是 20 世纪初的柏林在扩大白炽灯工业规模时的产物。当时，德国白炽灯工业的扩大，需要精密的科学原理来制造具有尽可能高的发光效率的光源。旧的碳丝灯由于容量有限，无法与占有优势的煤气照明设备展开有效的竞争。于是，需要通过实验寻找新的材料，这些实验结果成为普朗克推理和计算的出发点。这一事实本身也印证了恩格斯在 1894 年阐述的观点：社会方面一旦发生了技术上的需要，则这种需要就会比数十个大学更加把科学推向前进。[②]

　　另外，普朗克事实上是在万般无奈的情况下，在为他的辐射公式寻找理论解释的过程中，提出了具有革命意义的能量量子化假设。由于这个假设无论如何不可能从当时的观念中推导出来，更不能纳入当时的理论框架当中，所以，对当时的理论认识提出了前所未有的观念挑战，也使得物理学家对量子假设观念的接受经历了艰难的历程。

---

① （德）弗里德里希·赫尔内克：《原子时代的先驱者：世界著名物理学家传记》，徐新民、贡光禹、郑慕琦译，北京：科学技术文献出版社，1981 年，第 123 页。

② 转引自（德）弗里德里希·赫尔内克：《原子时代的先驱者：世界著名物理学家传记》，徐新民、贡光禹、郑慕琦译，北京：科学技术文献出版社，1981 年，第 124-125 页。

第四节　自然界是不连续的

在物理学的发展史上，普朗克的"量子"概念导致的革命，足以与牛顿的"引力"概念导致的革命相媲美。众所周知，万有引力定律的提出，不只是标志着自古希腊以来思辨科学的结束，而且使得以此为核心的经典物理学范式，实质性地影响了近代哲学的发展。比如，以休谟为代表的经验论和以康德为代表的理性论，都是从牛顿力学中获得启迪，才提炼出各自的哲学体系的。同样，"能量量子化假设"的提出也不只是标志着经典科学时代的结束，而且对哲学的影响是到目前为止的所有学科都无法比拟的。以"量子化假设"为前提的量子时代的到来，意味着为我们撬开了关注不连续世界的大门，并在科学思想史上第一次打破了莱布尼茨明确宣称的"自然界无跳跃"的常识性观念，确立了自然界存在着跃变式变化的观念。当代量子信息技术的进步，进一步印证了基于这种不连续性思想建立起来的理论大厦的正确性，限制了经典思维方式的适用范围，把检验理论正确与否的标准从单纯注重观察与实验结果，扩展到技术应用领域。正因为如此，爱因斯坦对普朗克提出能量量子化假设的工作给予了高度的评价，他说，没有普朗克的工作，

> 就不可能有以后几年热学的巨大成就。从这些工作出发，对各种研究成果、理论和新发展的问题（这些问题是在提到"量子"一词时浮现在物理学家面前的，它们使得物理学家的生活既活跃，又烦恼）形成了内容丰富的综合。[①]

1919 年，德国物理学家和量子力学的重要创始人之一索末菲在他的《原子构造和光谱线》一书中最早将普朗克正式提出能量量子化假设的 1900 年 12 月 14 日确定为"量子理论的诞生日"。普朗克也多次强调，虽然"作用量子"概念的提出还没有建立起真正的量子理论，但是，这一天仍然应该被视为是奠定了量子论基础的日子。[②]今天，物理学界普遍地把这一天看成是量子论的诞生日，也看成是自然科学新纪元的开端。

---

① 爱因斯坦：《爱因斯坦文集（第一卷）》，许良英、范岱年编译，北京：商务印书馆，1976年，第69页。

② 转引自（德）弗里德里希·赫尔内克：《原子时代的先驱者：世界著名物理学家传记》，徐新民、贡光禹、郑慕琦译，北京：科学技术文献出版社，1981年，第124页。

然而，普朗克和物理学家把 1900 年 12 月 14 日称为"量子理论的诞生日"并不意味着他们就接受了量子概念带来的不连续性思想。事实上，当时，包括普朗克本人在内的许多物理学家并没有因为量子概念的提出，而马上接受能量量子化假设带来的不连续性的观念。科学史与科学哲学家库恩在 1978 年出版的《黑体辐射与量子不连续性（1894—1912）》一书中专门详细地考察了普朗克的工作对确立量子不连续性观念所起的作用。他基于大量详尽的历史史实的考察，得出的结论是，虽然普朗克于 1900 年就提出了能量量子化假设，可是直到几年之后，他本人才接受了量子化的不连续性思想。[①]库恩的这部著作是一本地地道道的考察量子论的早期概念发展史之作，与他在 1962 年出版的影响深远的《科学革命的结构》一书中阐述的范式论思想没有任何关系。库恩在撰写《黑体辐射与量子不连续性（1894—1912）》一书的十多年前，曾花费了三年左右的时间对当时健在的许多量子物理学家进行过口头采访。这些采访记录，为研究量子力学史和量子物理学家的个人思想，提供了宝贵的第一手材料。[②]当然，详细考察物理学家何时接受量子化的不连续性思想并非本书应有之意，有兴趣的读者可参阅这里提到的库恩之作。但在此需要强调的是，这些材料表明，物理学家提出量子概念与接受量子化的不连续性思想并非同步的。普朗克本人在《科学自传》中说，

> 我企图无论如何都得将作用量子排入经典理论范畴里，结果是枉费心血。我的这种徒劳无功的尝试延续有好几年；我连续地这样空搞了好些年，浪费了我许多劳力。一些同事在这里面看出有一种悲剧性存在，认为这是吃力不讨好的事。[③]

不过，普朗克本人倒是并不这么认为，他的看法恰恰相反，他深有感触地说，

> 关于这些吃力不讨好的尝试，我自己的意见却与他们不同。

---

① Kuhn T, *Black-Body Theory and the Quantum Discontinuity (1894—1912)*, Oxford: Oxford University Press, 1978.

② 库恩等对当时的量子力学创始人的科学思想的口头采访以微缩胶卷的形式保存下来，玻尔档案馆有一份拷贝，经过档案馆相关人员的授权就可以在电脑上观看，这是研究量子力学史与量子力学哲学非常珍贵的一手材料，也是值得提倡的一种科学史研究方法。

③ （德）M.普朗克：《科学自传》，林书闵译，北京：龙门联合书局，1955 年，第 22 页。

因为我由于愈是如此彻底地详尽地解释所夺得的锦标，对我来说就愈见有价值，就愈是珍贵。现在，我是十分知道，作用量子在物理学上所占的地位比起我起初倾向于作这个假说时要重要得多了。[①]

普朗克在他的《科学自传》中所表达的这些观点表明，他虽然在 1900 年 12 月 14 日的会议上就提出了量子假设，现在物理学家也普遍地把这一天尊称为"量子理论的诞生日"，但是，物理学家对量子假设所隐含的"自然界是不连续的"这一观念的接受，却是几年之后的事情。这一点在 1908 年再版的《自然科学和技术史手册》一书中也明确地反映出来。当时，这本书"详尽地列举了 1900 年全世界一百二十项发现和发明，但是压根儿没有提到普朗克的名字"[②]。这种忽视说明，普朗克的革命性发现，至少到 1908 年为止还没有得到物理学界的普遍认可。

普朗克在接受量子概念时的这种矛盾心理与当时经典物理学发展的大背景以及物理学家的乐观情绪直接相关。19 世纪末，经典物理学已经取得了相当辉煌的成果，牛顿力学居于至高无上的地位，任何理论都难以与之匹敌，而且自 17 世纪牛顿力学建立以来，一切自然过程都已经理所当然地被看成是连续的运动。微积分的成功应用，更使人们对连续的自然观深信不疑。德国数学家、哲学家莱布尼茨甚至说："如果对于这一点提出疑问，那么，世界将会呈现许多间隙，而这些间隙就会将这条具有充分理由的普遍原理推翻，结果迫使我们不得不乞求于奇迹或纯粹的机遇来解释自然现象了。"[③]当时的物理学家普遍认为，经典物理学已经发展成为一门相当成熟的学科，物理学不仅对当时的力、热、光、电、声等与日常生活密切相关的现象都建立了一套有效的说明性理论，而且，也成为其他自然科学学科（如化学、生物）的理论基础。正如普朗克 1924 年在慕尼黑的一次公开讲演中所回忆的那样：

当我开始研究物理学和我可敬的老师菲力浦·冯·约里对我讲述我学习的条件和前景时，他向我描绘了物理学是一门高度发展的、几乎是尽善尽美的科学。现在，在能量守恒定律的发现给物理学戴上桂冠之后，这门科学看起来很接近于采取最终稳定的

① （德）M.普朗克：《科学自传》，林书闵译，北京：龙门联合书局，1955 年，第 22-23 页。
② 转引自（德）弗里德里希·赫尔内克：《原子时代的先驱者：世界著名物理学家传记》，徐新民、贡光禹、郑慕琦译，北京：科学技术文献出版社，1981 年，第 126 页。
③ 转引自杨建邺：《福音：物理学的佯谬》，武汉：湖北教育出版社，2013 年，第 115 页。

形式。也许，在某个角落还有一粒尘屑或一个小气泡，对它们可以去进行研究和分类，但是，作为一个完整的体系，那是建立得足够牢固的；而理论物理学正在明显地接近于如几何学在数百年中所已具有的那样完善的程度。①

普朗克进入慕尼黑大学的时间是 1875 年。近乎 20 年后的 1894 年，物理学家迈克尔逊也表达了同样的观点，他曾指出：

> 或许，宏大基础的大多数原理已被坚实地确立；进一步的进展，主要靠将这些原理严格运用于出现于我们细察下的一切现象之中。②

这些看法在今天看来是幼稚的或过分乐观的，但却反映了物理学家对当时物理学发展的完善程度所持有的一种普遍态度与坚定信念。普朗克针对物理学家不会轻易接受"自然界是不连续的"这种新观念的情况感慨道，

> 一个科学真理照例不能用说服对手，等他们表示意见说，"得益甚大"这个办法来贯彻，相反的是要让对手们渐渐死亡绝种，自始使新生的一代熟悉真理，只能用这个办法来贯彻才行。③

然而，令人欣慰的是，普朗克幸亏没有选择听从老师的意见，而是选择听从自己内心的兴趣，才有机会成为打开 20 世纪量子物理学大门的第一人；普朗克也幸亏没有成为总是要把自己提出的新观念融入旧框架的顽固派，才有机会提出成为第二次科学革命之基石的理论预见。普朗克在《科学自传》中明确坦言，在他把作用量子融入经典理论的范畴里遭到失败之后，他充分意识到了作用量子的重要性，他说，

> 因而我获得了处理原子问题的方式，我完全懂得在处理原子问题时必须采取完全新的看法与算法。④

---

① 转引自（德）弗里德里希·赫尔内克：《原子时代的先驱者：世界著名物理学家传记》，徐新民、贡光禹、郑慕琦译，北京：科学技术文献出版社，1981 年，第 113 页。原文为"约里"，今译为"约利"。
② 转引自（丹）赫尔奇·克劳：《量子时代》，洪定国译，长沙：湖南科学技术出版社，2009 年，第 3 页。
③ （德）M.普朗克：《科学自传》，林书闵译，北京：龙门联合书局，1955 年，第 15 页。
④ （德）M.普朗克：《科学自传》，林书闵译，北京：龙门联合书局，1955 年，第 23 页。

从科学哲学的角度来看，"量子"概念的提出及其意义赋予，归功于普朗克具有的热力学专长，虽然这是一种天才般的"推测"，但是，能够做出这种推测的直觉却是在长期的科学实践过程中练就的，是长期的理论思考与实践探索的结果。本书前面在阐述德雷福斯的技能获得模型时，已经详细地回答了这种直觉"推测"为何会有认知价值的问题。这里只是指出，根据薛定谔的说法，普朗克本人"在艰难的理智斗争中从内心里解放了量子论，并小心翼翼地沿着新道路前进"①。1931 年，普朗克在一封信中描述了他当时得出辐射定律时的感受证明了这一点。他是这么说的：

> 总之，所发生的一切可简单地描述为一种绝望的行动……当时，我被辐射与物质的平衡不成功问题折磨了 6 年，我知道那问题对于物理学具有基本的重要性。我也知道那个表达能量关于简正谱分布的公式。因此，必须找到一种理论解释，不论付出多高的代价……维持两条热力学定律不变的新进路敞开着……在我看来，它们是在一切境况下都必须被维持的。至于其他，我准备牺牲我原先信以为是物理定律的任何一条。玻尔兹曼曾说明热力学平衡是怎样利用统计平衡建立起来的，而如果这一进路应用于物质与辐射的平衡，人们就会发现：如果一开始就假设能量被迫一起维持在一不定期的量子状态，那么，就可阻止能量连续地好似耗散于辐射。这是一条纯形式假设，我真的不把它想得太多；除非我必须有个积极的结果，不论代价如何。②

物理学家接受量子化思想或不连续性思想的这种滞后性也表明，物理学家在提出富有创新性的思想时，并不是像科学哲学家波普尔所认为的那样，经典物理学理论一旦被证伪，就会马上遭遇被抛弃的命运，而是反过来，会像普朗克那样，试图尽可能地把新认识纳入旧框架或旧理论之内。不仅如此，在量子力学建立起来之后，经典理论所隐含的哲学假设和思维惯性一直在潜移默化地支配着在其框架内成长起来的物理学家，由此而引发了许多关乎哲学问题的争论。在量子力学的形式体系形成之前，物理学家对量子化思想的接受，与 1905 年爱因斯坦提出的光量子假设，以及 1913

---

① 转引自（德）弗里德里希·赫尔内克：《原子时代的先驱者：世界著名物理学家传记》，徐新民、贡光禹、郑慕琦译，北京：科学技术文献出版社，1981 年，第 125 页。

② （丹）赫尔奇·克劳：《量子时代》，洪定国译，长沙：湖南科学技术出版社，2009 年，第 72-73 页。

年玻尔提出的电子轨道量子化假设密切相关。

第五节　光量子假设

如前所述，普朗克是在解决"紫外线灾难"时，为了解释他的辐射定律与实验结果之间的吻合性，凭直觉提出了能量量子化假设，而且，他在向物理学界公布他的这一假设时，事实上根本没有意识到他的辐射定律要以牺牲经典物理学隐含的连续性思想的有效性为前提。从库恩的考证和普朗克本人的自述来看，普朗克是在几年之后在万般无奈的情况下，才不得不转变钟情于经典物理学的立场，认为量子假设是一个超越经典物理学理解的全新概念，并勉强地接受了"自然界是不连续的"这一量子化思想。另外，在1910年之前，量子理论基本上等同于黑体辐射理论，很少受到物理学家的专门关注。比如，在1911年于布鲁塞尔召开的第一届索尔维物理学会议上，普朗克在做了题为"热辐射定律和基本作用量子假说"的报告之后，还遭到了庞加莱的反对。这种状况一直持续到1913年。之后，随着原子与分子物理学的发展，物理学家才加快了研究量子理论的步伐。这种研究境况的转变，主要归功于爱因斯坦与玻尔对普朗克量子假设的推广应用。

在物理学家中间，爱因斯坦是第一位意识到普朗克提出的量子假设具有革命意义，并创造性地发展了作用量子的物理学家。当时，爱因斯坦只是瑞士专利局的一名"技术员"。从事具体工作，而不是科研工作，使爱因斯坦有足够的业余时间思考自己感兴趣的物理学问题。为此，爱因斯坦把专利局戏称为"尘世修道院"，意指这份工作的单纯。学生时代的爱因斯坦与普朗克一样，也是凭着个人的兴趣有选择地学习相关课程。在大学期间，他"刷掉了"很多不感兴趣的课程，以极大的热情研读理论物理学家的著作。那时，他主要着迷于电磁学领域。大学毕业后，爱因斯坦在同学的帮助下，于1902年在瑞士专利局找到一份工作，他在那里工作到1909年，他的最主要的科学成就是在1905年前后取得的。这足以说明爱因斯坦在专利局工作之余，钻研物理学研究的强烈兴趣。他在《自述》中回忆这段生活时觉得是一种幸福，他说，

　　总之，对于我这样的人，一种实际工作的职业就是一种绝大的幸福。因为学院生活会把一个年轻人置于这样一种被动的地位：不得不去写大量科学论文——结果是趋于浅薄，这只有那些具有

坚强意志的人才能顶得住。然而大多数实际工作却完全不是这样，一个具有普通才能的人就能够完成人们所期待于他的工作。作为一个平民，他的日常的生活并不靠特殊的智慧。如果对科学深感兴趣，他就可以在他的本职工作之外埋头研究所爱好的问题。他不必担心他的努力会毫无结果。[①]

在这种称心如意的工作状态下，爱因斯坦利用业余时间研究他感兴趣的理论物理学，工作三年之后的 1905 年成为爱因斯坦学术思想的丰收之年和他的超人才华大放异彩之年。在这一年，26 岁的爱因斯坦在德国的《物理学年鉴》上先后发表了震撼科学界的三篇论文。这三篇论文分别涉及物理学的三个重要领域：热学、电磁学和光学。其中，第一篇《关于光的产生和转化的一个启发性观点》一文基于普朗克关于热辐射的量子公式，提出了关于光的本性的光量子假说，解释了另一种类型的光与物质相互作用的现象——光电效应。爱因斯坦也因此而获得了 1921 年的诺贝尔物理学奖。第二篇《关于热的分子运动论所要求的静止液体中悬浮粒子的运动》一文阐述了布朗运动理论，并用一种新的方法确定了玻尔兹曼常数，后来，1908 年完成的布朗运动实验使玻尔兹曼所倡导的原子论思想赢得了胜利，并有力地支持了自古希腊以来哲学家所坚持的唯物主义的自然观。第三篇《论运动物体的电动力学》一文讨论了光速测量中的种种佯谬，创立了狭义相对论，提出了后来成为制造原子弹理论根据的质能转化公式。虽然今天我们通常把爱因斯坦的成就与相对论力学联系在一起，但是，他的诺贝尔物理学奖的获得却要归功于他在解释光电效应时提出的光量子假设。这种情况也在一定程度上表明，当时的物理学界对量子论研究的重视程度和对相对论力学的忽视程度，形成了鲜明的对比。

所谓光电效应是指，在光的照射下，金属中的自由电子吸收照射光的能量之后而逸出金属表面的现象，从金属表面发射出来的电子被称为"光电子"。这个效应是由德国物理学家赫兹在 1887 年的实验中发现的。赫兹在实验中看到，当紫外线照射到金属电极上时会产生电火花。从光电效应的实验研究可以得出两条规律：①对于特定频率的入射光而言，当它照射到金属表面时，发出的光电子的能量不变，但发射出的光电子数与照射光的强度成正比，即照射光的强度越强，发出的光电子数越多；②每一种金

---

① 爱因斯坦：《爱因斯坦文集（第一卷）》，许良英、范岱年编译，北京：商务印书馆，1976年，第 46 页。

属都有一个极限频率或临界频率（其大小与金属材料有关），当入射光的频率大于被照射金属的极限频率或临界频率时，就会有光电子从金属表面发射出来。如果入射光的频率小于被照射金属的极限频率或临界频率，那么，无论入射光的强度如何、照射时间多长，都不会有光电子发射出来。光电子的能量只与入射光的频率成正比，与入射光的强度无关。

然而，这两条简单的规律却完全不符合光的经典电磁理论的预言。按照经典电磁学理论，增加光的强度意味着电磁波的振荡电力的增大。作用在金属表面附近的电子上的这一电力越强，光电子射出时具有的动量就越高。但是实验却表明，即使光的强度增大百倍，发射出来的光电子的速度也是完全一样的。另外，经典电磁学也无法解释为什么光电子的能量与入射光的频率成正比这一现象。

爱因斯坦在 1905 年 3 月发表的《关于光的产生和转化的一个启发性观点》一文中重点讨论了物质与辐射相互作用的理论。爱因斯坦把经典电磁学理论与光电效应实验之间的矛盾归结为是运用连续空间函数进行运算的光的理论来解释光的产生和转化现象时所导致的。为了解决这一矛盾，爱因斯坦接受了普朗克的量子假设，提出用光的能量在空间是不连续分布的猜想，去解释光的产生与转化现象。他认为，光不仅仅只是像普朗克所说的那样，只是在发射和吸收时按 h 不连续地进行，而是在空间传播时也是不连续的，麦克斯韦的波动理论只对时间的平均值有效，而对瞬时的涨落则必须引入量子概念。他在论文中写道，

> 在我看来，如果假定光的能量不连续地分布于空间的话，那末，我们就可以更好地理解黑体辐射、光致发光、紫外线产生阴极射线以及其他涉及光的发射与转换的现象的各种观测结果。根据这种假设，从一点发出的光线传播时，在不断扩大的空间范围内能量是不连续分布的，而且是由一个数目有限的局限于空间的能量量子所组成，它们在运动中并不瓦解，并且只能整个地被吸收或发射。[①]

爱因斯坦把这种不连续的光能量量子取名为"光量子"。1926 年，美国物理学家刘易斯把"光量子"简称为"光子"。爱因斯坦的光量子论能够

---

① 转引自杨仲耆、申先甲主编：《物理学思想史》，长沙：湖南教育出版社，1993 年，第650-651 页。

很好地解释经典电磁场理论无法解释的光电效应。按照这种理论，光不仅像普朗克的量子假设的那样，在发射或吸收时表现出粒子性，而且在空间中传播时也表现出粒子性。在光电效应实验中，当入射光的频率大于等于金属的临界频率时，入射光中一个光量子的能量全部传递给金属中的一个电子，电子吸收这个光量子的能量之后，一部分能量用来挣脱金属对它的束缚，剩下的一部分能量变成电子离开金属表面后的能量。按照能量守恒与转化定律，电子运动的能量就等于入射光量子的能量减去电子逸出金属表面所做的功。当入射光的强度增加时，意味着具有同一频率的光量子的增多，所以，具有相同动能的电子就成比例地增多。而当入射光的频率增大时，情况就发生了变化。这时，每个光量子的能量增加了，因此把它传递给电子时，电子从金属中挣脱出来后的能量也相应地增加了。

　　然而，爱因斯坦提出的光量子论，也同普朗克提出的量子假设一样，在一提出来时，并没有得到物理学家的认可，甚至还遭到普朗克本人的反对，他不认为爱因斯坦的光量子与他的作用量子之间有什么相同之处，觉得爱因斯坦"在其思辨中有时可能走得太远了"，并一再告诫物理学家应用"最谨慎的态度"对待光的量子说。[①]出现这种情况的原因自然是多方面的。但最直接的原因之一是，如果接受爱因斯坦的光量子假设，那么就意味着，光既有波动性又具有粒子性。一方面，电磁波理论已经取得了巨大的成功，证明光是以波动的形式传播的，光的干涉、衍射等实验证明了这一点；但另一方面，为了理解光电效应而提出的光量子假设则认为，光是以不连续的粒子形式传播的。光传播时的这种非此即彼的观念，在当时是无法令人接受的。爱因斯坦本人也不知道应该如何摆脱这种二象性的困境。再加上爱因斯坦与普朗克一样，在提出光量子假说之后，他自己的态度也是颇为犹豫的。他甚至在1911年第一届索尔维物理学会议上说："我坚持（光量子）概念具有暂时性质，它同已被实验证实了的波动说是无法调和的。"[②]

　　"索尔维物理学会议"是指由索尔维本人出资所发起的研讨理论物理学前沿问题的国际学术会议。索尔维是比利时的工业家和慈善家，因发明小苏打的新生产方法而致富，由于他对理论物理学有着浓厚的兴趣，所以在物理学家能斯脱的倡议下，他资助创办了后来成为促进理论物理学发展的一个高层次的国际学术会议。这个会议专门讨论量子理论、气体动力学理

---

① 杨仲耆、申先甲主编：《物理学思想史》，长沙：湖南教育出版社，1993年，第652页。

② 转引自杨仲耆、申先甲主编：《物理学思想史》，长沙：湖南教育出版社，1993年，第653页。

论和辐射理论之间的疑难关系。第一届索尔维物理学会议由荷兰物理学家洛伦兹主持，邀请了 21 名当时欧洲物理学界的精英，包括普朗克、能斯脱、索末菲、玛丽·居里、卢瑟福、庞加莱以及爱因斯坦等。这次会议主要邀请了欧洲的物理学家，没有邀请来自美国的物理学家。与会物理学家的热烈讨论为他们关注辐射与量子理论注入了"兴奋剂"。①这次会议之后，索尔维赞助 100 万比利时法郎于 1912 年创设了国际物理学机构。之后，索尔维物理学会议不仅成为世界物理学精英最具声望和科学意义的聚会，也见证与记载了物理学家在创立量子理论的整个过程中的思想交锋与精彩辩论。

　　第一届索尔维物理学会议虽然没有产生出十分重要的新见解与新学说，但是，这些顶尖物理学家的会议报告以及展开的热烈讨论，却有助于他们在理解与接受量子理论的关键问题时达成共识。更重要的是，为物理学家转变思想观念提供了一个彼此对话与相互启发的平台。比如，普朗克在 1911 年致德国化学学会的一封信中说：

　　　　确实，大多数工作有待去做……但已经开了头：量子假说绝不会从世界上消失……我不认为我是走得太远了，如果我说，由于这一假说，建构一种理论的基础已经奠定，这理论总有一天注定要以一种新的眼光，流入分子世界的瞬变而精细的事件之中。②

　　到 1915 年，物理学家密立根经过多次实验，证实了爱因斯坦在解释光电效应时提出的关于光电子能量方程的有效性，并证明了光量子论中的 h 值和普朗克公式中的 h 值完全一致。值得关注的是，密立根的初衷并不是要证实爱因斯坦方程的有效性，而是恰好相反，希望证实它是错误的。密立根在 1916 年的文章中这样写道：

　　　　看来，对爱因斯坦方程的全面而严格的正确性作出绝对有把握的判断还为时过早，不过应该承认，现在的实验比过去的所有实验都更有说服力地证明了它。如果这个方程在所有的情况下都是正确的，那就应该把它看作是最基本的和最有希望的物理之一，

---

① （丹）赫尔奇·克劳：《量子时代》，洪定国译，长沙：湖南科学技术出版社，2009 年，第83 页。
② 转引自（丹）赫尔奇·克劳：《量子时代》，洪定国译，长沙：湖南科学技术出版社，2009 年，第 85 页。

因为它是可以确定所有的短波电磁辐射转换为热能的方程。[①]

对光量子论的另一个有力支持来自美国物理学家康普顿的工作。1923年，康普顿通过设计实验，希望像看到两个台球之间的碰撞一样，能够看到光量子与电子之间的碰撞。在这种类比中，有所不同的是，台球是大小一样、颜色不同的小球，而光量子和电子可以被看成是质量不同的球。康普顿假定，有一只黑球（电子）静止在台球桌上，并被一根钉在桌面上的绳子束缚着，打球的人没有看到这根绳子，而想用一只白球（光量子）去碰击它，把它打到角落的球袋里。如果玩球的人以比较小的速度把球送出去，因为碰撞时有绳子拴住，那么他就达不到目的。如果白球运动的速度较快，绳子说不定就断了，但这时绳子可能产生足够大的干扰，把黑球送到完全错误的方向。然而，如果白球的动能大大超过绳子对黑球的束缚，绳子的存在实际上就起不了什么作用，两球之间碰撞的结果就会与黑球完全不受束缚的情况相同。这是物理学家伽莫夫（G. Gamov）描述康普顿实验时提供的形象化的比喻。[②]

康普顿基于这样的思路，选用高频 X 射线的高能量子做实验。X 射线量子与自由电子之间的碰撞结果表明，这在许多方面的确可以看成是两个台球之间碰撞。在几乎是正面碰撞的情况下，静止的球（电子）会沿碰撞方向被高速弹出，而入射的球（X 射线量子）将失去其大部分能量。在斜碰撞的情况下，入射球失去的能量较少，离开其原轨道遭受的偏转也较小。在仅仅擦边的情况下，入射球实际上不遭受偏转而继续前进，只损失极少能量。用光量子的语言来说，上述情况就意味着在散射过程中，遭受大角度偏转的 X 射线量子将具有较少的能量，因此，具有较长的波长。康普顿的实验完全证实了光量子理论的预言，也支持了辐射能量量子化的假说。[③]正如康普顿在 1923 年的论文中指出的那样，

……几乎不能怀疑伦琴射线是一种量子现象了……验证理论的实验令人信服地表明，辐射量子不仅具有能量，而且是具有一定方向的冲量。[④]

---

① 转引自杨仲耆、申先甲主编：《物理学思想史》，长沙：湖南教育出版社，1993 年，第 654 页。
② （美）乔治·伽莫夫：《物理学发展史》，高士圻译，北京：商务印书馆，1981 年，第 225 页。
③ （美）乔治·伽莫夫：《物理学发展史》，高士圻译，北京：商务印书馆，1981 年，第 225 页。
④ 转引自杨仲耆、申先甲主编：《物理学思想史》，长沙：湖南教育出版社，1993 年，第 655 页。

密立根实验和康普顿效应证实了爱因斯坦把光看成是间断的"量子雨"或"光子流"的观点，或者说，证实了光量子的实在性。爱因斯坦对普朗克量子假设的这种拓展和应用，既为普朗克的量子观念的广泛传播提供了有力的支持，为量子论的创立做出了最主要的贡献，也使经典的光的波动论与光的粒子论在微观层面合二为一，形成了光既是波又是粒子的观点。然而，似乎直到 1924 年，爱因斯坦依然只是勉强接受光具有波粒二象性的观点，因为他曾无可奈何地指出，这两种光的理论之间，

　　　　没有任何逻辑联系，但我们却都不得不承认它们，因为它们是 20 年来理论物理学家付出巨大代价才取得的。①

不久之后，德布罗意在爱因斯坦提出的光的波粒二象性思想的启发下，运用类比逻辑，提出了物质波的思想。这一思想进一步为薛定谔创立波动力学提供了方法论启迪。这表明，爱因斯坦的光量子论的证实，不仅促进了物理学家对量子化观念的接受，而且也加速了物理学家彻底抛弃自然过程是连续的这一传统形而上学观念的步伐。

第六节　电子轨道的量子化假设

普朗克的量子假设和爱因斯坦的光量子假设的提出，使黑体辐射和光电效应这两个在经典物理学框架内难以理解的现象，用量子化的思想得到了满意的解释。此后，量子化观念开始由解决单纯的辐射问题转变为一个普遍的物理学问题，引起了物理学家的广泛注意。另外，物质是由分子组成的、分子是由原子组成的观点，已经被物理学家普遍接受。普朗克也正是在从原子论的反对者转变为原子论的拥护者之后才提出了量子化假设的。在这种背景下，试图接受量子化思想的任何一个人，都必然要考虑的问题是，构成物质的原子似乎也应该具有量子特性。在这个问题上，首先取得突破性进展的人，是丹麦物理学家玻尔。

玻尔出生于一个富裕的知识分子家庭，他的父亲是哥本哈根大学的生理学教授，玻尔在哲学、政治、文学、体育等方面都有相当好的修养，在 18 岁时进入哥本哈根大学数学和自然科学系学习，主修物理学。1911 年，玻尔在丹麦的嘉士伯基金的资助下来到英国剑桥大学希望追随电子的发现

---

① 转引自杨仲耆、申先甲主编：《物理学思想史》，长沙：湖南教育出版社，1993 年，第 655 页。

者 J. J. 汤姆孙研究金属电子论。嘉士伯基金是丹麦的一家私有机构，由丹麦嘉士伯啤酒厂的创始人雅可布森在 1876 年设立，这个基金会有两个宗旨：一是用来运营与资助雅可布森在 1875 年创建的嘉士伯实验室，当时，这个实验室主要从事与啤酒相关的科学研究；二是用来促进丹麦的自然科学研究。后来，在雅可布森的儿子接管产业之后，还扩展到赞助社会工作和有益于社会的其他工作，比如，位于哥本哈根市区的一个艺术雕塑博物馆就是嘉士伯基金资助艺术发展的一个例证。

玻尔刚到剑桥大学不久，就有幸聆听了卢瑟福关于原子结构新发现的长篇演讲，当时，卢瑟福应邀参加剑桥大学卡文迪什实验室的年度聚餐会。卢瑟福的演讲深深地吸引了玻尔。不久之后，玻尔就决定从剑桥转移到曼彻斯特跟随卢瑟福研究原子结构。对于玻尔来说，这一决定意义重大，为他在继普朗克和爱因斯坦之后，成为推动量子论发展的第三位重要人物迈出了关键一步。卢瑟福也从此成为玻尔事业发展的领路人。卢瑟福的雕像至今依然陈列在哥本哈根尼尔斯·玻尔研究所对外开放的玻尔办公室里非常重要的位置上，这也表明卢瑟福在玻尔心目中的地位。

伽莫夫在《物理学发展史》中谈到玻尔的个性时写到，玻尔在哥本哈根大学读书期间是一名优秀的足球运动员，曾把他踢球的经验运用在解决 α 粒子穿过密集原子时"散射"的问题上。与爱因斯坦喜欢个人独立思考的风格所不同，玻尔喜欢集体讨论。1921 年，玻尔在哥本哈根大学创建了理论物理研究所，后来更名为尼尔斯·玻尔研究所。这个研究所从创建时起，就成为促进量子理论发展的国际交流中心。伽莫夫本人就自称为"玻尔的孩子们"之一。他讲述说，玻尔最大的特点是思维与理解力比较缓慢，在科学会议上也明显地表现出来。常常会有访问研究所的年轻物理学家就自己某个量子论的复杂问题所进行的最新计算发表宏论。每个听讲的人对论证都会清清楚楚地懂得，唯独玻尔不然。于是每个人都来给玻尔解释其没有被领会的要点，结果解释者本人也被搞乱了，发现原来自己也不懂，最后，经过相当长时间之后，玻尔开始弄懂了，结果表明他对来访者所提问题的理解与访问者自己的意思完全不同，而且玻尔的理解是正确的，来访者的解释却错了。伽莫夫还描述了玻尔与年轻同事们在一起娱乐的场面。他说，

玻尔对美国西部电影的爱好是出于他的一种理论，这种理论除了他当时的电影伙伴之外，谁都不知道。大家都知道在所有的美国西部影片（至少是好莱坞式的影片）中总是恶棍先拔枪，但

英雄动作更快，总是把恶棍打倒。玻尔认为，这种现象是由于有意行为和有条件反射行为之间的差别。恶棍在抓枪时得先决定是否开枪，所以动作慢了，而英雄的动作快是因为他的行为不需要思索，一看见恶棍就开枪。我们都不同意这种理论，第二天早上我们就到玩具商店买了一对牧童枪。我们和玻尔一起出去打枪，他扮演英雄，结果他把我们全都"打死"了。[①]

玻尔所说的"有意行为不如条件反射行为敏捷"，事实上，就是我们今天所说的意向性行为不如直觉行为敏捷。正如德雷福斯的技能获得模型所揭示的那样，这种直觉行为并不是天生的，而是在长期实践的过程中培养出来的一种快速反应行动。围绕在玻尔周围的这些年轻物理学家，在这种和谐的氛围中，以追求量子论的发展为目标，形成了尼尔斯·玻尔研究所特有的哥本哈根精神。用"哥本哈根精神"来形容尼尔斯·玻尔研究所的风格是由海森伯首先提出的，意指玻尔与研究所的年轻物理学家之间自由、平等、开放的交流形式与工作氛围，而不是指特殊理念。在他们中间最普遍和最有效的科学交流，不是正式的学术讲座和讨论会，而是无处不在的私下交流，特别是经常在玻尔家中进行的非正式集会时的自由讨论。[②]这种哥本哈根精神使得尼尔斯·玻尔研究所成为把量子理论推向发展高峰的三大基地之一。其他两大基地是慕尼黑大学和哥廷根大学。玻尔在丹麦享有极高的盛誉。尼尔斯·玻尔研究所的成立就与玻尔所取得的科学成就密不可分。

20 世纪初，由于化学的发展、电子和放射线的发现，物理学家开始研究原子结构问题。当时，迫切需要回答的问题之一是，已知原子中有带负电荷的电子，而原子却是中性的，因此，原子中一定含有正电荷，那么，在原子中，正负电荷将如何分布呢？为了回答这一问题，物理学家纷纷提出各种原子模型，主要有两大类型：一种类型是无核结构模型，在这类原子结构模型中，最有影响的模型是由 J. J. 汤姆孙提出的葡萄干布丁模型，这个模型把原子的正电荷看成是一块蛋糕，电子像一粒粒葡萄干一样镶嵌在蛋糕里面；另一种类型是有核结构模型，在这类原子结构模型中，最有影响的原子结构模型是卢瑟福在 1911 年提出的行星模型，这个模型把原子

---

① （美）乔治·伽莫夫：《物理学发展史》，高士圻译，北京：商务印书馆，1981 年，第 229 页。

② Aaserud F, *Redirecting Science: Niels Bhor, Philanthropy and the Rise of Nuclear Physics*, Cambridge: Cambridge University Press, 1990，p.7.

看成是由原子核和电子所组成的。原子里的正电荷及其大部分质量集中在很小的原子核内，而电子围绕原子核运动，就像许多行星围绕太阳运动一样。J. J. 汤姆孙的模型无法解释 α 粒子的大角度散射，也无法将电子的振动与原子的光谱线联系起来。卢瑟福的模型就是为了克服 J. J. 汤姆孙模型的困难才提出来的。为了支持这一模型，卢瑟福推导出一个描写 α 散射现象的数学公式，实验证明，这个公式与实验数据很符合。

从历史发展的视域来看，似乎卢瑟福的有核行星模型优越于 J. J. 汤姆孙的无核的葡萄干布丁模型。但是，如果从经典立场上来看，这两个模型其实难分伯仲，各有千秋。在 J. J. 汤姆孙的模型中，一个电子在正电球内部所受到的引力，与电子到球心的距离成正比。当电子受到振动时，会以确定的频率进行振动，这样可以定性地解释原子的稳定性，但遇到的困难是，它无法解释大角度散射实验。卢瑟福的有核模型虽然解释了大角度散射实验，但从经典电磁理论来看，这种模型使原子不可能稳定地存在。因为在轨道上快速旋转的电子相当于一个电振子，必然要发射电磁波，使电子沿螺线运动，并很快失去能量，最终很快落到原子核上，引起原子"坍缩"。然而，实际情况并非如此，原子具有稳定的结构，并不会发生"坍缩"。因此，如何确保原子的稳定性问题成为坚持卢瑟福行星模型需要克服的首要困难。

玻尔到达曼彻斯特的卢瑟福实验室之后，把解决这一难题作为自己的主攻目标。在玻尔看来，原子属于物质的另一个层次，已有的物理定律也许根本不适应于这一层次。他想到了，这种情况与紫外线灾难相类似，解决困难的办法，也许应该遵循同样的思路去寻找。于是，在这一想法的引导下，玻尔从普朗克和爱因斯坦的量子假设出发认为，既然辐射能量只能取一定的最小数量或最小数量的倍数，那么，电子围绕原子核运动的机械能量为什么不能做同样的假设呢？在这种情况下，位于原子基态的电子的运动应该对应于最小的能量，而激发态则对应于较多数目的引起机械能的能量子。这样，一个原子系统的行为在一定程度上就像一辆汽车的减速挡一样，我们只能把它放在最低挡、第二挡，一直到最高挡，但不能放在任意的两挡之间。如果原子中的电子的运动和它们所发射的光都是量子化的，那么，电子从原子中的高量子态跃迁到低量子态时就一定要发射光量子 $h\nu$，其能量等于两个能态之间的能量差。反之，如果有一个入射光量子 $h\nu$ 被电子所吸收，电子就会从低量子态跃迁到高量子态。对于这一思想的形成，玻尔曾回忆说，

> 1912 年春天，我开始认为卢瑟福原子中的电子，应该受作用量子的支配。[1]

1913 年，在卢瑟福的推荐下，玻尔分三次在英国的《哲学杂志》上发表了被称为"伟大三部曲"的长篇论文《论原子和分子的构成》。在这篇论文中，玻尔基于对 J. J. 汤姆孙的原子模型与卢瑟福的原子模型的比较，并把普朗克的量子条件应用到原子结构理论中，提出了"定态"概念，来解决电子稳定性问题。玻尔假定，电子围绕原子核旋转的轨道不是任意的，它满足下列量子假设：①每个电子的轨道都遵守牛顿运动定律，但不是连续的，而是量子化的，电子处于这些轨道时称为"定态"，处于定态的电子没有电磁辐射，两个定态间的能量不是连续变化的；②假定电子在定态间跃迁时，将辐射或吸收一定频率的光谱线，辐射或吸收的能量是普朗克常数的整数倍。这样，玻尔基于电子轨道的量子化假设，建立了"定态"原子模型。

在玻尔研究的基础上，索末菲进一步推广了玻尔的同心圆轨道的量子化模型，研究表明，不仅原子中电子运动的轨道是量子化的，而且轨道平面的角动量也是量子化的。这种经过改进之后的量子论与观察事实越来越相符，被称为"玻尔-索末菲理论"。该理论不仅解决了卢瑟福模型的稳定性问题，而且还解释了原子的性质和元素周期律，并导致了新元素铪的发现。在这个模型中，最重要的两个概念是"定态"和"跃迁"。"定态"概念确立的分立状态，排除了经典物理学所允许的其他中间状态，也就是说，两个"定态"之间是断裂的，没有中间状态，从一个"定态"到另一个"定态"的"跃迁"是突然地、整体性地完成的，而不是逐渐地、连续性地完成的，不能再划分为若干个分阶段，两个能态之间的能量差，构成了原子发射和吸收光的机制。

"玻尔-索末菲理论"的缺陷主要是：首先，在电子围绕原子核旋转的轨道量子化假设中，量子化是外加的，而不是内在于理论本身的一个推论，因而缺乏自洽性；其次，不能解释含有两个以上电子的原子的光谱线。因此，其通常被称为半经典-半量子的理论。尽管如此，旧量子理论把原来互不相关的实验事实——α 粒子大角度散射现象、氢原子的线光谱规律和不同元素的 X 射线波长等规律，综合成一个可以理解的原子世界，从而正式拉开了人类进入量子世界的帷幕。

---

[1] 杨仲耆、申先甲主编：《物理学思想史》，长沙：湖南教育出版社，1993 年，第 657 页。

第七节　量子假设的革命意义

"量子"（quantum）概念来源于拉丁语 quantus，意思是"多少"（how much），意指一个不变的固定量，在量子力学中特指一个基本的能量单位或一份很小的不变的能量，如前所述，这份能量的大小 ε 等于普朗克常数 h 和被研究系统的辐射频率 ν 的乘积（即 $\varepsilon=h\nu$），普朗克常数 h 是一个固定的量。之后，神秘的量子概念进入了人们的视域，让物理学界既兴奋又烦恼，直至今天。h 这个字母取自 hiete 的第一个字母，在德语中，hiete 是"帮助"的意思。[1]在物理学中，有许多常数，其中，有些常数代表了物体的性质，比如水的沸点、固体的比热、物质的膨胀系数等，但有少数常数却具有革命性的意义，代表某个极限值，如光速。普朗克常数属于后者。就像光速 c 代表了物体运动的极限速度，并表明，当物体的运动速度接近于光速时，要用狭义相对论力学来描述物体的状态一样，普朗克常数则代表了物体尺度大小的一个极限值。它表明，当物体的尺度接近或小于普朗克常数时，或者说，在亚原子范围内，就需要考虑量子效应，需要用新的量子论来描述微观物体的运动变化状态。这是在量子论创立时期所确立的普遍认识。当代物理学家的看法是，只根据尺度的大小来划分宏观领域与微观领域是很不严格的，量子力学是普遍有效的，既适合宏观领域，又适合微观领域，他们把能够运用经典概念体系很好地解决问题的领域，称为经典领域，把经典概念不能胜任，而运用量子概念来解决问题的领域，称为非经典领域。

量子化观念的确立意味着，微观粒子的运动不再像宏观粒子的运动那样，总会留下可追溯的轨道痕迹，而是分立的（discrete）。"分立"概念在物理学中的含义与在数学中的含义一样，意指"离散"或不连续。也就是说，在量子领域内，某些量或变量不再像在经典物理学中那样是连续变化的，而是只能取不连续的值。比如，光子只能出现在特定的能级上，而不可能出现在两个能级之间，光子的这种特性成为人们制造激光器的理论基础。

"自然界是不连续的"这一观念一旦确立，就具有颠覆性的作用。它不

---

① Ruark A E, Urey H C, *Atoms, Molecules and Quanta*, New York: McGraw-Hill Book Company, Inc., 1930，p.12. 关于作用量子的解释与这里引用这个文献，是笔者在 2012 年 5～8 月访问玻尔档案馆时，一位西班牙的量子物理学家推荐的。这本书是当时欧洲国家最通用的量子力学教材。原文是：The theory deals with processes in which energy is interchanged by atomic systems in definite particles, instead of continuously, and it takes its name from this circumstance. The word quantum comes from Latin quantus, meaning how much. It signifies a fixed amount of and manifold or extent. H="Hiete" means Help.

仅使过去建立在连续性假设基础上的概念框架不再完全适用，而且会相应地带来一系列价值观的变革。

其一，在语言与概念的意义上，一旦物理学家所使用的每一个概念，不再像在经典物理学中那样以连续性观念为基础，它们就会成为意义不明确的概念。[①]另外还意味着，不连续性使物理学家对量子测量现象的描述，总是与一定的实验设置联系在一起，从而要求把微观对象的"行为表现"看成一个整体来对待。也就是说，当我们谈论量子现象时，我们首先必须指出这种现象所依赖的实验设置，不仅离开实验环境来谈论量子现象是无意义的，而且离开实验设置来谈论微观对象的存在形式也是无意义的。

其二，在本体论意义上，作用量子把在物理学中分别用来描述粒子运动的能量和动量与描述波传播的波长和频率这两对互不相关的概念联系起来[②]，把不连续的粒子图像与连续的波动图像统一在同一个微观对象上，从而使量子世界的本体论图像不像经典世界的本体论图像那么直观，而是变得非常难以想象。微观对象究竟是波，还是粒子？或者，两者都不是，而是别的什么东西？这些问题在量子力学的形式体系建立起来之后，成为物理学家之间争论的问题之一。

其三，在认识论意义上，自然界是连续变化的，物质是无限可分的，这是与常识相吻合的传统观念。然而，以量子假设为核心的量子化思想所确立的"自然界是不连续的"这一观念意味着放弃传统的因果性与必然性概念，放弃物理是无限可分的认识。在经典物理学中，不论是描述粒子运动的动力学定律和运动学定律，还是描述波传播的电磁学方程，都是随时间连续变化的，物理学家只要获得初始条件，就能够根据公式计算出之后系统的运动状态。这些公式保证了计算结果与初始条件之间的因果关系与必然关系。但是，在不连续的量子世界里，连续性的因果链条被阻断了。这样，光子、电子等微观粒子的运动行为为什么会是不连续的成为困扰物理学家的一大主题。

其四，在方法论意义上，量子假设的提出与扩展应用是在解释黑体辐

---

① Whitaker A, *Einstein, Bohr and the Quantum Dilemma*, Cambridge: Cambridge University Press, 1996, p.169.

② 玻尔正是根据这一点提出了他的互补原理。他认为，微观对象既然能体现出粒子性，又能体现出波动性，同时运用这两类概念来描述同一个微观对象时，其描述的精确性要受到一定的限制。在这种受到限制的范围内，允许人们在经典话语的领域内谈论量子测量现象，同时，作用量子对经典概念的精确使用和现象与对象之间的关系建立了相互制约；对于完备地反映一个微观物理实体的特性而言，描述现象所使用的两种经典语言是相互补充的，其使用的精确度受了海森伯的不确定关系的限制。

射实验、解答光电效应、解决原子结构模型及其元素周期表等问题的过程中进行的。这些实验事实向曾经被认为是绝对真理的经典物理学框架提出了挑战，量子理论成为物理学家基于实验事实进行概念创造的结果。可是，这种概念创造，并不是从对实验事实的抽象与归纳中得到的，而是物理学家基于长期的科学实践，在孤注一掷的情况下，为了有效地解决问题，凭借直觉思维，在无法纳入经典框架的情况下，提出的猜测性假设。

第八节　结　　语

在 1900 年，物理学家是一个很小的群体。据统计，那时全世界的物理学家总数在 1200～1500 人，而且这个小世界几乎是极少数几个国家的天下。首先，英国、法国、德国和美国是其中最重要的国家，他们的物理学家总数约有 600 人，几乎占当时全世界物理学家总数的一半。其次是意大利、俄罗斯、奥地利和匈牙利，然后是比利时、荷兰、瑞士等国家，中国根本不在其中。十多年之后，亨利·罗兰把这个物理学小群体称为"智力贵族和理想贵族"，而不是"财富贵族和血统贵族"。[1]

然而，正是这些智力贵族和理想贵族，以及他们不断地培养起来的年轻人，沿着普朗克奇思怪想的量子假设，经过二十多年的努力探索，终于揭开了远远超出人类感官感知范围的微观领域的内在奥秘，殊途同归地建立了被物理学家玻恩概括为"量子力学"的形式体系。从物理学史的发展来看，基于量子假设建立起来的量子力学带来的观念改变是颠覆性的，其中，最令人难以理解的现象，肯定非量子纠缠莫属。为了揭示量子纠缠所带来的哲学革命，我们将在第四章走进量子物理学家建立量子力学形式体系的心路历程，领略数学之美，体会量子概率之妙，目睹量子思维之奇，感受量子观念之争。

---

① （丹）赫尔奇·克劳：《量子时代》，洪定国译，长沙：湖南科学技术出版社，2009 年，第 18 页。

第四章　量子概率：改变概率观

到 20 世纪 20 年代初期，随着新的实验事实对量子化假设的进一步证实，量子概念已经得到物理学家的普遍认可。在这种背景下，物理学家的主要任务变成了如何建立一个新的力学体系，以使量子概念在其基本公理中取得相应的位置，而不再像玻尔的旧量子理论那样是一种外在的附加假设。这项任务终于在 1923～1927 年在激烈的思想争论中得以完成。与既往的理论形成所不同的是，量子力学的形式体系是沿着两条截然不同的路线建立起来的。一条路线是沿着量子化的方向，立足于不连续性，运用高深莫测的矩阵代数的方法，基于对旧量子理论的批判，最终由德国物理学家海森伯、玻恩和约丹（P. Jordan）于 1925 年共同创立的"矩阵力学"；另一条路线是从德布罗意在爱因斯坦提出的光量子思想的启发下，提出的实物粒子具有波动性的思想出发，立足于连续性，运用物理学中惯用的微分分析方法，由奥地利物理学家薛定谔经过对力学与几何光学之间的形式做了类比之后，引入假想的波函数概念，在 1926 年创立的"波动力学"。后来玻恩将两者统称为"量子力学"。

问题在于，量子力学形式体系的建立并不等于物理学家对它的理解达成了共识。虽然物理学家在运用这个形式体系解决物理学问题时，不会遇到任何认识论问题，但是，当他们在传播与讲解量子力学时，却得出了不同的理解，乃至玻尔和爱因斯坦之间的观念之争，成为尔后几届索尔维物理学会议的一大亮点。本章将基于对量子力学形式体系的形成过程的简要梳理，比较微观概率与经典概率之间的异同，论证在微观领域内，量子概率不再只是方法论意义上的权宜之计，而是具有本体性，自然界不再是决定论的，而是随机的等观点，从而揭示微观概率观给传统概率观带来的挑战。

第一节　矩阵力学的诞生

矩阵力学是由海森伯、玻恩、约丹（按字母排序）于 1925 年共同建立的。

海森伯于 1901 年出生于德国维尔茨堡的一个高级知识分子家庭，其父亲后来成为慕尼黑大学的语言学教授。在当时，知识分子家庭属于德国社会的上层阶级。海森伯从小受到良好的家庭环境的熏陶和学校教育。中学时代的海森伯，一方面，十分迷恋数学，曾自由自在地在"数"的王国里遨游和寻觅，自学了成为经典物理学基础的微积分，并且对数学和物理学之间的内在关联感到十分好奇；另一方面，还通过对古希腊哲学著作的阅读，对与数学和物理学相关的哲学问题产生了兴趣。海森伯除了学习学校安排的课程之外，还利用业余时间，跟随当时慕尼黑著名的钢琴家学习弹钢琴，其弹奏水平堪称一流，乃至他的一位朋友的母亲对他没有从事钢琴专业评论说，海森伯在艺术上要比在科学上更内行。海森伯中学毕业后，于 1920 年进入慕尼黑大学，师从他父亲的同事——索末菲教授学习原子物理学，并在 26 岁时就成为德国当时最年轻的正教授。海森伯的职业生涯与量子理论所经历的深刻转变密切相关，他不仅是这一转变的缔造者，更是这一转变的受益者。

索末菲于 1886 年在柯尼斯堡大学学习数学，在参加一位数学教授开设的数学-物理学研讨班时，深受英国数学物理学家、热力学的开创者威廉·汤姆孙（开尔文勋爵）的影响，开始迷恋上数学对物理学的应用研究，随后，便从数论领域转向开尔文的数学物理学领域，并在柯尼斯堡大学的数学物理学教授沃尔克曼（P. Volkmann）的指导下获得博士学位。1893 年，他在享有德国数学之都称誉的哥廷根大学从事数学研究。当时，著名数学家克莱茵正在筹备应用数学研究所，其目的是将抽象的数学理论同具体的科学发展联系起来，开辟数学研究的新领域。克莱茵的工作对索末菲产生了很大的影响。

1906 年，索末菲从哥廷根调到慕尼黑大学从事理论物理学的教学工作，并在 X 射线的发现者，也是首届诺贝尔物理学奖的获得者伦琴的极力推荐下，掌管了当时很有名的一个物理实验室。他接管之后，实验室被更名为"理论物理研究所"。这个研究所的前身，曾是玻尔兹曼和伦琴相继领导过的国家级的数学物理基地，有着悠久的数学物理学传统。更名后的理论物理研究所，很快成为新的相对论和量子论的一个著名的研究中心。据说，当时索末菲是世界上定期讲授这两门课的第一位教授，在 20 世纪 30 年代之前，他培养了该领域内最多的博士研究生，乃至爱因斯坦都对索末菲的桃李满天下钦佩不已，索末菲也因此而享有优秀教师的美誉。当时，索末菲撰写的《原子结构和光谱线系》讲义，曾被比喻为是"现代物理学家的圣经"。爱因斯坦认为，索末菲有一种能把听众的精神精炼和激活的特殊才能。索末菲与众不同的地方，不在于他的物理学直觉多么高明，而在于他对那些已经确立的或有问题的理论在逻辑上和数学上的洞察力，以及确证或推翻这些问题的结论推导。

当海森伯进入慕尼黑大学时，索末菲每个学期都向高年级的学生举办两小时的讲座，讲授还没有定论的问题。当有人问他为何自己还不理解就办讲座时，他回答说，"如果我有所理解，也就没有必要讲它了"。这个授课方法，一方面，可以使老师和学生共同抓住当前的问题，并共同探索解决问题的过程，以达到对问题的系统理解；另一方面，也使得课堂始终充满活力与生气，特别是，在索末菲离开讲稿在黑板上重新推导结果的过程中，遇到无法推导下去的情况时，课堂上热烈讨论的气氛达到高潮。索末菲每学期都有关于当时作为前沿问题的量子光谱学方面的讲座，这些讲座对为量子力学的创立做出实质性贡献的海森伯产生了很大的影响，为海森伯后来弥补"玻尔-索末菲理论"的缺陷打下了基础。[1]

海森伯 1920～1927 年的学习和工作主要集中在当时以量子理论研究为核心的三个量子研究中心：索末菲领导的慕尼黑中心、玻恩领导的哥廷根中心和玻尔领导的哥本哈根中心。海森伯自然也受到了当时在量子理论研究方面起领导作用的三位原子物理学家索末菲、玻恩和玻尔的指导与赏识。索末菲把海森伯领到了一个富有前途的领域；玻恩是海森伯创立矩阵力学的重要合作者和推动者；玻尔则是海森伯提出不确定关系和成为量子力学哥本哈根解释成员的促进者。

正如第三章所阐述的那样，在物理学发展史上，当时的原子领域是一个崭新的世界。物理学家对原子的认识，是从原子发出的光谱开始的。在日常生活中，我们可以看到当一束白光（如太阳光）穿过玻璃棱镜时，光线将分裂成彩色条纹，其中每条彩线对应于不同的频率带。在原子领域，当不同元素的原子受到激发时，原子发出的光谱是不连续的，即不同元素将表现出异样的一组分立的光谱线，称为"特征线"。这些"特征线"正是元素分析的依据。[2]每条光谱线在外磁场的作用下又可分裂成多条谱线，被称为塞曼效应，有些原子的光谱线又依次分裂成 4、6、8……条谱线，被称为反常塞曼效应。量子理论就是用来解释这些光谱线的，试图立足于构造出电子在原子内部运动的力学模型的基础，来解释原子的各种谱线奇异的分裂现象的理论。

当海森伯于 1920 年入学时，索末菲正在倾心研究原子辐射的光谱问

① （美）大卫·卡西迪：《维尔纳·海森伯传：超越不确定性》，方在庆主译，长沙：湖南科学技术出版社，2018 年，第 91-93 页。

② 参见关洪：《物理学史选讲》，北京：高等教育出版社，1994 年。

题。海森伯入学不久，就在索末菲的引导下，研读有关塞曼效应方面的相关论文，经过两年的学习，在海森伯对原子物理学领域有所了解的情况下，1922年，哥本哈根大学的玻尔应玻恩之邀来到哥廷根大学，为德国理论物理学家及其学生做了长达两周的关于原子物理学的七次讲座。玻尔的这次讲学对量子理论的发展起到了很大的促进作用，被物理学界尊称为"玻尔节"。

在这个"玻尔节"期间，海森伯有机会第一次全面地了解了玻尔的定态原子模型，并结识了哥廷根的物理学掌门人玻恩和哥本哈根理论物理研究所的创始人玻尔。在当时，玻尔建立的定态原子模型虽然能够解释巴尔末氢原子光谱的经验公式，能够精确地算出里德伯常数，并且还预言了一些后来发现的新谱线，但是，它只能被用于确定最简单的氢原子中的能态，不能够作为普遍的方法确定较复杂的原子中的能态，也不能够为与原子的发射和吸收相联系的光的频率及强度提供系统的确定方式。海森伯试图通过寻找处理原子与光的相互作用问题的系统方式来解决上述疑惑。玻恩在"玻尔节"之后不久，就宣布了他的新方法：

> 研究者们凭想象随意设计原子和分子模型的时代也许已经过去了。相反，我们现在应该通过量子法则的应用，以一定的，尽管还是不完全的确定性来构建模型。[1]

海森伯在"玻尔节"之后的第四个月，即1922年10月底，从慕尼黑来到哥廷根短暂地加入了玻恩的研究团队。玻尔在哥廷根的讲座激发了新一轮坚持研究量子理论的热情，乃至玻恩把当时的研究局面说成是"量子力学建立前的时代"。因为在那时，玻恩和他的合作者正在查找玻尔半经典-半量子理论的弱点和矛盾之处。玻尔的量子理论之所以说是半经典的，是因为电子还在按照经典力学在其轨道上运行；之所以说是半量子的，是因为电子的运动轨道是量子化的，轨道的选择和跃迁的发生则遵守原子的量子规则，玻恩等希望能够探索出一条新量子理论的道路，使量子规则不再是外在强加的因素，而是成为内在于模型本身的东西。海森伯认为，这种研究方向是哥廷根的最大优势。在这些为数不多的智力精英的努力下，从1922年到1924年，量子理论的研究进入了类似于库恩范式论中所说的科学革命爆发前的"危机"时期。

---

[1]　转引自（美）大卫·卡西迪：《维尔纳·海森伯传：超越不确定性》，方在庆主译，长沙：湖南科学技术出版社，2018年，第125页。

　　1925 年，海森伯对最简单的氢原子进行了认真的力学分析，试图采用更实用的形式化方法解决问题，即从考虑玻尔的电子运动论模型出发，运用爱因斯坦在建立狭义相对论力学时，强调不允许使用绝对时间之类的不可观察量的方法，而是分析原子发射或吸收辐射中的一系列可观察的数学变量（比如辐射频率和强度这些光学变量）之间的关系，取代了玻尔模型中无法用实验证实的，也是不可观察到的轨道概念。这种方法使年轻的海森伯成为矩阵力学的主要奠定人。这个案例也体现了选对研究思路与研究方向，对于新理论的创造来说，是何等重要。

　　海森伯创立矩阵力学的步骤有三：其一，他利用虚拟原子振荡器发射辐射的可观察特性作为量子力学中的非经典阐述，重新解释在时空中运动的经典方程；其二，他提出以可观察性作为理论基本假设的标准；其三，他抛弃了力学的轨道概念，取而代之以矩阵元素。基于这样的思考，1925 年 7 月，海森伯以这些可观察量为基础，完成了具有划时代意义的《论运动学和力学关系的量子理论再解释》一文。在这篇论文中，他提出了新量子理论体系的一个设想，运用他的方法，能够确定任何原子中与发射光的频率和观察光的强度相对应的电子所允许的能量。这篇文章经玻恩的推荐很快就在德国当时的《物理学杂志》（后更名为《物理学年鉴》）上刊出，从而奠定了量子力学的矩阵形式的基础，为物理学家长期寻找的、能够取代牛顿和麦克斯韦经典力学的一种新的量子理论的早日到来迈出了极其重要的一步。

　　与此同时，玻恩和他的私人助理约丹不依赖于海森伯的方法，试图只运用振荡频率和振幅"描述辐射"的方法来解决问题，他们在 1925 年 6 月的一篇文章中宣布：

　　　　一条具有重大意义和成果的基本公设……只有那些在原理上可以观测和确定的项才能进入真正的自然定律中。[①]

　　这就是说，玻恩和约丹的研究表明，自然定律中不应该包括不能被观测的物理量。这种想法和海森伯的想法不谋而合。于是，海森伯的研究方法很快得到哥廷根物理学家的赞同。1925 年 9 月，玻恩和约丹进一步将海森伯新颖的矩阵计算，以"量子力学的系统理论"为题写出文章，向大多

---

① （美）大卫·卡西迪：《维尔纳·海森伯传：超越不确定性》，方在庆主译，长沙：湖南科学技术出版社，2018 年，第 156 页。

数物理学家做了进一步清楚而系统的介绍，这项工作大大加快了矩阵力学诞生的步伐。

玻恩同爱因斯坦一样，是具有犹太血统的物理学家，也是出生在知识分子家庭。玻恩还同索末菲一样，早期从事数学研究，是著名的希尔伯特的学生，曾担任过闵可夫斯基的助理。玻恩是在哥廷根同克莱茵相遇之后才转向理论物理研究的。在1909年闵可夫斯基去世之前，玻恩从事相对论电动力学方面的研究，后来在爱因斯坦关于热辐射的量子论思想的影响下，转向研究晶体的量子理论和分子结构。

1925年11月，玻恩、海森伯和约丹在共同的努力下，终于把海森伯最初的思想发展成为一个概念上自主和逻辑上自洽的关于量子理论的新的动力学理论，完成了具有革命意义的三人共同署名的文章《关于量子力学Ⅱ》。这篇文章系统地描述了原子规律的矩阵力学体系。在矩阵力学中，包含的基本量子假设是，原子中分立定态能级的存在和电子在能级间发生跃迁时，对光的吸收和发射，原则上能适用于任何周期系统的计算。后来，随着电子自旋概念的提出，矩阵量子力学为物理学家清理旧量子理论的经典因素提供了依据。用科学哲学家库恩的术语来说，三人共同署名的文章提供了不同于牛顿物理学的新范式。这种新范式有可能导致理论物理学的又一次科学革命。

然而，十分蹊跷的是，1926年初，正当物理学家期待运用矩阵量子力学解释积压已久的问题和困惑时，突然冒出了另一条更容易接受的平行进路——波动力学。

第二节　波动力学的提出

如果说矩阵力学是慕尼黑、哥廷根、哥本哈根三地物理学家几年来共同讨论、彼此激发的结果，是物理学家的群体行为和集体智慧的结晶，那么，与此截然不同的是，波动力学则是当时担任苏黎世大学理论物理学教授的薛定谔孤军奋战的产物。薛定谔另辟蹊径，既不依赖于电子的运动情况，也不依赖于抽象的矩阵代数，而是基于德布罗意提出的实物粒子具有波动性的假说，通过类比思维斩获了让人意想不到的研究成果。

德布罗意于1892年出生于法国的贵族家庭，从小酷爱读书，18岁在巴黎索邦大学学习历史和法律，1910年获得文学学士学位，本打算从事公务员工作，但蹊跷的是，1911年，比他大17岁的哥哥协助编辑出版第一届索尔维物理学会议的论文集，德布罗意第一次从这本论文集中了解到当时关于光、辐射和量子性质的讨论，后来又读了庞加莱的《科学的价值》等著作，他开始对物理学产生了兴趣，接着就转向学习物理学，并于1913年又获得理学学士学位。毕业之后，他入伍服役。第一次世界大战爆发时，德布罗意被安排在埃菲尔城的无线电报分队，并在那里工作了五年，在工作实践中学到了不少电磁学知识。退伍之后，随物理学家朗之万攻读物理学博士。德布罗意在选择攻读物理学博士学位之前，已经从作为X光研究专家的哥哥那里了解到爱因斯坦提出的光量子假设：电磁波具有粒子性。德布罗意运用历史分析法和类比法设想，既然作为电磁波的行为像粒子，那么，在一定条件下，粒子也应该相应地具有物质波的行为。

在这种想法的引导下，自1923年以来，德布罗意在公开发表的一系列文章中，提出了一个令整个物理学界都感到惊奇的新观点：任何物体，大到行星，小至电子，都会产生一种波，这种波既不是机械波，也不是电磁波，而是一种位相波或相波。后来，薛定谔在建立了薛定谔方程之后，在解释波函数的物理意义时，把这种波取名为"物质波"。德布罗意也因此而开创了凭借博士学位论文荣获诺贝尔物理学奖的先例。德布罗意在论文中认为，实物粒子的运动既可用动量、能量来描述，也可用波长、频率来描述，并通过普朗克常数把描述实物粒子具有粒子性的能量和动量与描述实物粒子具有波动性的波长和频率联系起来。由此类推，德布罗意想到，电子作为组成原子的粒子，在一定的实验条件下，也应该表现出衍射或干涉的波动现象，并预言，在这方面，可以寻找对这种观点的实验验证。

但是，德布罗意的理论公布之后，并没有立即引起人们的重视。大多数物理学家认为，德布罗意的想法虽然有很高的独创性，但很可能只不过是些转瞬即逝的灵感而已。正如普朗克所回忆的那样，

> 早在1924年，路易·德布罗意先生阐述了他的新思想，即认为在一定能量的、运动着的物质粒子和一定频率的波之间有相似之处。当时这思想是如此之新颖，以至于没有一个人肯相信它的正确性……这个思想的提出是如此的大胆，以至于我本人，说真的，只能摇头兴叹。我至今记忆犹新，当时洛伦兹先生……对我说，"这些青年人认为，抛弃物理学中老的概念简直易如反掌！"[①]

---

① 转引自（德）弗里德里希·赫尔内克：《原子时代的先驱者：世界著名物理学家传记》，徐新民、贡光禹、郑慕琦译，北京：科学技术文献出版社，1981年，第278页。

　　幸运的是，就像普朗克提出能量量子化假设时是首先得到爱因斯坦的认可和推广应用一样，德布罗意预言的物质波，也是首先得到了爱因斯坦的支持。当时，德布罗意的导师朗之万把德布罗意的论文寄给了爱因斯坦，爱因斯坦看到后非常高兴，他没有料想到，自己创立的有关光的波粒二象性观念，被德布罗意扩展到一般运动粒子的情况。当时，爱因斯坦正在撰写有关量子统计方面的论文，于是，在文中增加了一段介绍德布罗意工作的内容，这样一来，德布罗意的工作凭借爱因斯坦的声誉引起了学界的注意。爱因斯坦在给德布罗意的导师朗之万的信中把德布罗意的研究说成是"掀开了这层重要面纱的一角"。在 1927～1928 年，美国实验物理学家戴维逊（G. J. Davisson）和他的助手革末（L. H. Germer），以及英国的物理学家 G. P. 汤姆孙（G. P. Thomson）先后通过实验证实：电子在射向晶体时，确实能够像波一样产生衍射现象。现在我们使用的比光学显微镜分辨率高得多的电子显微镜正是利用了微观粒子的波动性特征研制成功的，德布罗意也因此于 1929 年获得了诺贝尔物理学奖。

　　德布罗意的物质波理论的实验证实，把光的波粒二象性推广到一切物质的波粒二象性是可能的。然而，从常识来看，一方面，这个难以令人接受的假说，却是得到实验证实的事实；另一方面，它也表明，我们每天看到的东西，并不是如我们所看到的那样，老老实实地固定在某个地方，而是还有我们无法看到和感受到的波动性的一面。反过来，我们每天感受到的太阳光，除了具有我们熟知的波动性的一面之外，还有我们感受不到的粒子性的一面。可见，这种理论是何等新奇！此后，如何理解波粒二象性成为量子物理学家争论的主要焦点之一，本书将在第五章详述这些争论。

　　德布罗意的工作启发了薛定谔。薛定谔出生在音乐之都维也纳，父亲是一位工业化学家，并在业余时间研究植物学。薛定谔中学时代成绩优秀，有着天才般的领悟能力，1906 年在维也纳大学学习物理和数学。维也纳大学是历史第二悠久的德语大学。维也纳大学物理系名家辈出，是多普勒、斯蒂芬、玻尔兹曼、洛喜密脱、哈森诺尔、马赫等工作过的地方。1910 年，薛定谔以"潮湿空气中绝缘体表面的电传导"为题的论文，使他获得博士学位。毕业不久，他便参军入伍，成为炮兵部队的志愿者。经过一年志愿者的训练之后，他恢复了普通人的身份，在维也纳大学担任实验物理学助教。在此期间，薛定谔有机会接触光学仪器，随时可以对光谱和干涉测量进行观察。后来在物理学研究所从事大气电学方面的研究，他参加了第一次世界大战，战后，在维也纳大学从事统计力学和色觉理论的研究，并在1920 年成为世界公认的色觉理论的权威。后来，他离开维也纳在欧洲其他几个国家的知名大学任职，最后，在 1956 年又重返维也纳大学，担任理论物理学荣誉教授，1957 年获得奥地利艺术和科学勋章、联盟德国高级荣誉勋章。今天，维也纳大学的主楼大厅里还摆放着一座薛定谔的雕像，上面雕刻着著名的薛定谔方程，这个方程也出现在奥地利为纪念薛定谔一百周年诞辰所发行的邮票的首日封上。事实上，著名的波动方程是薛定谔在苏黎世大学工作期间提出的，而不是在维也纳大学提出的。

1921 年，新婚不久的薛定谔来到苏黎世大学担任理论物理学教授，成为爱因斯坦、德拜、劳厄的继任者。这个职位的主要任务是，每周有 8～12 学时讲授理论物理学课程，另外在冬季学期开设每周 4 学时的固体力学课程。薛定谔在苏黎世大学的最初几年，除了在颜色理论方面的工作外，还主要从事理想气体的统计热力学研究。这一领域的研究把宏观世界和微观世界联系起来，同时也是玻尔兹曼留下的重要科学遗产。另外，他还十分关注慕尼黑的索末菲、哥廷根的玻恩和哥本哈根的玻尔的工作进展，并和他们每一个人都有着密切的联系。1924 年，薛定谔在阅读了爱因斯坦将量子理论与德布罗意的实物粒子具有波动性的观点联系起来的论文之后，注意到这种关联的重要性，当时，许多物理学家都是通过爱因斯坦了解到这一概念的，并因爱因斯坦的权威地位而不得不认真地加以考虑。

1925 年，薛定谔仔细研读了德布罗意的论文，他说："如果没有认真考虑德布罗意与爱因斯坦有关运动粒子的波动理论"，他的气体统计学的研究"将没有任何意义"。薛定谔在给爱因斯坦的信中说：

> 几天前我怀着极大的兴趣拜读了路易斯·德布罗意别具匠心的论文，并且最终明白了……依我看来，德布罗意对量子规则的解释与我在《物理学杂志》1922 年第 12、13 期上发表的文章有关，其中阐明了沿着每条准周期的韦尔"标准因子"的显著特性。我觉得，其中数学内容是雷同的，只是我的是更为正式，行文不够文雅，实际上没有进行广泛阐述。很自然，德布罗意在更广泛的理论框架下对这个问题进行了思考，总体上要比我个人的阐述更有价值，而我在最初并不知该如何处理。[①]

从 1925 年圣诞节之后，薛定谔进入了长达 12 个月之久的活跃创造期，

---

① （美）沃尔特·穆尔：《薛定谔传》，班立勤译，北京：中国对外翻译出版社，2001 年，第127-128 页。

连续写了六篇文章，并在 1926 年 6 月达到了创作的高峰期，文思敏捷，挥笔成章，这在科学史上是无与伦比的。当一个重要问题使他感到迷惑时，他可以达到极度专心致志的程度，运用他作为理论学家全部的才智。①

关于薛定谔如何进入这种最佳状态，有不同的说法，也可能与他的风流性格相关。但有一点是可以肯定的，薛定谔一生所获得的三大成就都不完全是他本人独创的，他确实是敏锐地抓住了其他人的创造性观念，加以系统发挥和建构，从而提出了一流的理论或观点。比如，波动力学来自德布罗意的启发；《生命是什么》来自玻尔等的启发；有名的"薛定谔猫"来自爱因斯坦等质疑量子力学的完备性的启发。

今天，我们从量子力学的发展史来看，在 1925 年和 1926 年间，薛定谔是在爱因斯坦关于单原子理想气体的量子理论和德布罗意的实物粒子具有波粒二象性思想的启发下，才发表了一系列论文的，有着坚实的物理学基础。在这些论文中，薛定谔试图为物质波寻找一个在空间中演变或传播的"波动方程"，以及一个代表物质波本身的"波函数"。薛定谔在第一篇文章中，通过经典力学和波动光学之间的类比，将其应用于物质波，推导出一个波动方程，并把以这个方程为核心的理论，称为"波动力学"。薛定谔在运用波动力学求解电子围绕原子核的轨道运动时，可以自然而然地得出与波相对应的电子的能量只能取分立值的结论。

在接下来的一篇论文中，薛定谔通过引入时间变量，得到了一个更具有普遍性的波动方程，也就是后来教科书中都会提到的著名的"薛定谔方程"，这个方程成为波动力学的核心，类似于经典力学中牛顿方程的地位，并且能解决矩阵力学所能解决的问题。这样，薛定谔用物质波取代了分立物质的成问题的电子球概念，用电子波的简谐振动方程替代了玻尔原子论中令人困惑的静态假设，用从一个简谐振动向另一个简谐振动的连续转变，代替了矩阵力学中定态能级之间的不连续的量子跃迁，提供了一个独立于矩阵力学基础的新体系。

薛定谔方程提出来之后，如何理解波函数，成为薛定谔必须面对的一大难题，薛定谔没有想到，他的方程能够奇迹般地解决问题，但是，波函数究竟指的是什么波，他却并不十分清楚。结果，闹出了"薛定谔方程比薛定谔聪明"的笑话。②

---

① （美）沃尔特·穆尔：《薛定谔传》，班立勤译，北京：中国对外翻译出版社，2001 年，第131 页。

② 杨建邺：《福音：物理学的佯谬》，武汉：湖北教育出版社，2013 年，第 132 页。

第三节　殊途同归

薛定谔的工作在物理学界引起了爆炸性的反响。长期以来，物理学家苦于找不到一套合理说明原子问题的数学方法，而陷入苦恼、迷惑的研究深渊，却突然相继出现了两个截然不同的体系：海森伯-玻恩-约丹体系、薛定谔-德布罗意体系。海森伯和约丹等自然为矩阵力学极力辩护，拒斥波动力学，玻恩虽然也拒绝接受波动力学，但作为一名物理学家，他感觉到薛定谔的工作比他们的工作更有优势，并且在不久之后，表现出对波动力学的热情，认为波动力学"是量子规律最深入的形式"。

薛定谔认为，海森伯等强调的是量子跃迁和不连续性要素的存在，创立了关于原子运动的非直观表现和针对不连续变化的矩阵处理，而波动力学是建立在一种连续场上，尽管这个场不存在于我们日常所见的实际空间之内，而是处于抽象的多维空间。海森伯则认为，矩阵力学最重要的是物理学，而不是数学，波动方程取代不了量子跃迁和定态概念。但在薛定谔看来，原则上，关于可观察性的任何哲学观点不过是对我们没有能力得到正确图像的一种曲解，量子物理学的未来发展应该用形象化的波动力学，来代替依靠直觉和跃迁、能级等抽象概念建立起来的原子动力学。[①]

这样，在 1925 年提出的矩阵力学与 1926 年提出的波动力学之间形成了竞争。对于矩阵力学来说，尽管这个理论的数学是明确的，但是，理论的物理解释却并不十分清楚。因为这种理论是基于抛弃粒子运动的轨道这些原则上不可观察的量，从实验中观察到的光谱线的分立性出发，建立了一套行之有效的数学计算规则的。抛弃轨道也就等于抛弃了对微观粒子在时空中的经典描述和原先明确的图像解释。例如，在给定的原子中，我们能够计算一个电子具有的可能的能量值。在一定的物理条件下，运用另一些规则能够计算从与一个量的值相对应的态到另一个态的"跃迁振幅"。这样，即使在电子受到外界干扰的条件下，也可以计算出电子从一个能态向另一个能态跃迁的比率。在这些运算规则中，最惊人的特点是，两个矩阵相乘是不可交换的，或者说，两个正则共轭的动力学变量不服从乘法交换律，这两个量被称为"不对易量"或"共轭量"，如位置与动量、能量与时间。

有意思的是，如果物理学家运用波动力学的方法，计算一个原子中的

---

① （美）大卫·卡西迪：《维尔纳·海森伯传：超越不确定性》，方在庆主译，长沙：湖南科学技术出版社，2018 年，第 165-166 页。

电子可能的能态，他们所得到的预言值与利用不可思议的海森伯规则所得到的值完全相同；如果他们运用波动力学的方法计算态之间的跃迁比率，同样可以得到与使用神秘的算符计算跃迁振幅相同的值。这样，波动力学由于运用的数学方法更简单，与经典图像更接近，所以，在它的波函数的物理意义还不明确的情况下，很快赢得了多数物理学家的赞同，并被用来解决许多问题。

　　然而，历史的发展经常会带有某种戏剧性，正当物理学家为矩阵力学和波动力学两派观点争执不断时，薛定谔很快证明，矩阵力学和波动力学虽然在形式和内容上似乎是十分不同的表述形式，但在数学上却是等价的，物理学家狄拉克也独立地证明了这个结论。也就是说，量子力学的这两种不同表述形式，

　　　　尽管它们的基本假定、数学工具和总的意旨都明显地不同，在数学上却是等价的。[①]

　　薛定谔对矩阵力学与波动力学能够殊途同归并得到相同结果的发现感到十分吃惊，他说：

　　　　在今天，很少有物理学家以正直的马赫和基尔霍夫的观点，认识到物理理论的任务是最经济地描述观测量之间的经验关系……这样看来，数学等价几乎意味着物理等价。[②]

　　这样一来，双方争论的焦点问题，就从形式体系上的孰是孰非，转变为如何看待这种等价性的问题，也就是说，如何理解两种表述形式背后所隐藏的对原子的完全不同的描绘，以及如何理解相关的物理学概念的问题。当然，也有历史学家认为，双方斗争的根本不是物理学，而是关于谁将主宰量子力学的未来。还有人认为，海森伯的忌妒心、野心和名利心是斗争的主要原因。还有人从更广泛的角度来看，认为矩阵力学的建立者是与量子论中包含的自然界的新奇特征——不连续性、量子跃迁、分立粒子和颗粒性的光量子做斗争，他们深深相信，这些特征存在于自然界中，而且已

①　（美）M. 雅默：《量子力学的哲学》，秦克诚译，北京：商务印书馆，1989 年，第 31 页。
②　（美）沃尔特·穆尔：《薛定谔传》，班立勤译，北京：中国对外翻译出版社，2001 年，第141 页。

经被包括在他们的矩阵力学理论中，而薛定谔则否定这一切。[①]

现在看来，一些表面上的差异是由下列事实造成的：薛定谔把量子系统随时间的演化附着在波函数的演化当中；而海森伯所处理的是独立于时间的量子系统的态，他把时间演化的动力学附着在与可观察的物理量对应的算符随时间的变化当中。1932年，冯·诺依曼在《量子力学的数学原理》一书中，率先运用希尔伯特空间的数学结构或数学模型，把量子力学表述成希尔伯特空间中的一种算符运算，证明了矩阵力学和波动力学分别只是这种运算的特殊表象，从而彻底澄清了两种力学形式之间的等价性，玻恩取名为"量子力学"，而薛定谔方程成为量子力学的核心方程。这种沿着完全不同的思路，但却能殊途同归，提出物理学理论的事例，在物理学史上是前所未有的。

这样，随着量子力学理论体系的统一，量子概念最终也得到了确立。然而，令人不可理解的是，量子物理学家虽然承认，"量子"是一个全新的物理概念，也从数学上找到了能够成功地解答当时所有实验现象的理论形式体系，但对这个理论体系的理解与解释一直到目前为止依然没有达成共识。物理学家之间的分歧不是来自数学形式是否有效的问题，而是来自如何理解薛定谔方程中的波函数的概率解释、物质的波粒二象性、态叠加原理及其量子测量等问题。现在看来，尽管随着量子力学形式体系的确立，量子纠缠现象已经不可避免地潜藏在这些无法理解的问题当中，但是，直到1935年爱因斯坦、罗森和波多尔斯基三人合作论证量子力学是不完备的文章，即通常简称为 EPR 的论文发表之后，才致使薛定谔明确地提出了"量子纠缠"这个概念。

第四节　波函数的概率解释

在量子力学的发展史上，量子力学的形式体系确立之后，如何理解薛定谔方程中的波函数，成为当时物理学家争论的焦点。德布罗意首先提出了"双重解理论"，后来称为"导波理论"，来理解量子力学的形式体系。德布罗意关于这个题目的第一篇论文写于1926年夏天，在这篇文章中，他从经典光学中的波动方程着手得出光量子的波动方程，在这个波动方程中，光量子的密度与强度成正比，从而在光的粒子观的基础上，为干涉和衍射

---

① （美）大卫·卡西迪：《维尔纳·海森伯传：超越不确定性》，方在庆主译，长沙：湖南科学技术出版社，2018年，第167-168页。

现象提供了满意的说明。接着，他在 1927 年的一篇论文中指出，

> 在微观力学中如同在光学中一样，波动方程的连续解只提供统计信息，精确的微观描述无疑需要使用奇异解，它们表示了物质与辐射的分立结构。[1]

在 1927 年的索尔维物理学会议上，德布罗意简单地阐述了他的这种"导波理论"的观点。在这个理论中，薛定谔方程允许有两个不同的解：一个是具有统计意义的连续的波函数；另一个是奇异解，其奇点构成所讨论的物理粒子。第二个解实际上是不存在的，但是，人们仍然可以认为粒子存在于这个给定的区域内；粒子处于某一定值的位置的概率来自标准方式中的概率密度，并且粒子的运动也由波函数来决定。在这个方案中，微观粒子既具有经典粒子的性质，但又不同于经典粒子，它始终被一个延伸的 Ψ 场所引导，使它在远离障碍物时可以产生衍射效应。这样，德布罗意的解释把波粒二象性归结为是波-粒综合，即在双重解理论中，构成物理实在的不再要么是波，要么是粒子，而是波和粒子。这种解释思路后来又被玻姆所发展。

但是在这次会议上，德布罗意的理论并没有引起物理学家的共鸣。由于"导波理论"只与单体系统有关，不能很好地解释双体的散射过程，因而在当时受到了包括泡利在内的物理学权威们的强烈反对和严厉责难，德布罗意本人因此而放弃了自己的探索。这种努力是试图把量子力学的形式体系同经典物理学的某一特定分支的形式体系等同起来，以便将量子理论还原为经典物理学。然而，所有这些尝试和后来的各种复苏都是由这样的动机推动的：

> 一旦新发现的规律性能够被纳入现有的普遍定律之下，那么也就得到了对新情况的透彻理解。至于起包摄作用的普遍定律不时需要加以推广以在经验上适应新建立的理论，那在理论物理学历史上是司空见惯的事情。[2]

---

① 转引自（美）M. 雅默：《量子力学的哲学》，秦克诚译，北京：商务印书馆，1989 年，第 58 页。

② （美）M. 雅默：《量子力学的哲学》，秦克诚译，北京：商务印书馆，1989 年，第 65 页。

　　然而，这种企图在现有量子力学的形式体系内，赋予波函数以实在波解释的努力最终均没有成功。玻恩确信，不能简单地放弃粒子图像，他说：

　　　　我的研究所和弗兰克的研究所设在哥廷根大学的同一座楼上。弗兰克及其助手们关于（第一类和第二类）电子碰撞的每一个实验，在我看来都是电子的粒子本性的一个新的证明。[①]

　　1926 年 6 月，玻恩在他的《论碰撞过程的量子力学》一文中，将波动力学的表述方式和量子跃迁的描述方式结合起来，提出了波函数的概率解释，以代替维持不下去的实在波解释。概率解释认为，波函数的绝对值的平方并不表示实在的电荷密度，而是提供电子在空间各点出现的概率。因此，物质波不是像弹性波或无线电波那样的三维波，而是在多维位形空间中的波，是一个抽象的数学量，波函数不能直接决定粒子的运动，而只是粒子被观察之后处于某个位置的概率。用量子力学的语言来讲是指，波函数只代表经算符作用之后的粒子，在每一本征态所出现的概率，而具体粒子究竟处于哪个本征态，则是在测量之前无法知道的，必须要付诸具体的测量行动，才能得到确定的结果。对此玻恩曾强调指出：

　　　　这种新的力学原则上只作出概率的描述，它不回答一个存在于某个时间，某个地方的粒子的概率是什么这个问题。[②]

　　1928 年，伽莫夫完成的 α 衰变理论为玻恩的概率解释提供了有力的支持。波函数的概率解释由于能使量子力学的形式体系同广泛的实验事实一致起来，所以很快被包括玻尔和爱因斯坦在内的绝大多数物理学家所接受。但是，他们虽然接受了玻恩对波函数的概率解释，但并不等于在对"概率"含义的理解上达成了共识。从方法论意义上来看，玻恩对波函数的概率解释，最初，完全是作为便于理解物理现象的一种工具而提出来的，那么，这种解释的基础究竟是什么？物理学家就此产生了分歧，从而产生了旷日持久的关于量子力学的解释之争。

　　在这些解释中，首先发展起来并产生广泛影响的解释是哥本哈根解释，

---

① 戈革：《尼耳斯·玻尔——他的生平、学术和思想》，上海：上海人民出版社，1985 年，第 273-274 页。

② （德）M. 玻恩：《我的一生和我的观点》，李宝恒译，北京：商务印书馆，1979 年，第 52 页。

后来提出的其他形式的解释，都是在批判和超越哥本哈根解释的基础上发展起来的。哥本哈根解释的早期代表人物主要是玻尔和海森伯。不过，随着这些代表人物的相继离世，他们的追随者在不断克服原有解释所面临的困境之基础上，又发展出与原初不完全相同的变种解释。在现有的文献中存在着两种版本的强弱不同的解释。

强解释是伴随着量子力学的发展由第一代量子物理学家提出，并在几次大型的国际物理学会议上得到公认与传播的一种解释。这种解释假设，薛定谔方程中的波函数是对单个量子系统性质的完备描述，量子概率不是对观察者的某种无知的反映，而是自然界本身所具有的特征，是实在及其数学形式之间相关联的特征。

弱解释是指后来提出的统计解释，但其思想渊源可追溯到爱因斯坦早期倡导的量子系综解释。其核心概念是概率幅，目的在于通过对波函数的描述性质的限定和对概率幅意义的重新理解，消除量子测量过程中出现的测量悖论，为一致性地理解量子力学的新特征提供一个最简单明了的解释。这种解释假设，薛定谔方程中的波函数不是对单个量子系统性质的描述，而是对统计系综性质的描述。关于这两种解释之间的异同可参见拙作《在宏观与微观之间：量子测量的解释语境与实在论》一书的相关论述，在此不再赘言。

大多数物理学家所说的量子力学解释一般是指强解释。这种解释是玻尔于1927年9月6日在意大利科莫举行的"纪念伏打逝世一百周年"的国际物理学会议上第一次提出，并在玻尔以后的论文和讲座中、与曾在哥本哈根研究所工作和访问过的合作者之间的交流与讨论中、与爱因斯坦的三次著名的大论战中，不断地加以完善的一种解释。令人遗憾的是，玻尔从未系统地或完整地写过任何一篇文章来阐述自己的观点。对玻尔观点的系统说明最先是由玻尔的一些合作者给出的。因为这些说明不仅对于引导物理学家的研究工作而言是十分必要的，而且对于量子力学的教学与传播来讲也是必不可少的。

量子力学的哥本哈根强解释也不是一个统一的、清晰的、无歧义的解释，而是有着复杂关系的不同观念的组合。在强解释的代表人物当中，他们虽然都承认波函数是对单个量子系统的描述，但是，他们对量子概率和测量过程的理解并不完全相同。玻恩最初提出波函数的概率解释时，是把微观粒子设想为是经典意义上的质点来对待的，认为微观粒子在每一时刻既具有确定的位置，又具有确定的动量，并认为，

　　波函数既不代表物理系统，也不代表该系统的任何物理属性，而是表示我们关于后者的知识。[①]

　　玻恩早期的这种概率解释，由于无法说明单光子或单电子等双缝实验现象，因此很快就得到了修正。事实上，如果我们把微观粒子理解成是经典意义上的质点，那么，根据经典统计理论，在双缝实验中，同时打开两个狭缝之后，屏幕变黑的程度，应该是轮流打开每一狭缝时，屏幕变黑的程度的叠加，即满足叠加原理的是概率本身，用形式来表示的话，则是，总概率 P 等于两子系统的概率 P_1 和 P_2 之和，即 $P=P_1+P_2$。但事实却并非如此。在量子领域内，量子概率等于波函数的振幅的平方，而概率幅的叠加比经典意义上的单纯的概率叠加多出了一个干涉项，可用数学公式表示如下，

$$P = |\Psi|^2$$

$$P_1 = |\Psi_1|^2$$

$$P_2 = |\Psi_2|^2$$

$$P = |\Psi_1 + \Psi_2|^2 = P_1 + P_2 + 2\sqrt{P_1 P_2}\cos\delta$$

　　根据这种数学分析，即使一次只有一个光子或电子通过狭缝，每个微观粒子也会同它自己干涉，而这种干涉已经通过粒子在屏幕上的物理分布显示出来。单光子或单电子实验已经证实了这一点。因此，波函数应该是某种物理实在的东西，而不只是表示我们在经典意义下的关于粒子的知识。[②]这样，如何理解波函数的实在性就与如何理解波函数的概率解释问题纠缠在一起，成为当时量子物理学家寻找量子力学解释的核心。

　　1953 年，玻恩在《哲学季刊》上发表的《物理实在》[③]一文以如何理解普朗克的量子假设为例，进一步明确地阐述了他自己对量子概率的理解。他认为，在普朗克公式（$\varepsilon=h\nu$）中，能量ε集中于一个很小的粒子，而频率或更准确地说是波长（$\lambda=c/\nu$）需要定义一个几乎是无穷系列的波。解决这个悖论的唯一方法是，牺牲某个传统概念。量子力学表明，我们必须放弃粒子遵守类似于经典力学定律那样的决定论的定律。量子力学只能给出概率的预言。

① 转引自（美）M. 雅默：《量子力学的哲学》，秦克诚译，北京：商务印书馆，1989 年，第53-54 页。

② （美）M. 雅默：《量子力学的哲学》，秦克诚译，北京：商务印书馆，1989 年，第 53-54 页。

③ Born M, "Physical Reality", *The Philosophical Quarterly*, Vol.3，No.11，1953, pp.139-149.

量子概率是由波函数提供的。这就是我们关于自然界态度的决定性的变化。这为我们描述物理世界提供了新的方式，而不是否定物理世界的实在性。可见，玻恩完全改变了当初的立场，认为薛定谔方程中的波函数这个抽象概念是某种物理实在的东西，而不只是表示人们关于经典意义上的粒子的知识。

海森伯同意玻恩的观点，认为波函数不是一种数学虚构，应该赋予其物理实在性。海森伯用源于亚里士多德的潜能论的观点来理解量子概率的意义。他认为，

> 如果我们想描述在原子事件中所发生的事情，我们不得不认识到"发生"（happen）一词只能够应用于观察，而不能应用于两种观察之间的物态。它能应用于物理学的观察行为，而不是应用于心理学的观察行为，并且我们可以说，只要微观对象与测量仪器发生相互作用，那么，系统就会从"可能的"状态跃迁到"现实"的状态。[①]

海森伯的观点与马格脑的观点相类似。[②]巴布（J. Bub）认为，这种观点实际上来自玻尔。因为玻尔所讲的整体性，是指微观对象与测量仪器之间的不可分离性，仪器是实现对象的倾向性的一个基本条件，即测量使对象的潜在特性得到了实现。[③]但是，也有人认为玻尔反对潜能论的观点。[④]不管怎样，一方面，海森伯基于量子事件发生的倾向性，用潜能论的观点来理解波函数的概率解释，把概率理解成是量子事件发生的一种定量表达；另一方面，海森伯把量子力学中之所以会出现统计关系的根本原因归结为微观粒子具有的测不准关系或不确定关系，而把导致不确定关系的原因归结为量子假设带来的不连续性，把不确定关系理解为是在量子力学中使用经典概念（如位置与动量）的极限。

而作为哥本哈根精神领袖的玻尔则不同意海森伯对不确定关系的这种理解。玻尔提出的互补性原理表明，微观粒子的不确定关系并不代表经典

① Heisenberg W, *Physics and Philosophy:The Revolution in Modern Science*, New York: Harper & Row Publishers, 1958，p.54.

② Margenau H, *The Nature of Physical Reality*, New York: McGraw-Hill Book Company, Inc., 1950.

③ Bub J, *The Interpretation of Quantum Mechanics*, Dordrecht :D. Reide Publishing Company, 1974，pp.43-44.

④ Bohm D, Hiley B J, *The Undivided Universe:An Ontological Interpretation of Quantum Theory*, London : Routledge & Kegan Paul, 1993，p.19.

的粒子语言或波动语言不适用，而是代表了同时使用粒子图像和波动图像所受到的限制，即不能同时使用这两种语言，或者说，只有在不确定关系所限制的范围内使用经典概念来描述。"互补"这个术语的意思是指一些经典概念的应用，会排除另一些经典概念的应用，而另一些经典概念在另一种条件下也是阐明测量现象所必要的，或者说，只有将人们同时使用经典概念的局限性与人们观察能力的局限性相符合，才能有效地避免理解中的矛盾。玻尔认为，海森伯的不确定关系是由微观对象的个体性所要求的波粒二象性导致的，因为普朗克的量子假设所体现出的微观粒子的个体性，已经把波动性与粒子性联系起来，双缝衍射实验是说明微观粒子具有波粒二象性的经典范例。这就像相对论理论是通过假设光速不变原理达到了逻辑一致性一样，量子力学是通过不确定关系来保证量子力学的逻辑无矛盾性的。

在关于量子力学的解释应当使用经典概念这一意义上，玻尔的立场和海森伯的立场基本上是一致的。他们之间的意见分歧在于，运用经典概念的条件不同。海森伯认为，物理学理论是根据其数学形式来预言每个实验的，用"波动"还是用"粒子"来描述实验现象并不重要，重要的是认识到粒子图像与波动图像不过是同一个物理实在的两个不同侧面，粒子语言和波动语言是相互独立的，两者都可用来对量子力学做出完备的描述，但描述的程度受到不确定性关系的限制。玻尔则在本体论意义上理解微观粒子的波粒二象性，在测量操作意义上理解不确定性关系，认为海森伯的不确定关系所表明的不是修改经典概念，而是修改关于解释的经典观念。因为在玻尔看来，试图用新概念替代经典物理学中的概念来解决量子论困难的想法是错误的。在量子领域内，对同一客体的完备描述，需要用到既相互排斥又相互补充的观点，而不是唯一的一种描述，或者说，对于完备地反映一个微观物理实体的特性而言，描述现象所使用的两种经典语言是相互补充的，其使用的精确度受到了海森伯的不确定性关系的限制。也许正是在这种意义上，有人认为，玻尔的互补性原理不是先验地对经典概念的批判性分析的一种单纯的概念发现，而是缺乏要求同时使用一定的经典概念的事实（factual）条件的发现。①其甚至还把这一发现与爱因斯坦在相对论中的光速不变原理相媲美。光速不变原理的发现，要求在物体运动的参

① Hooker C A, "The Nature of Quantum Mechanical Reality: Einstein Versus Bohr", In Colodny R G (Ed.), *Paradigms and Paradoxes: The Philosophical Challenge of Quantum Domain*, Pittsburgh: University of Pittsburgh Press, 1972，p.137.

照系中，修改经典概念的使用，比如，"同时性"概念的用法，从而产生相对时空观。互补性原理则要求在量子领域内，限制经典概念的用法。

玻恩甚至认为，他对波函数的概率解释只是理解原子物理学中粒子和波关系的第一步，对于澄清这种思想做出最重要贡献的是海森伯的不确定关系和玻尔的互补原理。[①]这说明，在量子力学的哥本哈根解释中，不确定关系与互补原理占有核心的地位，而后者又成为其他解释试图批判与超越的重点。不过，这里需要强调的是，把海森伯的不确定关系与玻尔的互补性原理等同起来是不妥当的。不确定关系是量子力学形式体系的一个数学推论，而互补性原理则是外加在量子力学上的一种解释，即不是关于可存在量的（beable）解释，而是关于可观察量的（observable）解释。正是在这个意义上，玻恩指出，玻尔对科学哲学的贡献比任何人都大。[②]

从当代量子理论的发展来看，事实上，玻尔的互补性原理，就像他在1913 年基于普朗克的量子假设，提出轨道量子化的观点来解决氢原子的稳定性问题的做法一样，也是半量子和半经典的。因此，就像玻尔的轨道量子化理论被后来的量子力学所取代一样，玻尔的互补性原理，也只是一种权宜之计和不恰当的延伸外推，这正是以互补性原理为核心的量子力学的正统解释长期以来备受质疑的主要原因之一。

第五节　量子力学的基本假设

自 1926 年玻恩赋予波函数的概率解释以来，关于量子力学的基本概念的理解和理论的一致性、完备性的争论，就成为掺杂着不同哲学立场的论题凸现出来并延续至今，而且人们直到现在仍然热衷于引用量子力学创始人的作品来论证自己的立场。这在物理学史上是前所未有的现象。但是，尽管如此，对于从事具体研究工作的物理学家来说，他们还是能够把大致公认的非相对论性的量子力学的基本假设总结为如下四个方面。[③]

（1）描写物理系统的态函数（即波函数）的总体构成一个希尔伯特空间，系统的每一个动力学变量都用这个空间中的一个自伴算符描写。

（2）当系统处在波函数 Ψ 描写的状态时，对用算符 F 代表的动力学变量进行许多次测量，所得到的平均值<F>，等于 Ψ 同 FΨ 的内积（Ψ，FΨ），

---

①　（德）M. 玻恩：《我的一生和我的观点》，李宝恒译，北京：商务印书馆，1979 年，第 14 页。

②　Born M, "Physical Reality", *The Philosophical Quarterly*, Vol.3, No.11, 1953, p.140.

③　关洪：《一代神话：哥本哈根学派》，武汉：武汉出版社，2002 年，第 19 页。

除以 Ψ 同自身的内积（Ψ，Ψ），即

$$<F> = (\Psi, F\Psi)/(\Psi, \Psi)$$

（3）波函数 Ψ 随时间的演化，遵从薛定谔方程

$$i\eta \frac{\partial}{\partial t}\Psi = H\Psi \quad (其中，H = \frac{\eta^2}{2m}\nabla^2 + V)$$

（4）当交换两个同种粒子的变量时，不改变系统的状态。

在这四个假设中，假设（1）规定了量子力学的态空间为希尔伯特空间，在这个空间里，描写量子态的数学量是希尔伯特空间中的矢量，相差一个复数因子的两个矢量描写同一个态；描写微观系统物理量的是希尔伯特空间中的自伴算符。在这里，希尔伯特空间、算符、波函数、动力学变量作为原始概念来使用。假设（3）给出的薛定谔方程反映了描述微观粒子的状态随时间变化的规律，它在量子力学中的地位相当于牛顿定律在经典力学中的地位，是量子力学的出发点与前提。假设（2）也叫作"平均值公设"，它是"在量子力学的原理中唯一的一条如何同经验事实相对应的原始规定。通过具体的推导和论证能够证明，从平均值公设可以推导出可能的测量值谱以及在这种谱上实现的测量结果的概率分布。换句话说，平均值公设里已经包含了玻恩的态函数的概率诠释"[①]。假设（4）是多体系统中同种粒子的"全同性原理"。

量子力学的整个理论体系是在这四个基本假设的基础上建立起来的，或者说，这四个假设是量子力学最起码的基本假设，也是我们揭示量子力学哲学基础的出发点和基本依据。

首先，希尔伯特空间是一个抽象的数学空间，在日常生活中没有相对应的形式，只能从概念上加以理解与把握。

其次，在算符作用下，由薛定谔方程所提供的波函数的演化，不再是对物理量的直接描写，也不是物理量之间的关系随时间的变化。在这个方程中，波函数本身没有明确的物理意义，有物理意义的是波函数的模方（即绝对值的平方），或者说，薛定谔方程只能解出波函数随时间的演化，其模方代表了微观粒子位于某个量子态的可能性有多大。因此，就薛定谔方程本身只能提供概率的预言而言，它是决定论的和因果性的，而不是对实际

---

① 关洪：《一代神话：哥本哈根学派》，武汉：武汉出版社，2002年，第19-20页；也可参见关洪：《量子力学的基本概念》，北京：高等教育出版社，1990年。

测量结果而言的。用玻恩的话来说，

> 薛定谔的量子力学对于碰撞效应的问题给出了十分确定的答案，但是这里没有任何因果描述的问题。对于"碰撞后的态是什么"这个问题，我们没有得到答案，我们只能问"碰撞到一个特定结果的可能性如何"。[1]

散射实验中被散射粒子的角分布的统计计数，证实了玻恩对于量子力学波函数的统计解释。[2]

最后，在微观世界中，所有的同种粒子都是相同的，没有衰老，无法标记，甚至无法辨认。

物理学家吴大猷先生在 1997 年出版的《物理学的历史和哲学》一书中，仍然依据哥本哈根学派的观点，将量子力学的基本思想总结为如下九个方面。[3]

其一，所有包含能量或动量转换的基元过程，由于 h 的大小有限，所以是不连续的。

其二，所有的测量，包括被测量的系统和测量仪器之间的相互作用，总包含一种相互扰动，以至于不可能做到"人们要想多小就有多小"。

其三，物理学中的一切概念，只有在由它们的实验测量（实际上和想象中）所定义的范围内才有意义，而且测量程序及所获得的结果能用经典物理学的概念来表达。

其四，经典概念已被发现在涉及原子现象时是不合适的。这种不合适性已由发现 h 的有限大小所揭示，这导致了爱因斯坦-德布罗意关系所表达的波粒二象性。哥本哈根学派的哲学正是把这种波粒二象性看作粒子和波这些经典概念的根本不适合性的结果，当这两个概念应用于原子领域时就把它们看作彼此"互补"的。爱因斯坦-德布罗意关系就被当作对这种互补性的一种表达。

其五，从爱因斯坦-德布罗意关系出发，海森伯不确定性关系可作为一个推论得出。这必须被认为，不仅意味着在测量两个互补的性质时，不可

---

① （德）M. 玻恩：《碰撞的量子力学》，王正行译，见关洪主编《科学名著赏析：物理卷》，太原：山西科学技术出版社，2006 年，第 251 页。

② （德）M. 玻恩：《碰撞的量子力学》，王正行译，见关洪主编《科学名著赏析：物理卷》，太原：山西科学技术出版社，2006 年，第 243 页。

③ 吴大猷：《物理学的历史和哲学》，北京：中国大百科全书出版社，1997 年，第 69 页。

能要求同时获得确定的值，还意味着要超越由不确定关系所确立的准确性的限度，从概念上定义这样两种性质也有内禀的不可能性。

其六，由于从互补引发出基本的不确定性，所以，经典物理学的严格的决定论特征在量子力学中是不存在的。为了形成一种新理论以适应这种新形势，要么用坐标和时间的函数 Ψ 来完备描述，要么用动量和时间的函数 φ 来完备描述，但不能同时用坐标和动量两者来完备描述。物理量不能用普通的数来描述，只能用算符描述，后者是使理论能够容纳在经典物理学中不存在的不确定性关系的一种方式。Ψ 随时间演变被设定为受薛定谔方程支配。

其七，为了能与不确定关系相一致，对 Ψ 的概率诠释被设定为甚至可以应用于单个粒子。这是与经典物理中适用于很大数量的粒子的统计概念相矛盾的。

其八，在这些基本公设的基础上，有可能给出一个与量子力学相一致的测量理论。因此就能表明，对互补性质的测量（借助实际的实验程序）在不确定关系的意义上是互相排斥的。

其九，按照哥本哈根学派的意见，量子力学目前的体系和对其诠释的逻辑一致性已经确定性地建立健全起来了。

吴大猷先生对量子力学的总结是在承认量子力学的哥本哈根强解释之基础上做出的。而前面所引用的关洪先生的看法则是在承认量子力学的哥本哈根弱解释（即统计解释）的基础上做出的。这里不需要再引证更多的资料就足以说明，直到 20 世纪末，虽然物理学家在表述量子力学的基本假设时，在数学形式与假设前提方面没有原则性的差异，但长期以来，当他们在传播与表述自己所理解的量子力学的基本思想时，仍然不完全统一。他们之间产生的分歧主要集中在物理学的基础与哲学方面。因此，不论是从纯技术的观点来看，还是从其内容的哲学意义来看，量子力学的基本假设已经对物理学家过去普遍接受的观念提出了极大的挑战。

第六节　量子概率的本体性

近年来，随着量子力学基本原理的成功应用，物理学家普遍认为，波函数的概率解释已经说明，在微观领域内，量子系统的随机相关性和量子统计性是根本的，它与经典物理学中的统计性有着根本的差异。

其一，运用范围不同。在经典物理学中，统计规律被作为一个"二级规律"来对待，概率被认为是无知的表现，或者说，是信息不完全的表现，概率概念本身只有在限制认识主体的认识局限性的范围内，才能找到其意义。当人们在本体论层次对研究对象进行描述时，概率概念是不适用的；而在量子力学中，概率通过基本假设进入理论体系之中，黑体辐射实验和放射性原子核的衰变现象，以及量子信息技术的发展要求我们得出的结论，恰好违背了爱因斯坦的美好愿望。这个结论就是："上帝确实是在掷骰子。"正如玻恩所说的那样，在量子领域内，概率是第一位的，决定论是概率等于 1 的特殊情况。

其二，根源不同。在经典物理学中，统计平均方法的引入是由大量粒子的运动方程过分复杂、难以求解而导致的。经典的随机性被理解为是，由粒子之间的碰撞等外部原因所造成的、在主观上无法达到全面认识客体的一种附产品。由概率所代表的这种认识上的局限性，仅存在于认识主体同认识对象的关系之中；在量子力学中，随机性具有根本的意义，微观规律的统计性成为具有普遍性的原则性问题，其中，"任何逻辑自洽的形式体系都不可能产生一个决定论的基层而不致违背包括量子规律的大量经验"[1]。

其三，含义不同。在经典统计力学中，满足叠加原理的基本量是概率，在量子力学中，满足叠加原理的基本量是概率幅，概率由概率幅的平方来决定，概率幅的叠加比概率的叠加增加了新的物理内容，也就是说，从上面陈述的量子力学的基本假设来看，这些假设所支持的自然界不再是决定论的和确定的，而是随机的和不确定的。正如物理学家玻恩所言，

> 从我们的量子力学的观点来看，在任何一个个别的情形里，都没有一个量能够用来因果地确定碰撞的结果；不过迄今为止，我们在实验上也没有理由相信，原子会具有某种内部特性，能够要求碰撞有一个确定的结果。或许我们可以期望，将来会发展这种特性（比如相位或原子的内部运动），并且在个别的情形中把它们确定下来。或许我们应该相信，在不可能给出因果发展的条件这一点上，理论与实验的一致正是不存在这种条件的一个必然结果。我自己倾向于在原子世界里放弃决定论。但是这是一个哲学问题，只靠物理学的论证是不能决定的。[2]

2013 年，一些学者在与量子力学基本问题相关的三次国际学术会议上

---

[1] （比）雷昂·罗森菲耳德：《量子革命》，戈革译，北京：商务印书馆，1985 年，第 147 页。
[2] （德）M. 玻恩：《碰撞的量子力学》，王正行译，见关洪主编《科学名著赏析：物理卷》，太原：山西科学技术出版社，2006 年，第 251 页。

进行了"关于量子力学的基本态度"的三份问卷调查，问卷的议题基本相同，在被调查者中，除了少数数学家和哲学家之外，绝大多数都是物理学家。虽然学术会议人数有限，问卷调查的样本数量也不大，但从三次调查结果综合看来，被调查者对待量子力学的基本态度，已经超越了当年爱因斯坦与玻尔、实在论与反实在论、认识论与本体论之间的传统界限，呈现出多样化的趋势，并在成为争论焦点的某些关键问题上基本达成了共识。在所调查的十多个问题中，共识度较高的三种观点是：①自然界是随机的，不是决定论的；②爱因斯坦关于量子力学的观点是错误的；③对量子力学解释的选择在很大程度上依赖于个人的哲学偏好。[1]

以耗散结构研究为核心的非平衡自组织理论的发展也支持了放弃决定论，强化了自然界是随机的观点。比如，耗散结构理论家普里戈金认为，从当代观点来看，爱因斯坦反对把概率作为自然的基本性质，传统上把不可逆性和概率看成是无知带来的观点，已经成为很难令人接受的立场了。他指出，

> 爱因斯坦反对把概率作为自然界的基本性质，认为不可逆、概率是无知带来的。我们今天已经很难接受这种立场了。我们已经看到涨落在远离平衡时起驱动作用。因此，不可逆性会导致新的结构。许多生物学家相信正是这类结构对生命功能起作用。因此，不可逆和概率必须和物理学有关，而不是和我们对物理学的无知有关。否则，生命现象包括我们自身在内也都是一种"无知"或错误的后果了。[2]

这是因为，在非平衡态自组织理论中，一个系统的未来态不完全是从它的初始态中分叉而来的，不管我们使用多么精确的测量仪器，我们都不能够把系统的初始态确定到足以决定它的未来态的精确程度。在这里，随机涨落起着非常关键的作用。系统在根本意义上具有的这种不稳定性，使

---

① Schlosshauer M, "Johannes Kofler and Anton Zeilinger, A Snapshot of Foundational Attitudes Toward Quantum Mechanics", 2013-10-06, https://arxiv.org/pdf/1301.1069v1.pdf; Sonner C, "Another Survey of Foundational Attitudes Towards Quantum Mechanics", 2013-03-11, https://arxiv.org/pdf/1303.2719.pdf; Norsen T, Nelson S, "Yet Another Snapshot of Foundational Attitudes Toward Quantum Mechanics", 2013-06-18, https://arxiv.org/pdf/1306.4646v2.pdf.

② 〔比〕I. 普里戈金：《从存在到演化》，杜婵英据记录整理，郝柏林校，《自然杂志》1980年第3卷第1期，第11-14页。

我们没有理由认为，一个开放系统总是能够从某些精确的初始态完全决定它的未来态。

　　普里戈金等曾在其名著《从混沌到有序：人与自然的新对话》一书中，通过对包括量子系统在内的各种不稳定动力学系统的考察之后指出，在不稳定的动力学系统中，概率是作为动力学的另一种描述、一种发生在强不稳定动力学系统中的非局域描述结果而出现的。这里，概率性变成从动力学内部生成的一种客观性质，它表达出动力学系统的基本结构……对于内在随机系统来说，概率的概念获得了动力学的含义。我们生活在一个可逆性和决定论只适用于有限的简单情况，而不可逆性和随机性却占统治地位的世界之中。这样，与决定论、可逆的经典世界图景不同，在具有不可逆性演化过程的世界图景中，未来并不总是包括在现在之中，系统的内在不可逆性隐含着随机性和不稳定性。普里戈金把这三个要素之间的关系总结如图 4-1 所示。①

不稳定性

↑

内在随机性

↑

内在不可逆性

图 4-1　不稳定性、内在随机性和内在不可逆性三个要素关系

　　量子力学的形式体系只是运用了概率解释，但在非平衡自组织理论中，进一步引进了微观层次的基本的不可逆性。这是科学结论。当代科学的这些发展促使我们注意到，过去对确定性和必然性的追求，是对未经评判便接受下来的常识观念的一种延伸，并不是绝对真理。事实上，曾经作为追求确定性和必然性神话基础的经典力学，在求解三体问题时，就已经出现了随机解。但当时，物理学家并没能因此而动摇追求必然性的信心。可以肯定，在物理学家的研究从决定论的可逆过程转向不可逆的过程中，量子力学起到了承前启后的重要作用。基于当代科学理论的新成果得出的关于世界的新认识，终于彻底地使追求严格决定论的必然性神话走向了毁灭。

---

① （比）伊·普里戈金、（法）伊·斯唐热：《从混沌到有序：人与自然的新对话》，曾庆宏、沈小峰译，上海：上海译文出版社，1987 年，第 40、328、330 页。

第七节 结 语

综上所述，普朗克提出"量子假设"之后，一开始，他只是把量子假设看成是一个计算工具，并没有意识到它代表了自然界本身的特性，甚至几年来一直试图把量子假设纳入经典物理体系中。同样，薛定谔在创立了波动力学之后，也试图把方程中的波函数纳入传统的波动理论的理解中。这说明，量子物理学家虽然创造性地提出了新概念或创立了新理论，但是，他们却通常不会轻易地放弃导致他们陷入危机的旧范式。

正如库恩在《科学革命的结构》一书中所说的那样，科学家从一个危机的范式，转变到一个能产生出新范式的常规科学，不是通过对旧范式的修改或推理而来的，而是在一个新基础上重建研究领域的过程。这种重建改变了研究领域中某些最基本的理论概括，也改变了该领域中许多范式的方法和应用，或者说，在范式的转变完成之后，专业的视野、方法和目标都将随之改变。[①]

量子物理学家探索量子力学之路，在某种程度上，印证了库恩的这种观点。有所不同的是，物理学家在形成了新的范式之后，其专业视野、方法和目标的改变，既与物理学家之间的观念之争相关，也是科学家搁置争议、推动量子信息技术蓬勃发展的结果。正是这些技术发展，使得令人难以理解的"量子纠缠"现象，由争论的对象，变成了开发利用的资源。

---

① （美）托马斯·库恩：《科学革命的结构》，金吾伦、胡新和译，北京：北京大学出版社，2003年，第78页。

第五章 观念之争：改变理论观

虽然量子力学形式体系的建立，最终吹散了"紫外灾难"这朵飘浮在物理学上空的"乌云"，化解了实验现象所带来的理论危机，完成了库恩所说的科学革命，形成了新的理论范式。但是，与既往的理论范式所不同的是，新范式的基本假设是极其违背常理的，它们不仅使得传统的图像化思维方式失去了效用，而且使得量子力学从创立之时起，就引发了关于物理学基础问题的争论，而这些争论竟然成为被后人不断追溯的历史事件。其中，以爱因斯坦和玻尔之间展开的三场争论最为著名。并且，关于量子力学完备性的第三场争论又最为关键。因为正是这一场争论，打开了微观世界的"潘多拉魔盒"，使一开始就隐藏在态叠加原理之中的多粒子间的纠缠现象暴露无遗。历史地看，不仅物理学家对量子力学基本概念的理解是随着这些争论的不断深入而逐渐地明确起来的，而且薛定谔也正是在看到了爱因斯坦等质疑量子力学完备性的论文之后，才提出了"量子纠缠"概念，并设计了著名的"薛定谔猫"实验，来展示微观测量与经典测量的不同之处。本章主要通过梳理爱因斯坦和玻尔就量子力学的基本问题展开的这三场论战，来揭示量子力学的新范式给传统理论观带来的挑战。

第一节 哥本哈根解释及其问题

爱因斯坦和玻尔之争是围绕哥本哈根的核心观点展开的。因此，为了便于理解这两位科学巨匠之间的观念之争，这里有必要先概述一下量子力学的第一个解释——哥本哈根解释的核心要点。

在当时，量子力学的形式体系建立起来之后，物理学家马上面临着如何理解薛定谔方程中波函数的概率解释和微观粒子的波粒二象性等问题。关于这些问题的哥本哈根解释，是由玻尔和在玻尔身边工作的海森伯等物理学家共同提出的，这个解释被认为是从量子领域过渡到经典领域的学说。正如第四章所阐述的那样，尽管在哥本哈根解释的代表人物中间，依然存在着理解上的分歧，但还是有人从大多数物理学家对哥本哈根解释的评论中，把哥本哈根解释的主要观点大致地总结为下列几个方面。①

（1）认为量子力学是关于单个量子系统的理论，近来对单原子的连续观察支持了这种观点。弱解释的观点认为，既然量子理论讨论的是概率，那么，它一定如同统计力学一样，是对大量制备的全同粒子系统集的描述。

（2）认为量子概率不是对观察者或理论家的某种无知的反映，而是自然界本身所具有的特征，是实在及其数学形式之间相关联的特征。就像到目前为止的实验所显示的那样，除了概率之外，量子力学不可能做出任何更精确的实验预言。所以，在微观领域内，概率是基本的。

（3）能够把量子测量系统分成两个部分：被测量的系统与测量仪器。这两个部分之间的分界线决定了，在这两个部分当中，一部分要用量子力学的术语来描述；另一部分要用经典物理学的术语来描述。但是，在如何划分被观察的客体与观察手段之间的分界线的问题上，他们没有提供任何定量的标准。与冯·诺依曼的观点相类似，海森伯认为，这种分界线的划分完全取决于观察者所做出的选择；玻尔则更强调客体与观察仪器之间的不可分性。

（4）认为必须用经典物理中的术语来描述观察仪器与观察现象。因为测量是测量仪器与被测系统之间的一种相互作用。在这种相互作用中，仪器只能够由日常语言，而不是由抽象的数学符号来描述。实验数据是一种事实，是完全确定性的，没有概率式的不确定性的任何痕迹。所以，很明显，只有用经典物理学的语言才能描述实验结果。

（5）认为观察者的观察行为是不可逆的，观察行为肯定会产生一些记录，这种记录可以是文字性的，也可以是仪表上的读数，还可以是计算机或观察者大脑中的记忆。不管这些记录以什么样的形式存在，一旦产生，它就形成了一个不可逆的过程。

（6）认为在量子测量过程中，测量包含了仪器对量子系统的一种作用。然而，对于被测量的系统而言，测量仪器对系统的作用究竟有多强？能够对系统的状态产生怎样的干扰？这些问题通常是很难回答的。玻尔认为，对这个问题的回答已经超出了量子论的范围；而海森伯认为，量子跳跃的发生使量子特性由潜在性转变为现实性。

（7）玻尔用互补性原理理解量子系统在测量时显现出的波动性和粒子性，认为波动概念与粒子概念既相互补充，又相互排斥，因而对于全面地

---

① Omnès R, *The Interpretation of Quantum Mechanics*, Princeton：Princeton University Press, 1994, p. 85.

理解所有的实验而言，它们都是需要的。在具体的实验过程中，量子系统的相互补充属性不可能被同时观察到。例如，在一个实验中，我们不可能同时测量微观客体的位置与动量。

（8）在量子测量的过程中，除了对现象的描述之外，谈论某种"现象的发生"是无意义的。因为当一个原子处于被制备和被测量之间时，人们不可能真正地谈论原子的行为。所以，只有测量结果是真实存在的。

（9）纯量子态是客观的，但是，是不真实的。

自1927年以后，以不确定关系和互补性原理为核心的哥本哈根解释就被誉为是量子力学的"正统解释"。特别是，当玻尔在同爱因斯坦的三次争论中获得胜利之后，这种解释的正统地位得到了进一步的巩固和更加广泛的传播。不论是在物理学界，还是在哲学界，大家都普遍地把互补性解释看成是玻尔对量子力学基础的最深刻的贡献。正如夸克模型的提出者盖尔曼所说的那样，"尼尔斯·玻尔强使整个一代物理学家相信，问题在五十年前就已经解决了"[①]。现在看来，互补性原理自身仍然存在着概念上与理解上的困难。[②]

首先，在语义学的意义上，玻尔始终没有赋予互补性概念以精确的意义。任何一个真正读过玻尔关于因果性和互补性文献的读者都会发现，在很大程度上，玻尔自己对互补性概念的阐述是含糊不清的。一种观点认为，玻尔对互补性概念的意义的最早阐述是在1927年的科莫讲座上进行的，当时，他试图运用互补性解释来想象量子世界的整个图像，把薛定谔的连续性波动力学与分立能态的量子假设统一起来，并把互补性概念论证为是对原子现象的时空描述与因果性描述之间的一种互相补充。玻尔晚年甚至还把互补性原理作为一个普遍原理，推广到生物学、社会学及心理学等领域，使互补性原理成为一种哲学加以推广。

其次，从方法论意义上来看，玻尔的互补性原理不是通过普遍的论证之后才提出的，而是在对一个特殊的理想实验的描述中提出的。那么，这种来自特殊实验结果的观点，能够作为一个更广泛的认识论结论来加以推广吗？冯·诺依曼批评说，为什么"互补性"只限于两种属性，而不是——也许超出了它的纯字面的意义——被推广到三个或多个组分。爱因斯坦把互补性称为是海森伯-玻尔的一种宗教。他认为，互补性原理为真正的信仰者

① Schommers W(Ed.), *Quantum Theory and Pictures of Reality: Foundations, Interpretations, and New Aspects*, Berlin: Springer-Verlag, 1989, p. 29.

② Cushing J T, *Quantum Mechanics: Historical Contingency and the Copenhagen Hegemony*, Chicago: The University of Chicago Press, 1994, pp. 32-33.

提供了一个舒适的枕头。它使这些信仰者忽略了需要为理解量子图像提供一致的、可理解的说明而努力的问题。近些年来，大多数人只是把玻尔的互补性原理看成是描述自然界的一个框架，而不是一个明确的原理。

爱因斯坦从一开始就不接受量子力学的哥本哈根解释，他与玻尔就物理学理论的认知基础，以及物理学认识世界的方式，展开了三次大的论战，这些论战成为物理学界激动人心的事情和 20 世纪物理学史上的重大事件。现在，在物理学家不再对量子力学的理论体系抱有任何怀疑的前提下，我们重返当年的争论要点，来揭示量子力学提供的一种新的理论观。

第二节 "上帝不会掷骰子"吗？

在量子概念的确立与量子理论的发展史上，爱因斯坦完全称得上是最重要的创始人之一。虽然我们不能说没有爱因斯坦的贡献，就没有量子力学这样的过激之言，但是，至少物理学家都不会否认，如果没有爱因斯坦的贡献，普朗克的量子假设和德布罗意的物质波假设，不会很快被物理学界所接受。如前所述，薛定谔的波动力学的创立与德布罗意提出的实物粒子具有波粒二象性的观念相关，而德布罗意的这一观念的提出直接受到了爱因斯坦关于光的波粒二象性的启发。但是，当量子理论建立起来之后，量子力学的哥本哈根解释所蕴含的哲学立场，直接违背了爱因斯坦坚守的哲学立场，致使爱因斯坦从量子论的重要奠基者，反而成为最强烈的反对者和最尖锐的批评家，或者说，成为抨击量子力学的开路先锋。

爱因斯坦最早与玻尔的会晤是在 1920 年玻尔访问柏林期间。当时，关于量子理论的基本问题已经成为他们谈话的主题。爱因斯坦对待量子力学的基本立场，正如他在 1926 年 12 月 4 日写给玻恩的信中所说的那样，

> 量子力学固然是堂皇的。可是有一种内在的声音告诉我，它还不是那真实的东西。这理论说得很好，但是一点也没有真正使我们接受这个"恶魔"的秘密。我无论如何深信上帝不是在掷骰子。[1]

此后，"上帝不会掷骰子"成为爱因斯坦反对量子力学的哥本哈根解释

---

[1] 爱因斯坦：《爱因斯坦文集（第一卷）》，许良英、范岱年编译，北京：商务印书馆，1976年，第 221 页。

的代表性口号，也成为后来如何理解波函数的概率解释与统计因果性问题的出发点。玻尔则把他与爱因斯坦论战的焦点归纳为，用什么样的态度看待量子力学的新特征，以及对传统自然哲学的惯常原理的背离问题。因为微观粒子的个体性超越了"物质无限可分"的古老学说，也使原来作为绝对真理的经典物理学理论变成了一种可以忽略不计量子效应的特设性理论，只适合于在经典领域内应用，不能被延伸外推到非经典领域。这样，曾经认为具有普遍应用的理论，如今有了无法应用的边界，曾经认为理所当然的哲学前提，如今失去了指导性的价值。

玻尔与爱因斯坦之间争论的关键问题是，放弃经典物理学传统中的决定论的因果性描述，接受概率的因果性描述，应该只被看成是一种方法论上的权宜之计呢，还是应该进一步被看成是对自然界的一种客观认知呢？爱因斯坦坚持前者，而玻尔接受后者。这便是他们就量子力学的内在自洽性、不确定关系的有效性和量子力学的完备性展开三大论战的主要根源。

爱因斯坦与玻尔的第一次大论战是 1927 年 10 月 24～29 日在布鲁塞尔召开的由洛伦兹主持的第五届索尔维物理学会议上进行的。这是洛伦兹作为受人尊敬的物理学元老最后一次在公开场合露面。这次会议的主题是"电子与光子"。会议为讨论当时的热点问题，即薛定谔方程中的主要变量波函数的解释与量子理论的意义问题，提供一次最高论坛。量子物理界的大腕们悉数到场。会议期间，德布罗意、玻恩、海森伯、薛定谔等都发表了各自的看法。会议主持人洛伦兹主张把概率看成是量子力学解释所得出的结论，反对把概率看成是量子力学解释的出发点，以及由此带来的放弃连续性、因果性和决定论等传统观念，他在做了一些富有挑战性的评论之后，请玻尔发言。

玻尔在这次演讲中，重申了他于 1927 年 9 月 16 日在意大利科莫召开的"纪念伏打逝世一百周年"的国际物理学会议上所做的"量子假设与原子论的最新发展"演讲的主要内容，并第一次公布了关于量子力学的互补性解释的观点。玻尔认为，量子假设迫使物理学家采用新的互补的描述方式：一些经典概念的确定应用，将排除另一些经典概念的同时应用，而另一些经典概念在另一种条件下却是阐明现象同样必需的。因为我们不能明确地区分原子客体的行为及其和测量仪器之间的相互作用，测量仪器是确定现象发生的前提条件。这是由典型的量子效应的个体性决定的。任何希望进一步细分现象的企图，都会要求对实验装置做出改变，这种改变将有可能引入被测量的对象与测量仪器之间发生的在原则上不可控制的相互作用。实验表明，在不同实验条件下得到的实验证据，不能被概括在一个单独图景中，而必须是互补的。这就是玻尔的互补性论证的主要思想。

玻尔的互补性思想涉及三个基本问题：①描述量子测量现象的概念问题，物理学家必须运用经典概念来描述量子测量现象，这是由经典概念的图像化和直观性决定的；②客体与测量仪器之间的不可控制的相互作用问题，这是由微观领域内存在的作用量子的整体性决定的；③量子现象的发生依赖于测量域境的设置，不同的测量设置，导致同一对象表现出不同的测量现象，比如，在下面概述的双缝实验中，如果在每个狭缝后面放置一台检测粒子是否通过该狭缝的仪器，那么，狭缝后面干涉屏上的干涉条纹就会消失，微观粒子表现出粒子性，只有撤除狭缝后面的检测仪，才能在胶片上产生干涉条纹，微观粒子表现出波动性。

玻尔认为，对于全面认识微观粒子的性质来说，这两种性质既是相互排斥的，又是相互补充的。直到 20 世纪 80 年代以来，随着证实量子力学的阿斯派克特实验的完成，物理学家才逐步认识到，在测量过程中，微观粒子与测量仪器之间的这种整体性，实际上是由微观粒子与测量仪器的纠缠引起的。但在当时，物理学家还没有把"纠缠"作为一个量子力学概念提出来。玻尔既不是"纠缠"概念的提出者，也没有给出一种新的测量理论，而是立足于哲学的考量，抓住微观粒子的个体性特征，看到了量子测量的整体性。现在看来，玻尔强调微观粒子和测量仪器之间的整体性，与微观粒子和测量仪器之间具有纠缠关系的结果是一致的。因而，在思想上具有一定的超前性。

爱因斯坦完全不接受玻尔的这种模糊不清的哲学观点，他设计了一个单缝衍射的思想实验来说明他对波函数的概率解释的看法。他认为，关于波函数的概率解释有两种观点：一种是像玻尔等认为的那样，把量子力学看成是关于单个过程的完备理论，波函数就是对这一单个过程的描述；另一种是他提出的关于概率的相对频率解释。爱因斯坦指出，

　　同德布罗意-薛定谔波相对应的，不是一个电子，而是一团分布在空间中的电子云。量子论对于任何单个过程是什么也没有说。它只给出关于一个相对说来无限多个基元过程的集合的知识。[1]

① 爱因斯坦：《对于量子理论的意见：在第五次索耳未会议上的发言》，见爱因斯坦：《爱因斯坦文集（第一卷）》，许良英、范岱年编译，北京：商务印书馆，1976 年，第 231 页。

　　这就是说，在爱因斯坦看来，量子理论提供的信息不是关于单个微观粒子运动过程的信息，而是关于这种过程的粒子系综①的信息。关于概率的这两种理解，虽然对实验结果的解释不会带来很大的歧义，但是，却对量子力学的波函数的意义提供了不同的解释。爱因斯坦提出的用相对频率解释概率的观点，为后来隐变量理论的提出奠定了基础，而隐变量理论把量子力学看成是统计力学的一个分支，玻尔、玻恩等对概率的解释则排除了这种可能性。②

　　玻尔认为，放弃传统观念是理解原子现象所能遵循的唯一出路，因为原子现象方面的证据是在探索这一新知识领域的过程中逐渐积累起来的。而爱因斯坦则不愿放弃这些观念。甚至爱因斯坦在 1928 年写给薛定谔的信中把玻尔和海森伯的观点说成是精心策划的一种绥靖哲学，向他们的信徒提供了一个舒适的软枕。③也就是说，在爱因斯坦看来，玻尔的互补性论证只不过是用哲学解释掩盖了问题的实质。从总体上看，在爱因斯坦与玻尔的第一次论战中，他们之间的对立，在很大程度上，既有他们坚持的哲学前提之间的对立，也有如何理解量子测量问题之间的对立。

　　在量子力学中，描述微观粒子运动的薛定谔方程给出的解，并不代表实际的测量结果，而是代表测量时微观粒子出现在某个地方的概率有多大，也就是说，理论给出的值不等于测量实际上得到的值。这完全不同于经典物理学中的理论与测量之间的关系。在经典物理学中，任何物体运动状态的变化，都可以通过物理量随时间的变化规律来描述，而且，理论计算的值总是对应于测量得到的值，或者说，测量是对理论计算结果的一种证实或验证。爱因斯坦创立的狭义相对论和广义相对论也遵守这一前提。

---

　　①　"系综"（ensemble）是一个物理学概念，由物理学家吉布斯于1902年在《统计力学的基本原理》一书中首次提出，指"大量的、完全一样的、互相独立的系统的集合"。"完全一样"是指这些系统是由同类物质构成的，具有相同的自由度、相同的哈密顿量和相同的外部环境。经典统计系综通常称为吉布斯系综。在量子力学中，量子系综中的每个成员都是一个微观系统，是由全同地制备出的量子系统构成的。例如，如果量子系统是单电子，那么，在概念上，量子系综是由所有单电子构成的无限集合，其中，每个电子都是经过全同的制备程序与技术而产生出来的。

　　②　参见（美）M. 雅默：《量子力学的哲学》，秦克诚译，北京：商务印书馆，1989 年，第138-139 页。

　　③　爱因斯坦：《爱因斯坦文集（第一卷）》，许良英、范岱年编译，北京：商务印书馆，1976年，第241 页。

这种经典测量观在科学的许多研究领域内得到了普遍的应用。在这个框架中，虽然测量值通常并非总是等同于理论值，但是，物理学家通常把测量值与理论值之差称为测量误差。在一定范围内，测量误差的存在，既不会影响物理学家对测量结果的客观性的理解，也不会对被测量系统的存在状态造成实质性的干扰。理论上，物理学家一方面可以通过恰当的误差理论来校正测量值；另一方面，也可以借助于精确度更高的仪器来不断地逼近准确的测量值。这种测量理论通常被称为"测量的客观值理论"。这种测量理论的最大特点是，把理论语言看成是对象性的，理论中出现的概念直接指向实际存在的事物。

这与我们的生活常识相吻合，小孩子在学习语言时，通常是从学习对象性概念开始的。比如，我们可以指着一个杯子或一个汽车玩具，教小孩子说，这是一个杯子或这是一辆小汽车，等等。在小孩子的思维中，概念的出现通常会与一个对象联系起来，或者说，对象性的概念图像是小孩子接受这个概念的基础。实物是概念指称的对象，也是概念的语义内容。尽管我们在日常生活中，有许多概念的用法是依赖于语境的，在不同语境中，有不同语义内容与不同的指称对象，但是，随着语言习惯的形成，随着孩子的成长，他们也会逐渐地在实践中掌握词的多义用法。

然而，量子测量却非常特殊。如果我们仍然运用这种"测量的客观值理论"来理解量子测量，那么，量子实验就会使量子测量成为一件不可理解的事情。[①]

在经典物理学中，运动方程是由物理量之间的关系构成的，理论计算出的值是物理量在测量中能够被测量到的值，这个值在测量过程中出现的概率处于 1 或 0 两种状态，即要么能够测量得到这个值，要么不可能测量得到这个值，中间不会有其他的情况发生。但是，在量子力学中，不仅薛定谔方程中作为变量的波函数不是一个真实的物理量，波函数本身也没有任何物理意义，而且根据玻恩赋予波函数的概率解释，理论计算得到的波函数的值，只代表相应的测量结果有可能出现的概率有多大，也就是说，代表测量值出现的概率分布，这个分布的区间是 0 与 1 之间。这样，测量值与理论值不仅不一致，而且分别具有不同的意义。在如此经得起实验检验的薛定谔方程中，作为主要变量的波函数本身，却不是物理量。这就必然决定了量子测量带来的问题是过去从未出现过

---

① Gibbins P, *Particles and Paradoxes: The Limits of Quantum Logic*, Cambridge: Cambridge University Press, 1987, p.103.

的新问题。

玻尔用互补性论证来解读量子测量的做法，在多大意义上是合理的？本身是否存在问题？是否像他在 1913 年提出电子轨道的量子化概念一样，也是经典思维方式与量子思维方式的混合？如果是的话，这种混合包含着什么样的值得关注的新思想？本身又存在着什么样的局限性？这些问题都值得我们现在回过头来进行进一步的思考。另外，在当时的争论中，爱因斯坦的思想实验，由于技术的限制是无法实现的。30 多年之后，单电子干涉实验的成功实施，已经使爱因斯坦的思想实验，由假想变成了现实。下面我们通过概述几个关键的实验来感受一下微观粒子的行为表现与测量设置之间的相关性。

（1）双缝衍射实验。在双缝衍射实验中，有一束电子通过两个可以打开或关闭的狭缝，落在狭缝后面的屏幕上。如果实验者打开其中的一个狭缝，关闭另一个狭缝，这时，他或她获得电子在屏幕上的分布主要集中在打开狭缝的区域内。如果实验者同时打开两个狭缝，屏幕上的图样则不是分别单独打开任意一个狭缝时，所得分布图样的总和，而是出现了著名的干涉图样。即使入射电子束的强度微弱到一次只有一个电子通过狭缝到达屏幕，干涉图样也同样会出现。这表明，所获得的干涉图样不可能解释为是通常电子之间的因果相互作用的结果，似乎电子是作为波通过两个狭缝，而作为局域的粒子被屏幕所吸收。如果实验者在每一个狭缝后面放置一个检测器，来检测是否有电子通过该狭缝，那么这时，干涉图样便消失了，屏幕上显示出的图样是两个缝单独打开时的图样的相加。在这个实验中，实验者看到，不仅传播着的电子会对它的环境做出反应；而且单电子衍射实验的实现足以说明，传播中的微观粒子并不是以粒子流的形式行进的，而是以波的形式行进的。

（2）双路径实验或延迟选择实验。在这个实验中，让一束光分裂成两束，每一束沿着不同的路径传播，并且分裂开的两束光能够在某一点汇合在一起。这时，实验者能够选择希望完成的实验类型。一个实验是，他或她在每一条路径的汇合处放置探测器，当且仅当沿着一条路径传播的光子被检测到后，探测器将会做出反应。如果这束光的强度是被平均分离的，实验记录的结果将与下列假设相一致，即似乎分光器把一束粒子分成两半，其中，由一半光子组成的光束只沿着路径 A 传播；由另一半光子组成的光束只沿着路径 B 传播。但是，如果实验者换一个实验，让两束光在一个新结合点重新结合在一起，那么，利用探测器会检测到两束光之间产生的干涉图样。这些干涉效应所显现出的数据与下列假设相一致：好像是分光器把一个波分裂成两个部分，其中，一个部分沿着路径 A 传播，另一个部分沿着路径 B 传播。这两束光彼此之间保持同相，当它们相遇时，将会发生波的干涉现象。

美国理论物理学家惠勒（J. A. Wheeler）指出，应该注意的是，在这个实验中，实验者是当光束分裂并送入各自的路径一段时间以后，才在最终的汇合处选择所要完成的实验。因此，也可称为"延迟实验"。如果试图通过实验结果和实验选择来确定光的哪一种分裂形式——粒子性还是波动性——是对量子世界的真实描述，则都不可能同时解释这两种效应。似乎在光束的分裂过程中，可以把微观粒子认为是，既具有分裂成明显的粒子的性质，又具有分裂成相关联的波的性质。在这个实验中，好像实验者所做出的决定在某种意义上影响了过去的微观粒子将会怎样的行动。这显然是不可能的。这个实验事实说明，运用经典式的概念图像模式，即要么用经典的波动图像，要么用经典的粒子图像，来理解微观粒子的存在形式都是不准确的。在测量之前，微观粒子具有不同于宏观粒子的存在形式。与宏观粒子不同，微观粒子的存在形式依赖于它的测量域境或测量设置。下面陈述的斯忒恩-革拉赫实验进一步强化了这种认识。

（3）斯忒恩-革拉赫实验。在这个实验中，让一个电子束通过一个磁场，这个磁场在与电子的运动方向相垂直的那个方向上是不均匀的，除此之外，其他所有方向的磁场都是均匀的。由于电子具有自旋的性质，所以，它将会在非均匀的磁场方向上偏离原来的运动轨道，或者向上偏离，或者向下偏离。如果我们选择一个方向作为电子上、下偏离的方向，并且在这个方向上的磁场是非均匀的，那么这时，电子束将会在磁场中分裂成一束向"上"的电子和一束向"下"的电子。现在，让这束电子从这种上-下机器中产生出来，并且吸收所有向下的电子。然后，我们把得到的这束"纯粹向上"的电子送到另一个机器中，这个机器在上-下机器的右面的磁场是非均匀的，称为左-右机器。实验发现，在左-右机器的输出端，有一半电子出自左面，另一半电子出自右面。如果实验者挡住左-右机器右面的电子束，把左面的电子束送到一个新的上-下机器里，结果，出自第二个上-下机器的电子一半向上，另一半向下。如果挡住左-右机器的左面的电子，重复这个实验，会得到同样的结果。

但是，如果实验者使出自左-右机器的左电子束与右电子束重新结合在一起，然后，让新结合起来的电子束通过第二个上-下机器，这时，从上-下机器出来的所有电子变成了都是向上的电子束。这说明，出自左-右机器的左电子束和右电子束是相互关联的，在某种程度上，"记得"原先输入的电子束具有全是向上的性质。当电子束重新结合时，它们相互"干涉"，产生的不是左电子束与右电子束的"混合"，而是所有的电子都是自旋向上的。然而，如果像在双缝实验中那样，实验者在左电子束和右电子束的路径上放置探测器，探测每一个输出的电子是左电子，还是右电子，然后，再让这些电子重新结合在一起，并让它们通过上-下机器，那么这时，从上-下机器出来的电子，将不再是全部向上的电子，而是有一半电子是向上的，有一半电子是向下的。这说明，试图测量从左-右机器输出的自旋，是一定是向上的，还是一定是向下的，将破坏两束电子的一致性，它们重新结合不会再产生出纯粹向上的电子束。

这个实验现象说明，电子的干涉效应既与电子的空间分布有关，更与它们具有的可观察的特征相关，即与测量设置相关。左电子束与右电子束的叠加，不同于放置了探测器后，左电子束与右电子束的混合。处于相干叠加态的电子束包括了处于混合态的电子束所没有的信息。在这种情况下，从左-右机器输出的这些信息是由输入它的纯粹向上的电子束所决定的。[①]或者说，处于叠加态的电子束保留了开始输入时电子所具有的某些基本特征。

这些不同实验所表现出的干涉现象表明，描述微观粒子运动变化规律的波振幅的平方所代表的概率具有不同于通常概率的新特征，量子力学中的波函数是一个与经典概念根本背离的新概念。如果仍然简单而传统地把它解释成是通常的概率测量，显然既不合理，也行不通。同时，这些实验事实也说明，微观粒子的存在方式与宏观粒子的存在方式之间存在着根本的区别。后来，随着物理学家对量子纠缠概念的普遍接受，他们开始用量子纠缠概念取代玻尔的互补性论证来说明双缝实验，认为在这些实验中，微观粒子与测量仪器是相互纠缠的，当测量域境发生了改变时，微观粒子的行为也随之发生改变。当物理学家用量子纠缠概念来解释双缝实验时，就把量子测量的特殊性归结为量子世界的特殊性。这样，就使得玻尔的互补性论证，成为物理学家在没有明确提出"量子纠缠"概念的情况下，早期理解量子测量结果的波粒二象性的一种权宜之计。尽管如此，在这一次论战中，玻尔还是以成功地捍卫了互补性解释的逻辑一致性而告终。

现在，物理学家已经认识到，在亚原子世界里，我们通常所说的"粒

---

① Sklar L, *Philosophy of Physics*, Oxford : Oxford University Press, 1992, p.169.

子"、"有形的物质"或"孤立的物体"这样一些经典概念全部失去了它们已有的意义。过去我们通常认为，物质是无限可分的。但是，高能物理学告诉我们，分割亚原子的唯一方法是让它们在高能碰撞过程中猛烈相撞，但却永远得不到更小的单元，相碰撞后的碎片仍然是同类粒子，而且是从碰撞过程所包含的能量中创造出来的。这些微观粒子不能再被看成是一个静态的研究对象，而必须被设想为是动态的，是一种包含着能量的过程，能量则表现为粒子的质量，甚至从纯能量中能产生出有形的粒子。因此，我们在观察亚原子粒子时，既看不到任何物质，也看不到任何基本结构，只能看到一些不断地相互变换的动态图像，比如波动图像或粒子图像。目前，尽管物理学家还不能为亚原子粒子的机制提供令人满意的理论，但这些观念已经足以从根本意义上颠覆通常的物质观和粒子观。

爱因斯坦与玻尔的第二次论战是在1930年10月20～25日由朗之万主持的为了研究物质磁性而召开的第六届索尔维物理学会议上进行的。同第五届索尔维物理学会议一样，关于量子力学的主题仍然是这次会议的一个重要议题。玻尔在1929年发表的一篇文章中，把量子力学的情况与爱因斯坦的相对论的情况进行了三个方面的类比：其一，他认为，在宏观力学中，速度很小，使我们能够把空间和时间截然分开，而对于宏观现象而言，作用量子很小，使得我们能够同时进行时空描述与因果描述；其二，就像光速不变保证了相对论的逻辑一致性一样，海森伯的不确定关系保证了量子力学的逻辑一致性；其三，相对论力学的建立，揭示了经典时空观的主观性质，量子力学中作用量子的个体性或不可分性，也必然要导致对描述自然概念的进一步修正。

在这次会议上，爱因斯坦试图用光子箱实验来推翻玻尔的这些论证和海森伯提出的量子测量中的不确定关系，以证明量子力学缺乏内在自洽性。但是，出乎意料的是，玻尔却反而借助于爱因斯坦的广义相对论有力地驳回了爱因斯坦的实验论证。这次交锋也成为爱因斯坦对待量子力学态度的一个转折点。

雅默在追溯爱因斯坦与玻尔的这段论战时认为，爱因斯坦虽然在这次论战之后，不再怀疑不确定关系的有效性和量子理论的自洽性，但是，他对整个理论的基础是否坚实仍然缺乏信任，坚信"上帝不会掷骰子"的决定论信念。于是，在1931年之后，爱因斯坦对量子力学的哥本哈根解释的质疑采取了新的态度：他不再用思想实验作为正面攻击海森伯的不确定关系的武器，而是试图通过设计思想实验导出一个逻辑悖论，以证明哥本哈根解释把波函数理解成是描述单个系统行为的观点[1]是不完备的，而不再是证明逻辑上的不一致。这就促成了 1935 年 5 月由爱因斯坦、波多尔斯基和罗森合写的《能认为量子力学对物理实在的描述是完备的吗？》这篇有着深远历史意义的论文的诞生，后人用三位作者姓氏首字母的缩写，把这篇文章的论证简称为"EPR 论证"，把这篇文章揭示出来的悖论，简称为"EPR 悖论"。

第三节　"EPR 论证"：质疑理论的完备性

"EPR 论证"不是对量子力学的正确性提出疑问，而是论证它是不完备的。这篇论文以经典物理学的哲学前提为出发点，结合思想实验，揭示量子力学的态叠加原理在多粒子系统中出现的悖谬。

详细地说，这篇具有划时代意义的论文由四部分组成：第一部分是概念假设；第二部分是对量子力学的一般描述；第三部分是关于量子力学描述的一个特例；第四部分基于第一部分的判断条件和第三部分的量子力学描述的基本特性，得出量子力学是不完备的结论。从写作风格上来看，"EPR论证"既不是从具体的实验结果出发，也不再是完全借助于思想实验来进行论证，而是基于作者坚信的哲学假设，或者更明确地说，是基于作者坚信的理论的完备性条件，把概念判据作为讨论问题的逻辑前提与判别标准。这样，"EPR 论证"就把讨论量子力学是否完备的问题，转化为讨论量子力学能否满足文章一开始提出的概念判据的问题。由于这些概念判据事实上是三位作者所坚信的哲学理念的外化，或者说，是作者坚信的理论观的外化，所以，这相当于是作者把是否满足概念判据的问题，推向了潜在地接受什么样的哲学假设或什么样的理论观的问题。例如，"EPR 论证"在文章的一开始就开门见山地指出，

> 对于一种物理理论的任何严肃的考查，都必须考虑到那个独

---

[1] 比如，海森伯在谈到量子理论解释的发展时曾明确地指出，玻恩对波函数的概率解释有两个重要特色："其中第一个特色就是断定，当考虑'概率波'时，我们所涉及的不是在普通的三维空间中的而是在一个抽象的位形空间中的过程（很遗憾，这一事实即使在今天有时也还被忽视）；第二个特色就是认为概率波是和个体过程相关联的。概率波描述的不是大量电子的行为，而只是由位形空间的维数来给出的有限个粒子所组成的体系的行为；只有当所涉及的实验要重复多少次就能重复多少次时，波才能被设想为表示一个统计系综。"（引自（德）W. 海森堡：《量子理论诠释的发展》，仲维光、陈恒六译，《科学与哲学》1985 年第 3 期，第 20 页）

立于任何理论之外的客观实在同理论所使用的物理概念之间的区别。这些概念是用来对应客观实在的，我们利用它们来为自己描绘出实在的图像。

　　为了要判断一种物理理论成功与否，我们不妨提出这样两个问题：（1）"这理论是正确的吗？"（2）"这理论所作的描述是完备的吗？"只有在对这两个问题都具有肯定的答案时，这种理论的一些概念才可说是令人满意的。[①]

从哲学意义上来看，这段开场白至少蕴含了两层意思：其一，物理学家之所以能够运用物理概念来描绘客观实在，是因为物理概念真实地表征了客观实在，或者说，物理概念与客观实在之间具有一一对应的指称关系，由这些对应于实在的概念系统构成的理论，是可以被图像化的，而这种图像代表了真实存在的客观实在。这是真理符合论的最基本的形式。这种理论观和实在观与基于牛顿力学形成的经典实在论思想的核心观念相吻合，也与我们的生活常识相符合。其二，如果一个理论是令人满意的，当且仅当这个理论既正确又完备，那么，什么是正确的理论与完备的理论呢？"EPR 论证"认为，

　　　　理论的正确性是由理论的结论同人的经验的符合程度来判断的。只有通过经验，我们才能对实在作出一些推断，而在物理学里，这些经验是采取实验和量度的形式的。[②]

也就是说，理论正确与否是根据实验结果来判定的，正确的理论就是与实验结果相吻合的理论。但文章接着申明说，就量子力学的情况而言，只讨论完备性问题。言外之意是，量子力学是正确的，即与实验相符合，这已经是实验证实了的并且是无须怀疑的事实，但是，量子力学却不一定是完备的。

　　作者为了讨论完备性问题，他们首先不加论证地给出了物理理论的完备性条件：如果一个物理理论是完备的，那么，物理实在的每一元素都必

---

① 爱因斯坦、波多耳斯基、罗森：《能认为量子力学对物理实在的描述是完备的吗？》，见爱因斯坦：《爱因斯坦文集（第一卷）》，许良英、范岱年编译，北京：商务印书馆，1976 年，第 328-329 页。

② 爱因斯坦、波多耳斯基、罗森：《能认为量子力学对物理实在的描述是完备的吗？》，见爱因斯坦：《爱因斯坦文集（第一卷）》，许良英、范岱年编译，北京：商务印书馆，1976 年，第 329 页。

须在这个物理理论中有它的对应量。物理实在的元素必须通过实验和量度来得到，而不能由先验的哲学思考来确定。基于这种考虑，他们不是通过推理，而是通过假定，进一步提供了关于物理实在的判据，

> 要是对于一个体系没有任何干扰，我们能够确定地预测（即几率等于 1）一个物理量的值，那末对应于这一物理量，必定存在着一个物理实在的元素。[1]

文章认为，这个实在性判据尽管不可能包括所有认识物理实在的可能方法，但只要具备了所要求的条件，就至少向我们提供了这样的一种方法。只要不把这个判据看成是实在的必要条件，而只看成是一个充分条件，那么，这个判据同经典实在观和量子力学的实在观都相符合。[2]

综合起来，这两个判据的意思是说，如果一个物理量能够对应于一个物理实在的元素，那么，这个物理量就是实在的，也就是说，作者坚持的是对象性语言的观点；如果一个物理理论的每一个物理量都能够对应于物理实在的一个元素，那么，这个物理学理论就是完备的。然而，根据现有的量子力学的基本假设，当两个物理量（比如，位置 X 与动量 P）是不可对易的物理量（即 $XP \neq PX$）时，我们就不可能同时准确地得到它们的值，即测量得到其中一个物理量的准确值，就会排除测量得到另一个物理量的准确值的可能，因为对后一个物理量的测量，会改变体系的状态，破坏前者的值。这是海森伯的不确定关系所要求的。

于是，他们得出了两种选择：要么，由波函数所提供的关于实在的量子力学的描述是不完备的；要么，当对应于两个物理量的算符不可对易时，这两个物理量就不能同时是实在的。他们在进行了这样的概念阐述之后，接着设想了曾经相互作用过的两个系统分开之后的量子力学描述，最后，根据他们给定的概念判据，得出量子力学是不完备的结论。

可以看出，这种论证的结果，事实上已经蕴含在前提假设当中了。这也在一定程度上明确地揭示了量子力学的形式体系提供的理论观与经典物

---

[1] 爱因斯坦、波多耳斯基、罗森：《能认为量子力学对物理实在的描述是完备的吗？》，见爱因斯坦：《爱因斯坦文集（第一卷）》，许良英、范岱年编译，北京：商务印书馆，1976年，第 329 页。

[2] 爱因斯坦、波多耳斯基、罗森：《能认为量子力学对物理实在的描述是完备的吗？》，见爱因斯坦：《爱因斯坦文集（第一卷）》，许良英、范岱年编译，北京：商务印书馆，1976年，第 329 页。

理学假定的理论观之间存在的不一致性。

　　然而，出乎意料的是，爱因斯坦却在 1936 年 6 月 19 日写给薛定谔的一封信中透露说，"EPR 论证"是经过他们三个人的多次共同讨论之后，由于语言问题，由波多尔斯基执笔完成的，他本人对 EPR 的论证没有充分表达出他自己的真实观点表示不满。法因（A. Fine）在 1981 年第一个强调了这封信的重要性。从爱因斯坦在 1948 年撰写的《量子力学与实在》一文来看，爱因斯坦对量子力学的不完备性的论证主要集中于量子理论的概率特征与非定域性问题。他认为，物理对象在时空中是独立存在的，如果不做出这种区分，就不可能建立与检验物理学定律。因此，在爱因斯坦看来，量子力学

　　　　很可能成为以后一种理论的一部分，就像几何光学现在合并在波动光学里面一样：相互关系仍然保持着，但其基础将被一个包罗得更广泛的基础所加深或代替。①

　　爱因斯坦在之后发表的文章中，表达了他对量子力学的不完备性问题的论证，本书在后面讨论定域性与非定域性问题时，将会再返回来对此加以详细讨论。这里只是指出，"EPR 论证"中的思想实验隐含了对纠缠粒子之间的非定域性关联的质疑，只是没有明朗化而已。考虑到"EPR 论证"的哲学前提也是爱因斯坦所坚持的前提，因此，本节只是从哲学意义上把"EPR 论证"看成是基于从经典物理学的概念体系中抽象出来的理论观，来质疑从量子力学的概念体系中抽象出来的理论观的一个具体例证来讨论，没有专门阐述爱因斯坦本人的观点。"EPR 论证"所假定的理论观，事实上，是以量子力学之前的经典自然科学的思维方式为出发点的，虽然这种思维方式与常识思维相吻合，但是，当被直接延伸外推到用来理解量子理论时，就会面临无法理解的悖论。

第四节　玻尔的反驳：坚持量子整体性

　　"EPR 论证"发表时，罗森菲尔德正好在哥本哈根，他在回忆玻尔当时读到"EPR 论证"的反应时说，

---

　　① 爱因斯坦：《爱因斯坦文集（第一卷）》，许良英、范岱年编译，北京：商务印书馆，1976年，第 446 页。

　　　攻击如同晴天霹雳一般向我们袭来。它对玻尔的影响非常重大……我们正处在重要的理论工作当中……真是雪上加霜。但是，玻尔一听到我关于爱因斯坦观点的汇报，其他工作就停止了：我们必须立即澄清这个误解。我们应该用同样的例子，给出正确的解决方式来反驳它。玻尔十分激动，立即向我口授反驳的提纲，但是不久，他变得犹豫了。"不，不能这样做，我们必须从头到尾再试一遍……我们必须把它搞得非常清楚。"就这样过了一会儿，没有料到，爱因斯坦论点的精确性使我们感到越来越惊奇……"我们必须把问题留在第二天解决"。第二天，他安静了。他把其他事情都搁在一边，用了六个星期专心致力于反驳工作。[①]

　　1935 年 12 月 15 日，玻尔以与"EPR 论证"完全相同的标题，同样在《物理学评论》期刊上发表了针对"EPR 论证"的反驳性文章。玻尔在这篇文章中重申并升华了他的互补性观念。玻尔认为，"EPR 论证"的实在性判据中所讲的"不受任何方式干扰系统"的说法包含着一种本质上的含混不清，是建立在经典测量观基础上的一种理想的说法。因为在经典测量中，被测量的对象与测量仪器之间的相互作用通常可以忽略不计，测量结果或现象被无歧义地认为反映了对象的某一特性。但是，在量子测量系统中，不仅曾经相互作用过的两个粒子，在空间上彼此分离开之后，仍然必须被看成是一个整体，而且，被测量的量子系统与测量仪器之间存在着不可避免的相互作用，这种相互作用将会在根本意义上影响量子对象的行为表现，成为获得测量结果或实验现象的一个基本条件，从而使人们不可能像经典测量那样独立于测量手段来谈论原子现象。玻尔把量子现象对测量设置的这种依赖性称为量子整体性（wholeness）。

　　在玻尔看来，为了明确描述被测量的对象与测量仪器之间的相互作用，希望把对象与仪器分离开来的任何企图，都会违反这种基本的整体性。这样，在量子测量中，量子对象的行为失去了经典对象具有的那种自主性，即量子测量过程中所观察到的量子对象的行为表现，既属于量子对象，也属于实验设置，是两者相互作用或者说是共生的结果。玻尔认为，在量子测量中，"观察"的可能性问题变成了一个突出的认识论问题，我们不仅不能离开观察条件来谈论量子现象，而且，试图明确地区分对象的自主行为

[①] 转引自（美）沃尔特·穆尔：《薛定谔传》，班立勤、吕薇译，北京：中国对外翻译出版公司，2001 年，第 208 页。

以及对象与测量仪器之间的相互作用，不再是一件可能的事情。玻尔指出，

> 确实，在每一种实验设置中，区分物理系统的测量仪器与研究客体的必要性，成为在对物理现象的经典描述与量子力学的描述之间的原则性区别。[①]

海森伯也曾指出，

> 在原子物理学中，不可能再有像经典物理学意义下的那种感知的客观化可能性。放弃这种客观化可能性的逻辑前提，是由于我们断定，在观察原子现象的时候，不应该忽略观察行动所给予被观察体系的那种干扰。对于我们日常生活中与之打交道的那些重大物体来说，观察它们时所必然与之相连的很小一点干扰，自然起不了重要作用。[②]

第一，玻尔认为，"EPR 论证"根本不会影响量子力学描述的可靠性，反而是揭示了按照经典物理学中传统的自然哲学观点或经典理论观，来阐述量子测量现象时存在的本质上的不适用性。他指出，

> 在所有考虑的这些现象中，我们所处理的不是那种以任意挑选物理实在的各种不同要素而同时牺牲其他要素为其特征的一种不完备的描述，而是那种对于本质上不同的一些实验装置和实验步骤的合理区分……事实上，在每一个实验装置中对于物理实在描述的这一个或那一个方面的放弃（这些方面的结合是经典物理学方法的特征，因而在此意义上它们可以被看作是彼此互补的），本质上取决于量子论领域中精确控制客体对测量仪器反作用的不可能性；这种反作用也就是指位置测量时的动量传递，以及动量测量时的位移。正是在这后一点上，量子力学和普通统计力学之间的任何对比都是在本质上不妥当的——不管这种对比对于理论的形式表示可能多么有用。事实上，在适于用来研究真正的量子

---

① Faye J, Folse H J(Eds.), *The Philosophical Writings of Niels Bohr Volume Ⅳ: Causality and Complementarity, Supplementary papers*, Woodbridge, CT: Ox Bow Press, 1998, p. 81.

② （德）W. 海森堡：《严密自然科学基础近年来的变化》，《海森堡论文选》翻译组译，上海：上海译文出版社，1978 年，第 139 页。

现象的每一个实验装置中，我们不但必将涉及对于某些物理量的值的无知，而且还必将涉及无歧义地定义这些量的不可能性。[①]

玻尔在 1948 年撰写的《关于因果性与互补性概念》一文中也明确指出，

> 在这种陌生情境的描述中，为了避免逻辑上的不一致，格外地注意所有的术语问题和辩证法是十分必要的。因此，在物理学的文献中，经常发现像"观察干扰了现象"或者"测量创造了原子客体的物理特性"这样的语言表述。"现象"和"观察"还有"属性"与"测量"这些词语的用法，与日常用语和实际的定义几乎是不一致的，因此，容易引起混淆。作为一种更恰当的表达方式，人们可能更强烈地提倡限制使用"现象"一词，是指在特殊情况下所得到的相互排斥的观察，包括对整个实验的描述。在原子物理学中，包括这些术语在内的观察问题并没有任何特殊的复杂性。因为在实际的实验中，所有关于观察的证据都是在可重复的条件下获得的，并且通过原子的粒子到达摄影板上的点的记录，或者是通过其他的放大装置的记录表现出来。[②]

玻尔的这段话至少包括了两层含义：其一是表明，尽管观察现象的产生依赖于观察条件，但是，在量子现象的获得并不明确地涉及某个具体的观察者的意义上，可以说，量子观察完全是客观的；其二是明确地指出，观察的客观性概念的含义，在原子物理学的领域内已经发生了语义上的变化。在这里，客观性不再是指对客体在观察之前的内在特性的揭示，而是具有了"在主体间性的意义上是有效的"这一新的含义。正如罗森菲尔德指出的那样，

> 客观性是简单地保证，能向所有的观察者传达说明现象的等量信息的可能性，它由人类可理解的陈述所组成。在量子理论中，

---

① （丹）N. 玻尔：《能够认为物理实在的量子力学描述是完备的吗？》，周林东译，《科学与哲学》1985 年第 3 期，第 12 页。

② Faye J, Folse H J(Eds.), *The Philosophical Writings of Niels Bohr Volume IV: Causality and Complementarity, Supplementary Papers*, Woodbridge, CT: Ox Bow Press, 1998，p. 146.

这种客观性是由允许你任意地把一个观察者的观点，传达给另一个观察者这种变换来保证的。[1]

第二，就量子理论描述的可能性而言，玻尔认为，我们"位于"世界之中，不可能再像在经典物理学中那样扮演"上帝之眼"的角色，站在世界之外或从"外部"来描述世界。因此，我们不可能获得作为一个整体的世界的知识。玻尔把这种描述的可能性与心理学和认知科学中对自我认识的可能性进行了类比。在心理学和认知科学中，一方面，为了描述我们的心理活动，需要把特定的客观内容置于与感觉主体相对立的位置；另一方面，由于感觉主体也属于我们的精神内容，所以，在客体与主体之间不再有确定的分界线。正如玻尔本人所指出的那样，

感觉形式的失败与人们通常创造概念的能力的局限性之间存在着密切的联系。感觉形式的失败，是因为不可能把现象与观察手段严格分离开来；人们创造概念的能力的局限性，来源于我们在主体与客体之间的区别。实际上，这里产生了超出物理学本身范围的认识论与心理学问题。[2]

玻尔的这种观点与康德的观点十分类似。康德认为，客观经验这一概念，预设了存在着主观经验的概念，即区分纯粹的主观经验与纯粹的客观经验的一种认识能力。在主观认识与客观认识不可能区别开来的地方，也就不可能形成对客体的认识。只有在主观经验的内容可能以连续的方式被组织与联系起来的意义上，才有可能不断地获得对客体的内在特性的认识。这种必不可少的连续性，通过感觉的形式——在连续多样的空间与时间内的因果联系的网络——来提供。历史地看，康德的这些见解当然是建立在经典物理学的基础之上的。同样，玻尔认为，对日常经验的描述预设了在时空中发生的现象过程具有无限的可分性，并且现象的所有阶段在不间断的因果链条中联系在一起。[3]然而，在观察客体与观察仪器之间没有明确区

---

① Rosenfeld L, "Foundations of Quantum Theory and Complementarity", *Nature,* Vol.190，No.4774, 1961, p. 388.

② Bohr N, *The Philosophical Writings of Niels Bohr Volume I : Atomic Theory and the Description of Nature*, Woodbridge, CT: Ox Bow Press, 1987, p. 96.

③ Faye J, Folse H J(Eds.), *The Philosophical Writings of Niels Bohr Volume IV: Causality and Complementarity, Supplementary Papers*, Woodbridge, CT: Ox Bow Press, 1998, p.87.

别的地方，人们就不可能对提供感觉经验的客体做出明确的认识。

玻尔把在微观物理学中不可能保证在现象与观察之间做出明确区分的困难，与心理学的自我意识过程中所存在的困难进行了比较。他认为，在心理学中，感觉主体可能成为进行自我意识的一部分这一事实，限制了客观地进行自我认识的可能性。自我认识要求主体与客体之间的边界是可变的与相对的，而不是不变的和绝对的。在原子物理学中，量子观察的过程预设了观察仪器的存在，并且不能把这种仪器当成是被观察的客体，也不能用量子力学的术语来描述观察系统的行为与结果。所以，在客体与仪器之间的任意区分和作用量子的存在，将会制约观察的范围，或者说，限制观察的可能性。

如果我们把在主体与客体之间确定的分界线，看成是有可能进行客观观察的前提条件，或者说，看成是有可能认识客观世界的前提条件，即是有可能客观地获得关于物理世界的感觉经验的前提条件的话，那么，在这个意义上，我们就不可能说量子系统的特性是独立于观察主体而存在的，或者说，不能把量子测量的结果解释为是对客体的内在属性的反映。而是应该解释为，测量结果只是对依赖于测量域境的量子系统的某种相对特性的反映。因为量子系统与测量仪器之间的不可避免的相互作用，绝对地限制了谈论独立于观察手段的原子客体的行为的可能性。在根本意义上，明确地使用描述量子现象的概念，将依赖于观察条件。在这里，测量仪器成为有意义地运用物理概念的一个必要条件。用玻尔形象化的比喻来说，在生活的舞台上，我们既是演员，又是观众。因此，量子描述的客观性位于理想化的纯客观描述与纯主观描述之间的某个地方。

为此，玻尔认为，物理学的任务不是发现自然界究竟是怎样的，而是提供对自然界的描述。海森伯也曾指出，在原子物理学领域内，

> 我们又尖锐地碰到了一个最基本的真理，即在科学方面我们不是在同自然本身而是在同自然科学打交道。①

爱因斯坦则坚持认为，在科学中，我们应当关心自然界在干什么，物理学家的工作不是告诉人们关于自然界能说些什么。②爱因斯坦的这种观点也反映在"EPR论证"的前提假设中。这两类理论观之间的分歧，事实上，

① （德）W. 海森堡：《严密自然科学基础近年来的变化》，《海森堡论文选》翻译组译，上海：上海译文出版社，1978年，第180页。
② 爱因斯坦：《爱因斯坦文集（第一卷）》，许良英、范岱年编译，北京：商务印书馆，1976年，第216页。

不仅是有没有必要考虑和阐述包括概念、仪器等认知中介的作用的分歧，而且是能否把量子力学纳入经典科学的思维方式，特别是经典科学所确立的理论观之中的分歧。"EPR 论证"以经典科学的理论观与认识论为前提，认为正确的科学理论理应是对自然界的正确反映，揭示了自然界实际上在干什么，认知中介对测量结果不会产生实质性的影响；而玻尔与海森伯则以接受量子测量带来的认识论教训为前提，认为量子力学已经失去了经典科学具有的那种理论与物理实在之间的一一对应关系，认知中介的设定成为人类认识微观世界的不可逾越的基本前提。因此得出了科学理论不是对自然界的描述，而是在谈论自然界的观点。

第三，就主体与客体的关系问题而言，"EPR 论证"认为，认知主体与客体之间存在着明确的分界线。这意味着，所有的主体都能对客体进行同样的描述，并且他们描述现象时所用的概念与语言是无歧义的。无歧义意味着对概念或语言的意义的理解是一致的。而对于量子测量而言，对客体的描述包含了主体遵守的作为世界组成部分的描述条件的说明，从而显现了一种新的主客体关系。为此，我们可以把主体与客体之间的关系划分为三类。

（1）能够在主体与客体之间划出分界线，所有的主体对客体的描述都是相同的，这是一种常识性的认识。比如，在日常生活中，人与人之间的对话、小孩子学说话，通常都是在对象性语言的环境中进行的，对象性语言的环境是指，说话者所使用的概念与实际存在的对象具有一一对应的指向与被指向关系，"EPR 论证"所预设的就是这一前提。

（2）能够在主体与客体之间划出分界线，但是，主体对客体的描述是因人而异的。比如，人们在欣赏一幅画时，不同的人对同一幅画的描述与感受并不是完全相同的，甚至同一个人，在不同的时间、不同的地点，在不同心情的作用下，也会从同一幅画中看出不同的内容。这就像格式塔心理学描述的那样，既与个人的兴趣爱好相关，又与个人的背景知识或处境相关。科学哲学中常说的观察渗透理论，在一定程度上表达了这种主客体关系。

（3）很难在主体与客体之间划出明确的分界线，主体对客体的描述包括了对测量条件的描述在内，玻尔对"EPR 论证"的反驳属于这一类型。也就是说，在玻尔的思想中，主体与客体之间的分界线变得模糊了，并且，玻尔把主体与客体关系之间的这种模糊性归因于作用量子的存在。

显然，"EPR 论证"隐含的主体与客体的关系和玻尔所理解的量子测量中的主体与客体的关系之间存在着实质性的差别。前者是在本体论意义上来看待问题的，后者是在认识论意义上来看待问题的。在这里，就像我们不能用欧几里得几何的时空观来反对非欧几何的时空观一样，我们也不能用本体论意义上的主体与客体的关系和经典意义上的理论观，来反对认识论意义上的主体与客体的关系和量子意义上的理论观。

可以看出，玻尔对"EPR 论证"的反驳，与"EPR 论证"一样，也不是建立在实验事实的基础之上的，而是基于另一种不同的哲学假设。正因为如此，"EPR 论证"自发表之后，就成为物理学界进一步澄清量子力学意义的一个新的出发点，也成为量子力学发展的分水岭。

第五节　理论是在谈论实在

玻尔和爱因斯坦围绕量子力学是否完备的第三次论战，最终彻底地突破了经典物理学的概念框架及其蕴含的哲学基础，将量子力学的态叠加原理应用于多粒子系统时的整体性突现出来，从而标志着物理学思想史上的又一次重大革命。本书将在第六章讨论态叠加原理带来的观念变化时，详细阐述这一问题。这里只是指出，在量子领域内，物理学家把微观粒子（即自在实在）看成是存在于希尔伯特空间之中，这个空间对于我们人类来说是极其抽象的，我们只能通过抽象的数学思维来设想它，而不能通过经典物理学的图像思维来设想它。这种存在相当于康德的"物自体"，只是作为感知世界的基础而存在，而不是作为理论描述的直接对象而存在。康德认为，自在的事物本身虽然就其自己来说是实在的，但对我们却处于不可知的状态。[①]但是，在量子领域内，微观粒子的这种不可知的状态并不是绝对的不知，而是变成了有条件的可知。这种条件性是由测量域境来创造的。如何理解微观粒子的这种抽象的数学存在与其存在的物质性之间的关系，涉及一般的数学与理论物理学之间的内在关系。

第一，量子化假设表明，微观粒子的运动，根本没有轨道可循，是不连续的，薛定谔方程也不对微观粒子的实际运动过程提供详尽的描述，这就使微观粒子本身成为不可概念化的、不可达的（inaccessible）、不可表征的（unrespsentable）、不可想象的（inconceivable）、不可理论化的（untheorizable）、不可定义的（undefinable）、不可观察的东西，前面介绍的延迟实验已经证明了这一点。微观粒子的这种不可观察性是指不可能被通过任何手段来观察，用玻尔的话来说，就是原则上被排除的。这就使得

---

① （德）康德：《纯粹理性批判》，邓晓芒译，北京：人民出版社，2004 年，第 17 页。

物理学家无法运用在时空中存在的术语，或者，用我们能够想象的物质性术语来讨论微观粒子的运动变化情况，只能用波函数振幅的平方、自旋、电荷、能量等概念来讨论测量之后出现的情况。

第二，微观粒子的这种不可观察性，或者说，这种抽象的存在性，意味着在微观粒子、测量仪器和理论描述之间存在着两种不可约化的断裂或不连续：第一种是微观粒子的真实存在情形与理论描述之间的断裂，这种断裂使得微观粒子在测量过程中所起的功效或作用成为不可知的，因而也相应地阻断了因果性思维的链条；第二种是在测量过程中，微观粒子所起的不可知的作用或功效与可知的测量结果之间的断裂，这种断裂使得对量子测量过程和测量结果的任何一种特殊解释，比如，玻尔的互补性原理、海森伯的潜能论、玻姆前期的定域隐变量理论、埃弗雷特的多世界理论，以及后来有人提出的历史一致性、多心灵等解释，都成为带有哲学倾向的一家之言。

第三，在量子领域内，作为"对象性实在"的东西，不再像经典科学的"对象性实在"那样，是从"自在实在"的资源库中直接提取出来的东西，而是作为"自在实在"的微观粒子与测量仪器相互作用之后形成的东西，或者说，是抽象的希尔伯特空间中的存在物在四维空间中的投影，是微观粒子与测量仪器共生的结果。这种结果既包括来自微观粒子（自在实在）的信息，也包括在投影过程或测量过程中生成的信息，因而是一种共同现象。所以，我们可以说，在量子领域内，"自在实在"和"对象性实在"是既有关联又有所区别的两个不同层次的实在。前者是被制备出来的自在实在，属于本体论意义上的实在，后者是在测量过程结束之后呈现出的结果，属于方法论意义上的实在。因此，测量域境的不同或使用的测量方式的不同，相应地呈现出来的对象性实在也会不同。

第四，由量子理论描述的量子实在（即量子的理论实在）是对"对象性实在"的描述，或者说，是在描述当一个宏观测量仪器干扰了微观粒子时所发生的情况，而不是对作为"自在实在"的微观粒子本身的直接描述。玻尔正是在这种意义上认为，物理学只能提供关于自然界我们能够说些什么，而根本不可能判断自然界到底是怎样的。人们通常根据传统的经典实在论观点，把玻尔的上述观点说成是实证主义的观点。但是，如果我们承认，量子理论是描述"对象性实在"，而不是"自在实在"，或者说，量子理论是通过描述"对象性实在"，而间接地谈论"自在实在"，而不是在直接描述"自在实在"，那么，我们就会认为，玻尔的观点实际上是提供了另一种理论观，即承认理论是对世界整体的建构性模拟，因而是可错的、可修正的，这是一种有条件的更灵活的理论观，笔者称为"域境论的理论观"（contextual view of theory）。①

这种承认理论是在谈论世界，而不是描述世界的理论观，把在经典物理学中无意识地忽视的方法论问题和本体论化了的认识论问题，重新突出出来，归置到各自应有的位置，使本体论意义上的"自在实在"、方法论意义上的"对象性实在"，以及认识论意义上的"理论实在"既有层次地相互区别开来，又内在地彼此联系起来。这三者之间的相互依存关系，并没有放弃长期以来形成的"存在着独立实在"的直觉和"科学理论能使我们认识实在"的直觉。

第六节　结　　语

综上所述，"EPR 论证"的初衷只是基于哲学假设，借助一个当时无法实现的思想实验，来论证量子力学是不完备的观点，并没有明确提出"量子纠缠"这个概念。但是，自 20 世纪 90 年代以来，当物理学家把微观粒子具有的"量子纠缠"特性作为一种技术资源进行技术开发时，却是在"EPR论证"的基础上进行的。因此，"量子纠缠"概念的提出是"EPR 论证"质疑量子力学完备性的一个副产品，是哲学质疑所带来的结果。1935 年之后，物理学家对"EPR 论证"的拓展，形成了下列两条主线。

第一条主线是围绕量子测量问题展开的。这条主线的起点是 1935 年薛定谔在"EPR 论证"的启发下创造性地设计的"薛定谔猫"实验。之后，物理学家在探索实现这一思想实验的过程中，制造出了量子机器，从而表明，宏观物体也遵守量子力学的运动规律，证明了微观客体与测量仪器之间也存在着"纠缠"。现在，运用量子纠缠的观点，返回来理解前面提到的实验时，就比较容易理解。

第二条主线是围绕定域性问题展开的。这条主线的起点是，1952 年，玻姆基于对"EPR 论证"中的思想实验的重新表述所提出的隐变量理论。之后，物理学家在从概念上澄清定域隐变量量子理论与量子力学孰是孰非的过程中，上升到对量子力学的实验证明和技术应用，从而表明，"量子纠缠"不仅是量子客体的一个最基本特征，而且能够作为极其重要的资源得

---

① 在这里，笔者之所以把 contextual realism 译为"域境实在论"，而放弃早期文章中"语境实在论"的译法，是因为这种实在论所强调的是整体性的测量环境，而不只是语言环境，包括对象、仪器、观察者、操作规则、环境设置等各个方面。

到有效利用。这一条主线的关键在于，揭示了两个纠缠的微观粒子之间的非定域性问题。

这两条主线虽然出发点不同，但最终从不同的方向落实为具体的实验事实和技术开发。这样，"EPR 论证"的学术价值也从最初单纯的哲学责难，发展成为当代新技术开发的理论基础。从这个意义上来说，EPR 创立了"实验的形而上学"，提供了物理学家从形而上学的观念之争，到实验检验，再到技术应用的一个典型案例。

第六章　态叠加原理：改变实在观[①]

现在看来，"EPR 论证"至少具有三重学术价值：其一，提出了经典理论的哲学前提是否能够成为理解量子力学的哲学基础的观念性问题。如果答案是肯定的，那么，量子力学就是不完备的；如果答案是否定的，那么，就需要进一步讨论应该如何理解由不确定关系反映的量子测量问题。其二，成为澄清量子力学概念意义的一个逻辑转折点，致使薛定谔明确地编撰了"量子纠缠"这个具有重要理论意义和现实应用价值的概念。其三，为量子力学与信息科学的结合所产生的量子信息学提供了理论基础。本章主要沿着拓展"EPR 论证"的第一条主线，一是讨论薛定谔在 1935 年发表的《量子力学的现状》一文中设计的著名的"薛定谔猫"佯谬的思想实验；二是揭示薛定谔编撰"纠缠"概念的基本思路；三是从薛定谔在 1935年设计的"薛定谔猫"的思想实验到 2010 年制造出第一台"量子机器"的实现，来揭示量子纠缠现象的存在与应用给传统图像化的思维方式和经典实在观所带来的挑战。

第一节　"薛定谔猫"佯谬

"EPR 论证"的发表时间是 1935 年 5 月 15 日，薛定谔很快就在 6 月 7日写信给爱因斯坦说，看到他发表在《物理学评论》期刊上的"EPR 论证"非常高兴，他认为，这篇文章抓住了教条的量子力学的辫子。针对当时的量子力学研究现状，薛定谔这样说，

> 我的解释是，我们还没有一种与相对论一致的量子力学，即没有与所有感应的有限传播速度一致的量子力学。我们只有与旧的绝对力学的类似……传统的框架根本没有包括分离过程。[②]

[①] 本章部分内容曾发表于《华东师范大学学报（哲学社会科学版）》2018 年第 1 期，原文名为《量子纠缠证明了"意识是物质的基础"吗？》。

[②] 转引自（美）沃尔特·穆尔：《薛定谔传》，班立勤、吕薇译，北京：中国对外翻译出版公司，2001 年，第 207 页。

爱因斯坦在回信中写道，

> 你是惟一一个我愿意与之交换意见的人。其他的同行在看问题时几乎都不是从现象到理论，而是从理论到现象，他们无法从已接受的概念网中跳出来，而只是在里面奇怪地蹦来蹦去。[①]

薛定谔与爱因斯坦之间的这种观念交流，表明爱因斯坦对当时物理学家教条地接受量子力学的哥本哈根解释，不深入思考量子测量背后隐藏的深层问题深感不满。而相比之下，薛定谔的立场却显得左右不定和犹豫不决。一方面，他虽然在一开始就明确反对哥本哈根解释的观点，但是，在不久之后，为了教学的需要，他放弃了自己的立场，转而根据哥本哈根的解释讲授量子力学，甚至在 1930 年 3 月发表的《世界物理学概念的转化》一文中，把当时的物理学家普遍认为波函数不是对自然界本身特性的描述，而是关于自然界的知识的观点，说成是物理学概念上发生的深刻变化。另一方面，他在 1933 年获得诺贝尔奖的讲演中却又指出，把严密科学的最终目标局限于可观察的描述范围之内，绝不是一个新的要求，而问题在于，自此之后，他倾向于放弃物理学理论是描述世界真实结构的观点，则有点草率。薛定谔的这种举棋不定、左右摇摆的立场，一直到 1935 年读到 EPR 论文时，似乎才重新找到了观念依托，意识到依据经典观念看待量子测量所存在的佯谬。

爱因斯坦请薛定谔考虑这样一种情况：可能自发地在一年中爆炸的大量火药。在这段时间里，波函数将描述爆炸的和未爆炸的火药状态的叠加态，没有一种解释可以把波函数看成是对事实的充分描述。不久之后，爱因斯坦的火药例子，就在薛定谔的"猫模型"中得以重现。[②]

薛定谔就在 EPR 论文的激发下，于 1935 年在德国《自然科学》期刊上发表了标题为"量子力学的现状"的文章。这篇文章的主要目标是从比较经典测量与量子测量出发，进一步从理论上加深对量子力学特别是量子测量的深层问题的理解。从写作风格来看，这篇文章似乎是用嘲讽的风格写成的，意味着在薛定谔看来，量子力学的"当前状况"是不能令人满意

---

① 转引自（美）沃尔特·穆尔：《薛定谔传》，班立勤、吕薇译，北京：中国对外翻译出版公司，2001 年，第 207 页。

② 转引自（美）沃尔特·穆尔：《薛定谔传》，班立勤、吕薇译，北京：中国对外翻译出版公司，2001 年，第 208 页。

的。这篇文章的英译版发表在《美国哲学学会会刊》（*Proceedings of the American Philosophical Society*）上，长 17 页，共有 15 个小节。[①]笔者在写作过程中，曾经查到网上传阅的另一份英文版的翻译，感觉这份英文版的翻译，要比正式发表的那份英文版的翻译更有可读性。但是为了引文的规范，下面的内容还是引自公开发表的版本。

在这篇文章中，薛定谔运用比较的方法，从讨论经典物理学的模型与表征、量子力学中的变量、统计性等概念出发，设计了著名的"薛定谔猫"佯谬的思想实验，接着，分两大部分讨论了量子测量问题，并在第二部分讨论量子测量问题时，首次明确地创造了"纠缠"这一概念。大概思路如下。

薛定谔首先在这篇文章的第一小节讨论了经典物理学中的模型与表征之间的关系。他认为，在经典物理学中，所有的自然客体都被证明是真实存在的，物理学家在所考虑的有限范围内，能够基于他们所拥有的实验证据，在没有直觉想象的前提下，建立对自然客体的一种表征。但是，这并不意味着，人们能够以这种方式了解事物在自然界中的发展变化。要想了解事物的变化，需要借助于所创造的图像或模型来进行。人们确信，根据理论表征得出的预言，能够得到实验的证实。如果在许多实验中，自然客体的行为确实如同模型所描述的那样，那么，人们就高兴地认为，这个图像或模型在本质特征上与实在相符合。如果在新的实验条件下或根据更精致的测量技术，得出了不一致的结果，人们就会对原来的图像或模型感到不满，做出进一步的修正。这样，人们的图像或模型，也就是说，人们的思维，就会向着越来越逼近实在的方向发展。

但是，人们在不断地适应实验事实的历史过程中，运用模型的这种经典方法的主要目标是根据经验来调整假设，并进一步从假设中剔除主观判断。这种方法的信念基础是，客体的初始状态，在某种程度上，真的能完全决定未来的演变，也就是说，与实在完全相一致的完备模型将精确地决定所有的实验结果，"完备模型"的意思是说，这个模型能够全面反映实在的各个方面。然而，现实的情况却是，思想适应实验的过程是无限的，因此，"完备模型"就是一个自相矛盾的术语。

① Schrödinger E, "Die Gegenwärtige Situation in der Quantenmechanik", *Narurwissensechaften*, Vol.23, No. 48, 1935, pp. 807-812, 823-828, 844-849; Schrödinger E, " The Present Situation in Quantum Mechanics: A Translation of Schrödinger's ' Cat Paradox Paper'", Trimmer J D (Trans.), *Proceedings of the American Philosophical Society*, Vol. 124, No.5, 1980, pp.323-338.

接着，薛定谔讨论了量子力学中的模型变量的概率问题。他认为，量子力学中的不确定关系使得模型不再能像经典模型那样确定每个变量的值。对于位置和动量这样的共轭变量来说，确定一个变量的值，要以牺牲另一个共轭变量值的确定性为代价，位置与动量之间的关系满足海森伯的不确定关系。这种模糊性只限于原子尺度以内。于是，薛定谔提出，如果不确定性影响了在宏观意义上能看得见的有形物体，那么，情况会如何呢？也就是说，在这里，薛定谔是把无法设想的微观情况，扩大到能够设想的宏观情况来思考问题的。

为了便于进一步明确这一问题，薛定谔设计了一个现在称为"薛定谔猫"的思想实验。薛定谔认为，这个思想实验反映了相当荒谬的情况。他设想的实验是：把一只猫关闭在一个封闭的钢制盒子内，盒子内装有极残忍的装置（必须保证这个装置不受猫的直接干扰）；在一台盖革计数器内置入一块含有极少量放射线的物体，使得在一个小时内，只有一个原子发生衰变或者没有原子发生衰变，这两种情况发生的概率都是50%。如果原子发生了衰变，那么，计数器管就放电，通过继电器启动一个榔头，榔头会打破装有氰化氢的瓶子，氰化氢挥发，会使猫中毒身亡。经过一个小时之后，如果没有发生衰变，那么，猫仍然活着。

可是，按照量子力学的描述，在这个盒子被打开之前，整个系统的波函数所提供的是活猫与死猫的一种叠加态，这个叠加态由两个分量组成：第一个分量意味着死猫和原子衰变态的关联，第二个分量意味着活猫与原子稳定态的关联。如果观察者希望知道猫的具体状态，那么，他或她就必须打开封闭的盒子进行观看。在观看之前，猫只能处于叠加态，而两种状态的可能性是等价的。

这个思想实验的典型特征是，把原本只限于原子领域的不确定性，以一种巧妙的方式，转变为一种能够通过直接观察来解决的宏观的不确定性，即只有通过打开这个容器，进行直接观察，才能解除不确定性。或者说，猫的状态取决于观察者的"观看"这一举动。薛定谔指出，如果观察者不打开盒子，那么，猫将会有50%的概率活着，有50%的概率死亡。这就使得我们难以天真地把这种"模糊的模型"接受为对实在的有效表征。就其本身而言，这并没有体现出任何矛盾，但是，从经典物理学的观点来看，在一张完全没有聚焦的照片和云雾室的快照之间，确实有着很大的不同。这个思想实验比EPR论文中的思想实验更明确地揭示了基于经典的测量观来理解量子测量所存在的佯谬，人们通常把这个佯谬称为"薛定谔猫"佯谬。

第二节　"纠缠"概念的提出

薛定谔在设计了这个思想实验之后，紧接着讨论了认识论问题。他指出，在量子力学中，不确定性实际上并不是指模糊不清，因为实际情况总是，所完成的观察提供的知识是不完整的。因此，从这个困境来看，不确定原理只能求助于认识论来营救自己。按照量子力学的哥本哈根解释，在自然对象的态与我们对这个对象的认识之间是没有区别的。从本质上看，只存在察觉（awareness）、观察、测量。如果据此你获得了物理对象在特定时刻所处状态的最佳知识，那么，你就能回避进一步追问有关"现实状态"的无意义的问题。因为你相信，进一步的观察不可能超越你关于这个状态的知识范围。

因此，薛定谔得出结论说，在量子力学中，实在抵制凭借模型进行模仿。这样，人们就必须放弃朴素实在论，直接依赖于观察、测量提供的无可置疑的命题。薛定谔指出，此后，我们的物理学思维只能把原则上进行的测量结果作为唯一的基础和唯一的客体。因为我们现在显然必定不再会把我们的思维与任何其他类型的实在或模型联系起来。物理计算得到的所有数值都必须被解释为是测量的结果。反过来，我们迫使自己相信，测量在原则上是可能的，也就是说，必须是可能的，才能支持我们持有的计算系统。

但是，薛定谔接着说，放弃朴素的实在论要有逻辑推论。通常情况下，一个变量在测量之前没有确定的值，但测量它也并不意味着确定它所具有的值，而是意味着，肯定还有标准来判断，测量是否正确、方法是否精准。如果实在不会决定被测量的值，那么，至少被测量的值必须决定实在。也就是说，所希望的判断标准只能是：重复测量必定得到相同的结果。薛定谔把这种基本观念归纳为：

> 在马上重复测量过程时，如果第二个系统（指针的位置）的很敏感的变量特征总是在某种误差允许的范围内再现，那么，两个系统（被测量的客体和测量仪器）之间有计划地安排的相互作用被称为关于对第一个系统的测量。[①]

---

① Schrödinger E, " The Present Situation in Quantum Mechanics: A Translation of Schrödinger's ' Cat Paradox Paper'", Trimmer J D(Trans.)，*Proceedings of the American Philosophical Society*, Vol. 124, No.5, 1980, p.329.

薛定谔说，这个陈述需要进行另外的讨论：这绝不是一个完美的定义。经验比数学更复杂，并且，在一个完美的句子中，经验是不容易被捕捉到的。放弃实在论也强加了一些责任。从经典模型的观点来看，波函数陈述的内容是很不完备的，从量子力学的观点来看，却是完备的。薛定谔认为，在量子力学中，测量把波函数随时间变化的规律悬置起来，导致了相当不同的突然变化，而这种变化并不是受定律支配的结果，而是直接测量的结果。也就是说，在微观领域内，自然定律与经典定律完全不同，不能够再被应用于测量，或者说，波函数不再像在经典物理学中那样，作为对客观实在的在实验上可证实的表征来被看待。

薛定谔在明确了波函数与测量的关系之后，继续讨论了下列三个问题：①由于测量，所以，波函数的不连续变化是不可避免的，这是因为，如果使测量仍然具有意义，就必须获得所测量的值；②不连续的变化肯定不受其他有效的因果律的支配，因为这种变化依赖于测量所得到的值，而测量所得到的值并不是在测量之前就预先确定的；③这种变化也一定包括某种知识的损失，但知识是不可能失去的，因此，客体必须发生不连续的变化，而且，是以不可预测的不同方式发生这些变化的。

那么，这怎么会合乎情理呢？薛定谔认为，这是一个复杂的问题，也是量子理论最困难和最有趣之处。为了回答这一问题，薛定谔开始讨论如何客观地理解被测量的客体与测量仪器之间的相互作用问题。他认为，要点在于，对于两个曾经相互作用过的子系统来说，当它们完全分开之后，只要一个人拥有每个子系统的波函数，那么，他或她也拥有两个子系统共同的波函数。但反之却不然。这种抽象的结果实际上是说，整体的最有可能的知识不一定包括其组成部分的知识，也就是说，整体处于确定的态，而个体部分却没有处于确定的态。但是，对第一个子系统的测量，总能相应地预言测量另一个子系统时所处的状态。

然而，如果两个子系统只是并列关系，根本没有进行过任何相互作用，那么，对第一个子系统的测量，就不可能提供对另一个子系统的预期。为此，薛定谔指出，所发生的"预言的纠缠"（entanglement of predictions）显然只能回到这样的事实：两个子系统事先已经在真正意义上形成了一个系统，也就是正在进行相互作用，并留下了彼此的痕迹。薛定谔把这种情况称为我们对两个子系统的知识的纠缠。两个子系统再分开之后，总系统的知识逻辑上不再分裂成两个单一系统的知识之和。在这里，薛定谔第一次创造了"纠缠"（entanglement）这一术语指称曾经相互作用过的两个子系统分开之后，我们能够根据对第一个子系统的测量结果，预言测量第二个子系统时将会得到的结果，意指这两个子系统是相互纠缠在一起的。

在德文版的《量子力学的现状》一文发表后不久，薛定谔越来越明确地意识到，在量子测量中，"纠缠"概念很重要，是量子力学的特征性质。不久之后的1935年10月，薛定谔紧接着在《剑桥哲学学会的数学进展》期刊上发表了一篇不太引人注意的文章，这篇文章是用英文发表的，文章标题取名为"对分离系统之间的概率关系的讨论"①。在这篇文章中，薛定谔继续推广 EPR 论文的讨论，第一次明确地用"纠缠"概念来描述 EPR 思想实验中两个曾经耦合的粒子分开之后彼此之间仍然维持某种关联的现象，或者说，用"量子纠缠"这一概念来描述复合的微观粒子系统存在的那种难以理解的特殊关联。在前面提到的"薛定谔猫"实验中，猫态与原子衰变态或稳定态之间的关联就是所谓的量子纠缠态。

薛定谔在《对分离系统之间的概率关系的讨论》一文中开门见山地指出，当两个系统由于受外力作用，在经过暂时的物理相互作用之后，再彼此分开时，我们无法再用它们相互作用之前各自具有的表达式来描述复合系统的态，两个量子态通过相互作用之后，已经纠缠在一起。②不管这两个量子系统分离之后相距多远，都始终会神秘地联系在一起，其中一方发生变化，都会立即引发另一方产生相应的变化。薛定谔对这种特殊情境的另一种表达方式是：一个整体的最有可能的知识不一定是它的所有部分的最有可能的知识，即使这些部分可能是完全分离的、有能力拥有各自的"最有可能的认识"。这种知识的缺乏绝不是由于这种相互作用是不能够被认识的，而是由于这种相互作用本身。③

总之，薛定谔的这两篇文章对量子力学做出了权威性的论述，并在论述的过程中，通过设计"猫"的思想实验，使得最初限定在原子领域内的不确定性，转变为可通过直接观察来解决的宏观的不确定性；通过提出"纠缠"概念，使得量子测量问题变得更加尖锐。事实上，薛定谔在这两篇文章中阐述的"量子纠缠"概念，其实起初并没有引起物理学家太多的关注，尤其是远远不如他所设想的"薛定谔猫"实验那么著名。物理学家对量子

---

① Schrödinger E, "Discussion of Probability Relations Between Separated Systems", *Mathematical Proceedings of the Cambridge Philosophical Society*, Vol.31, No.4, 1935, pp.555-563.

② Schrödinger E, "Discussion of Probability Relations Between Separated Systems", *Mathematical Proceedings of the Cambridge Philosophical Society*, Vol.31, No.4, 1935, p.555.

③ Schrödinger E, "Discussion of Probability Relations Between Separated Systems",*Mathematical Proceedings of the Cambridge Philosophical Society*, Vol.31, No.4, 1935, p.555.

纠缠的重视，归功于拓展 EPR 论文的第二条主线。本书将在下一章讨论这条主线。

在这里，笔者只是指出，由于"薛定谔猫"提供了使量子力学的适用领域从微观延伸到宏观的一个范例，因此其为物理学家寻找经典与量子边界的研究提供了思路。特别是自 20 世纪 80 年代以来，物理学家开始通过实验全面地检验这方面的各种观点与结论。尤其是近些年来完成的超导约瑟夫逊制备的薛定谔猫态实验和正反方向持恒电流宏观相干叠加实验表明，人们有可能实现宏观尺度上的量子态叠加，这对量子信息的应用有着极其深远的意义。[①]

第三节 "猫"案例与意识决定论

"薛定谔猫"的思想实验反映了运用常识观念理解量子测量的困难所在。其实，1932 年冯·诺依曼在运用"投影假设"描述量子测量时，就已经提出过这一困难。

1932 年，冯·诺依曼在《量子力学的数学基础》一书中，率先用希尔伯特空间的数学结构，或者说数学模型，对量子力学的形式体系进行了重新表述。他用希尔伯特空间中的态矢（相当于我们熟悉的态函数）来表示量子系统的纯态，用线性算符来表示量子系统的可观察量。他认为不仅可以用量子力学的形式来描述微观对象的演化，还可以用它来描述测量仪器，以及对象与仪器之间的相互作用。他证明，一个微观系统的量子力学的态，可以按照两种完全不同的方式来演化。

第一种演化方式是：当量子系统没有与宏观测量仪器发生相互作用时，或者说，当量子系统没有受到测量时，它的态（即态函数）将按照薛定谔方程来演化。在这种演化方式中，量子系统的态随时间的演化规律，描绘了一个连续的和可逆的物理过程。

第二种演化方式是：当对量子系统进行了某种测量之后，或者说，当被测量的对象与测量仪器发生了相互作用之后，对象与测量仪器构成的组合系统的态，将会由叠加态转变到其中的一个具体的可能态。在这种演化方式中，微观系统的态发生了不连续的和不可逆的变化，或者说，在这个阶段，微观系统的态的演化过程是不连续的与不可逆的。

为了具体而明确地说明这两种不同的演化方式，冯·诺依曼用量子力

---

① 孙昌璞：《经典与量子边界上的"薛定谔猫"》，《科学》2001 年第 3 期，第 8 页。

学的术语，重新考察了测量仪器与被测量对象之间的关系。他认为，可以把量子测量看成是被测对象系统 S 与测量仪器 M 之间的相互作用。正是这种相互作用实现了一次具体的量子测量。这种测量理论不同于经典测量理论。经典测量理论认为，被测量的系统与测量仪器都遵守经典规律，都用经典语言来描述；而冯·诺依曼的测量理论则认为，被测量的系统与测量仪器都遵守量子力学的规律，都用量子力学的术语来描述，只有不属于客体系统的人的意识不用量子力学的术语来描述。

具体的推理过程是，如果被测量的对象的态函数 Ψ_i 属于希尔伯特空间 H^O；测量仪器系统的态函数 Φ_j 属于希尔伯特空间 H^M；与测量结果相对应的人脑或计算机记忆的态函数 X_L 属于希尔伯特空间 H^B。则测量结束后，整个组合系统 S+M 的态函数为

$$\Psi_{O+M+B} = \Sigma C_i \Psi_i \otimes \Phi_i \otimes X_i$$

这个态函数属于希尔伯特空间 $H^O \otimes H^M \otimes H^B$。在这个方程式中，被测量的系统的态、测量仪器的态和观察者的态相互纠缠在一起，而没有描述观察者能够记录下任何一种单一的、确定的测量结果。或者说，在理论上，经过对象与仪器的相互作用之后的终态仍然是一个叠加态。按照经典测量观，我们总是把被测量的系统与测量仪器之间的相互作用的终止，看成是完成了一次具体的测量。但是，按照冯·诺依曼的这种观点，在理论上，当测量仪器与微观系统之间的相互作用停止之后，测量仪器 M 的指示器将不再可能出现一种确定的值态，而是处于一种叠加态。或者说，在理论的意义上，测量仪器的指针将不会处于某一个特定的位置，也不能呈现出某种确定的测量结果。如果站在经典测量观的立场上，我们将会认为，这种测量是不可能实现的。

但是，在具体的实践操作的意义上，当观察者完成了一次测量之后，他实际上得到的是某种确定的测量结果，即

$$\Psi_{O+M+B} \rightarrow \Psi_k \otimes \Phi_k \otimes X_k$$

量子态的第二种演化方式正是对实际测量结果的描述。这说明，在实验的过程中，量子测量的确是可能的，最后的测量结果将处于实际的确定状态，而不是理论上的叠加态，即测量仪器总是具有确定的值态。这是经验事实，而不是理论假设。如果按照本征态、本征值相联系的原理，$\Psi_k \otimes \Phi_k \otimes X_k$ 被称为本征态，与本征态相对应的测量值称为本征值。冯·诺依曼用第二种演化方式，即"投影假设"或"塌缩假设"所

描述的正是这种不连续的、无法在理论上加以明确描述的不可逆的演化过程。

这两种不同的演化方式表达了两种不同类型的物理系统之间存在的本质差异：第一种演化方式描述的是一个纯粹的微观物理系统的演化行为，是由一个决定论的动力学方程式所支配的；第二种演化方式描述的是一个包含宏观的观察主体在内的演化行为，是由"投影假设"或"波函数的塌缩"来解释的。问题在于，在实际的测量过程中，从叠加态到一个具体的可能态的转变将在哪里实现？哪一个具体的可能态将会首先得以实现？为什么要对量子测量过程进行如此特殊的处理？为什么被测量的系统和测量系统之间的相互作用可以用薛定谔方程来描述，而从微观值到宏观值的转换，却不遵守薛定谔方程，而是采用至今难以令人理解的"投影假设"来描述？量子测量与非测量之间究竟有什么差异，为什么量子客体会有两种截然不同的演化方式？量子哲学家把这种困惑概括为"量子测量难题"，以着重强调长期以来寻找"测量的量子理论"所存在的实际困难。

冯·诺依曼在他的量子测量理论中首先对这些问题做了如下的说明。他认为，量子测量系统同经典测量系统一样，也是由测量主体、被测量的客体与测量仪器所组成的。所不同的是，在量子测量的过程中，被测量的客体与测量仪器组成了一个复合系统，这两个系统之间的相互作用可以用量子力学的术语来描述。由于量子系统是微观的，所以，它只有在被放大之后，才能被知觉主体所认识。这样，测量客体就可以包括微观系统与测量仪器在内。由于被测量的客体与测量仪器之间的分界线是任意的，所以，"投影假设"也可以用于其他的对象系统，即既可以用于由对象与仪器组成的复合系统，也可以用于由更大的对象、仪器和更多的仪器所组成的系统，等等。

如果观察者完成了一次测量，那么，"投影假设"必然在这个系统的某一个中间环节发生作用。问题是，"投影假设"将会在哪里发生作用呢？冯·诺依曼指出，"投影假设"发生效用的地方完全是任意的、可变的。这样，客体链条在对象系统中的无限延伸的结果是，在理论上，可以把观察者的感觉器官与大脑也包括在对象系统之内。如果是这样的话，那么，"投影假设"将能够用于这一更大的系统。冯·诺依曼特别提到，对象与仪器之间的分界线，将会出现在观察者的大脑与意识之间。因为如果把微观系统、测量仪器和观察者的感觉器官与大脑作为一个组合系统，并且用薛定谔方程来描述的话，那么，在这种情况之下，主体与客体之间的分界线，将只能出现在组合系统的客体与观察者的意识之间。这是因为，观察者在进行观察时，只有观察者自己的意识不能够被包括在客体系统之内，完全属于主体的范畴。

然而，如果认为"投影假设"在客体与观察者的意识之间发生作用，那么，客体的状态将最终取决于观察者对仪器和测量结果的"观看"这一行为本身。问题在于，观察者的认识行为将如何决定被测量的可观察量的值呢？被测量的可观察量是微观的，它不可能在宏观意义上被直接观察到，必须借助于同它发生相互作用的宏观仪器的宏观可观察量来实现。按照这种测量理论，观察者的观察行为，即观察者对宏观仪器的"观看"，将会使被研究的微观可观察量取一个确定的值。那么，可以认为，观察者的观察行为本身将会影响宏观的可观察量，然后，以此类推，最后影响到微观的可观察量的吗？

"薛定谔猫"的思想实验进一步使得冯·诺依曼的抽象讨论明朗化。如上所述，在"薛定谔猫"的案例中，只有通过观察者的实际观察，才能使系统进入确定的状态（即本征态）。在观看之前，猫处于一种不能确定是死还是活的叠加态。后来，诺贝尔奖获得者维格纳把"薛定谔猫"实验改进成为"维格纳的朋友"实验。他设想，当薛定谔的猫在盒子里默默地等待命运的判决之时，有一位朋友戴着一个防毒面具也同样待在盒子里观察这只猫。这时，站在盒子外面的维格纳猜测他的朋友正处于（活猫，高兴）和（死猫，悲伤）的混合态。可事后当他询问这位朋友盒子里发生的情况时，这位朋友肯定会否认他处于这样一种叠加状态。

于是，维格纳论证道，当朋友的意识被包含在整个系统中的时候，叠加态就不适用了。意识作用于外部世界，使波函数坍缩。由于外部世界的变化可以引起我们意识的改变，所以根据牛顿第三定律，即作用力与反作用力定律，意识也应当能够反过来作用于外部世界。

事实上，就"薛定谔猫"案例而言，猫在被观察之前是活着还是死亡，取决于元素是否放出辐射，而原子是否衰变完全是随机的，何时放出辐射，量子力学并不做出回答，我们只知道它的半衰期，只能依据概率来理解，无法独立于实验来对真实发生的情况做判断，或者说，理论描述本身不对真实发生的情况做出确定性的判断。这与观察者是否观察无关。因此，维格纳的观点，或者说，意识决定论的观点，是在缺少量子测量理论的前提下的一种不合理的外推，是人为想象的产物，没有科学依据。

"薛定谔猫"佯谬引发的更加深刻的问题是：大量原子、分子所构成的生物与这些微观粒子遵从的量子力学规律之间的关系究竟是什么？这不仅是重要的理论问题，而且具有实际意义。因为自我意识的机制至今仍然是未解之谜，有人就认为，意识的产生可能与量子力学或者更深层次的微观规律有关，或许，人类思维过程中的"顿悟""灵感"等目前无法解释的现象，同测量后的确定态是从测量之前的叠加态中跳出来那样，也与人脑的微观机制有关。那么，生命的奥妙与量子力学的规律真的有关吗？目前所有这些研究，并没有科学的定论，还有待生物学、认知科学、神经科学等学科的继续研究。

从当代物理学的发展来看，复杂而难以理解的量子测量并没有为证明意识决定论提供合理依据。1962 年，物理学家丹纳瑞（A. Daneri）、朗林格（A. Loinger）和普让斯布瑞（G. M. Prospperi）联名提出一个简称为 DLP（由他们三人姓氏的第一个字母构成）的测量理论。DLP 理论的主要目的是尽可能地排除 S+M 系统中的叠加态。他们证明，测量仪器是由大量的粒子所组成的系统，它有许多自由度。考虑到热力学效应的存在，当这样一个系统处于叠加态时，实际上，已经取消了叠加的干涉特征。结果，在统计的意义上，一个叠加态与关于所有相关可观察量的混合是难以区分的。如果把要测量的宏观系统 S+M 称为系统 I，把用来测量这个系统的另外的宏观系统称为系统 II，那么，与系统 I 的统计算符所对应的、由属于不同的宏观系统的态矢的叠加所描述的纯态是相等的，在这种意义上，我们所关注的系统 II 就是上述宏观态的一种混合。这样，对于 S+M 系统来讲，它的纯态演化的行为与混合态是一样的。之后，物理学家通常用量子退相干的观点来解释"投影假设"，从而提供了从相互作用的视角来解释"薛定谔猫"的状态变化的一条思路。这种尝试也表明，"投影假设"所概括的量子现象是需要进一步深入研究的物理学问题，而不是任意发挥与想象的概念问题。

1974 年，雅默在《量子力学哲学》一书中谈到"薛定谔猫"的案例时也指出，从事实际工作的物理学家并未受到理论的这一缺陷的严重干扰。雅默认为，普特南的下列论述正确地说明了其原因所在：

> 必须承认，大多数物理学家并不因薛定谔猫案而烦恼。他们的立场是，猫是否被电死本身也应看成是一次测量。于是在他们看来，波包收缩就发生在当猫感到或者不感到电流击中它的身体的震颤的时候。更准确地说，波包收缩正好发生在如果不发生波包收缩的话，就将会预言某个宏观可观察量的不同状态的叠加的时候。这就表明，从事具体工作的物理学家们接受宏观可观察量总是取确定值（按宏观的确定性标准）的原理，并从这个原理来

推断测量必须在何时发生。但是薛定谔猫案在智力方面的意义并不因此而受到损害。这个案件表明的是，宏观可观察量在任何时候都取确定值的原理并不是从量子力学的基础推出的，而毋宁说是作为一个附加的假设而硬拉进来的。[①]

马格脑分别在 1936 和 1963 年发表的论文中强调指出[②]，在测量与态的制备之间存在着一个决定性的区别：测量产生了一个关于特定的可观察量的值，而制备产生了一个处于同样状态的粒子综。所以，应该区分态的制备与测量是一个过程的两个阶段。他认为，冯·诺依曼对"投影假设"的分析混淆了上述区别，最后只能出现悖论；伦敦（F. London）等提出，"投影假设"根本不是直接的物理过程；特勒（P. Teller）在 1983 年发表的一篇论文中认为，"投影假设"完全是一种幸运的近似。之所以说是近似，是因为实际发生的过程不会像"投影假设"所说的那样精确地局限于某种态；之所以说是幸运，是因为原则上还没有一种公认的方法或方案能把这种近似转变为准确的陈述。[③]

现在看来，"投影假设"只是为不连续的量子测量过程提供了一种可供选择的解释。这种解释从一个侧面反映了量子测量过程中存在的根本性问题。然而，从概念意义上看，"投影假设"本身所存在的问题与量子测量是有所区别的。如果我们只把"投影假设"理解成是对测量现象的一种说明，那么，它是与量子理论没有明显联系的一种假定。这个假定是否成立，还需要进一步诉诸实验的证实。但是，我们不能由此而否定由"投影假设"所描述的实验现象的确是不可取代的和客观存在的。如果不接受"投影假设"对量子测量过程的解释，那么，量子测量问题的主要症结就是，微观客体按照薛定谔方程所得到的叠加态，在经过测量后，将会转变为一种具体的可能态。这种从叠加态向一个可能态的不连续和不可逆的转变，除了上面提到的 DLP 的测量理论之外，还有其他测量理论在研究之中。朱院士把科学无法解答的问题，通过想象延伸推到哲学乃至宗教的层面，显然是站不住脚的。

① （美）M. 雅默：《量子力学哲学》，秦克诚译，北京：商务印书馆，1989 年，第 253 页。
② Margenau H, "Quantum Mechanical Descriptions", *Physical Review*, Vol.49, No.3, 1936, pp. 240-242; Margenau H, "Measurements in Quantum Mechanics", *Annals of Physics*, Vol.23, No.3, 1963, pp. 469-485.
③ Teller P, "The Projection Postulate as a Fortuitous Approximation", *Philosophy of Science*, Vol.50, No.3, 1983, pp. 413-431.

第四节　实验中的"薛定谔猫"

自20世纪80年代以来，物理学家对"薛定谔猫"佯谬问题的研究更加深入，进一步逼近了"经典与量子世界的边界"，开始通过实验全面地检验这方面的各种观点与结论。从量子退相干的观点来看，组成宏观物体的内部微观粒子的个体无规则运动和宏观物体所处环境的随机运动，会与宏观物体的集体自由度耦合纠缠起来，产生对集体自由度的广义量子测量。随着环境自由度或组成宏观物体的粒子数增多，与之作用的量子系统会出现量子退相干，使得量子相干叠加名存实亡。因此，当代物理学家认为，"薛定谔猫"佯谬的问题有可能起因于对问题的不恰当表达。目前物理学家通过冷原子的干涉实验表明，量子测量形成了空间态和内部态的纠缠态，干涉条纹消失是内部态作为"仪器"与空间态相互作用的结果。[1]

具体来说，在"薛定谔猫"实验中，猫的"死"与"活"代表了猫的两种集体状态或者说两个宏观可区别的波包。由于宏观物体由大量微观粒子组成，其组成部分的运动不是严格协调一致的，所以在这种情况下，必须考虑许多内部自由度对集体状态的影响。这种影响与集体状态形成理想的量子纠缠"平均掉"内部自由度的影响，宏观物体的相干叠加性就被破坏了，也就是说，死猫与原子衰变态的关联，以及活猫与原子稳定态的关联，都是经典的。因此，由于量子退相干的缘故，像"猫"这样的宏观物体不会稳定地处于一个相干叠加态上。而且，目前已有实验表明，如果把量子测量当成一个相互作用产生量子纠缠的动力学过程，对于有限粒子数的体系来说，量子退相干不再是一个瞬间，而是一个渐进演化的过程。也就是说，在这个实验中，猫的死活只能是一个事件。有限大小的猫（猫的内部组成粒子数目是有限的）会经历部分退相干，从"量子猫"到"经典猫"是一个渐进的半经典过渡。[2]

另外，1980年，物理学家莱吉特（A. J. Leggett）提出，只要宏观客体与它的环境充分地退耦合，一个宏观客体也就可能表现出量子力学所规定的行为。为此，他提出了一个可能展现宏观量子相干性的系统：超导量子干涉器件（SQUID），他认为，在适当条件下，有可能看到薛定谔猫既死又活的状态。然而，由于SQUID对环境扰动极为敏感，所以多年来一直没人给出明确答案。近年来，随着量子力学的广泛应用及其理论发展，

---

[1] 孙昌璞：《经典与量子边界上的"薛定谔猫"》，《科学》2001年第3期，第8-9页。
[2] 孙昌璞：《经典与量子边界上的"薛定谔猫"》，《科学》2001年第3期，第10页。

量子效应不再只是限于微观领域。物理学家已经在实验中观察到诸如爱因斯坦凝聚、量子霍尔效应、超流性、超导性和约瑟夫逊效应等宏观量子效应，但却从未观察到宏观物体尤其是用肉眼看得见的物体的量子效应，因为物理学家难以把一个机械系统冷却到基态。因此，这一研究引起了物理学家的极大兴趣。终于在 2009 年 8 月 4 日，美国加州大学圣塔芭芭拉分校的物理学家在没有足够证据证明实验能成功的情况下，制造出第一台"量子机器"（quantum machine）。

在 2010 年的美国《科学》期刊及美国科学促进会（AAAS）公布的年度十大科学成就中，"量子机器"荣登榜首，并把 2010 年说成是突破之年。他们所制造的量子机器为微米量级，完全能用肉眼分辨，从而证明了宏观物体也遵守量子理论的运动规律。这是一项非常具有划时代意义的技术发明，它不仅为物理学家实现更大物体的量子控制迈出了关键一步，而且颠覆了我们过去根据物体大小来区分宏观和微观的划分理念，从而彻底地改变了我们现有的世界观，并加深了我们对这个世界的了解。

第五节　"量子纠缠"的含义

如前所述，薛定谔是在 1935 年发表的"EPR 论证"的激励下，在进一步讨论量子测量问题时，提出了"量子纠缠"概念，但是，这个概念的提出并没有引起物理学界广泛的关注，只有少部分物理学家把它看成是质疑量子力学的武器而加以探讨，物理学家真正接受这个概念，是近五十年之后的事情，归功于本书第一章概述的量子信息技术与量子信息理论的发展，这些发展正在带来第二次量子革命。

薛定谔第一次是在用德语发表的论文中首先提出"纠缠"概念的，当时用的德文术语是 verschränkung，意指折叠、以有序的方式交叉等含义，而在不久之后发表的英语论文中，其"纠缠"术语用的是 entanglement。这个英文术语通常会有混乱、无序等含义。通常情况下，一根打结、混乱缠到一起的绳子可称为 entanglement，而细致纺织的毛毯则是 verschränkung。因此，用 entanglement 来指称同源粒子之间的相互关联关系似乎不是很理想。量子纠缠也许没有 entanglement 这个单词所隐含的"无序"的意思。①但尽管如此，在物理学家的心目中，"量子纠缠"概念已经

---

① （美）布莱恩·克莱格：《量子纠缠：上帝效应，科学中最奇特的现象》，刘先珍译，重庆：重庆出版社，2011 年，第 3 页。

有了特定的含义，不会受日常术语语义的影响。

现在，物理学家对"量子纠缠"现象的描述通常是指，曾经发生过相互作用的两个粒子，或者说，两个同源粒子，在彼此分开之后，不管它们相距多远，它们之间始终都存在着一种即时关联，如果其中一个粒子的存在状态发生变化，那么分离开来的另一个粒子的存在状态也一定会发生相应的变化，如图 6-1 所示。

$$\text{粒子A的状态变化} \xleftrightarrow[\text{影响}]{\text{影响}} \text{粒子B的状态变化}$$

图 6-1　量子纠缠现象

根据后来玻姆简化后的 EPR 思想实验（参见下一章的阐述），也可以把量子纠缠表述为：两个纠缠粒子在测量之前都没有确定的自旋态，只有通过实际测量之后，它们才能拥有确定的自旋态。理论提供的测量得到的态是随机的。例如，如果测量粒子 A 在 z 轴上自旋，测量得到粒子 A 自旋向上或自旋向下的概率是一样的。只有具体地进行一次测量，才能确定 A 是自旋向上，还是自旋向下的。A 的自旋态同时确定了另一个相互纠缠的粒子 B 的自旋态。如果测量得到 A 在 z 轴上自旋向上，那么，B 在 z 轴上就是自旋向下；如果测量得到 A 在 z 轴上自旋向下，那么，B 在 z 轴上就是自旋向上。这两个纠缠粒子的态的确定是同时的。这两个粒子之间存在的这种即时关联，被称为"非定域性的"关联。也就是说，这样的两个量子系统在相互分离开之后，将会失去它们各自的独特属性，贡献出整体的属性。

举例来说，假如有两个粒子，其中，粒子 1 只能处于态 A 和 C 之一，并且，A 和 C 不能同时存在；粒子 2 只能处于态 B 和 D 之一，并且，B 和 D 也不能同时存在。当两个粒子系统处于态 AB 时，意味着粒子 1 处于态 A，粒子 2 处于态 B。同样，系统处于态 CD 时，代表粒子 1 处于态 C，粒子 2 处于态 D。根据量子力学的态叠加原理，AB+CD 也是这两个粒子系统的态，这个叠加态就是一个纠缠态。我们在对这个复合系统进行测量时，如果测量到粒子 1 处于态 A，那么，粒子 2 就必然处于态 B，同样，如果测量到粒子 1 处于态 C，那么，粒子 2 就必然处于态 D。意思是说，当粒子 1 和粒子 2 处于叠加态时，我们不再可能完全撇开一方的态来孤立地描述另一方的态。[1]

---

[1] （美）阿米尔·艾克塞尔：《纠缠态：物理世界第一谜》，庄星来译，上海：上海科学技术文献出版社，2008 年，第 15 页。

　　这种神秘的量子纠缠现象表明，两个纠缠的粒子虽然在空间上分离开来，但是，在属性上却依然相互纠缠在一起，彼此相互影响。量子纠缠概念反映出的微观粒子之间存在的这种即时关联显然既有悖于直觉，又不符合常理，仿佛像变魔术一样，既令人费解，又令人着迷，不仅我们一般人无法理解，就连爱因斯坦这样伟大的物理学家也觉得这种现象荒诞无稽，根本无法接受。

　　通常我们从常识和经典物理学的知识来看，两个物体之间发生相互影响，一定是某种相互作用的结果。在经典物理学中，通常用"力"的概念来解释。这种相互作用可以是直接的，也可以是间接的。直接的相互作用比比皆是，特别容易理解。比如，两个小铁球在发生碰撞之后，如果不再相互接触，一个小铁球的状态变化根本不会影响到另一个远距离的铁球的状态变化。如果我们要对远距离的物体施加作用，我们就需要有媒介物。比如，根据声学理论，人与人之间的交流之所以可能，正是因为我们的声带振动，导致了空气分子的波动，分子波动穿越两人之间的距离，引起对方的耳膜振动的缘故。不论根据经典物理学理论，还是根据日常生活经验，我们都会习以为常地认为，在空间上彼此分离开来的两个物体，不管过去它们之间是否有过作用，在分离之后，都会成为彼此独立的个体。物体的这种性质被称为"定域性"。物体的定域性是物体保持其个体性的基本前提。

　　然而，量子纠缠反映出的粒子1与粒子2之间的这种即时关联，却与它们彼此分离之后的空间距离无关。这种关联显然违反了物体存在的定域性条件，量子物理学家把微观粒子的这种性质称为"非定域性"。如前所述，与既往的物理学概念的提出截然不同的是，物理学家最初对量子纠缠现象的认识并不是来源于经验归纳，而是来源于爱因斯坦对量子力学的哥本哈根解释的持续不断的质疑，或者说，是概念质疑不断升级的结果。

　　在物理学的发展史上，根据物理理论的数学方程性质，推论出新的概念和预言新的现象，尔后得到实验证实的案例并不少见，比如，位移电流概念的提出，电磁波的预言，等等。有所区别的是，这些新概念的提出或新现象的预言没有带来对物理学基础理论的挑战，而是拓展了理论体系的应用范围。爱因斯坦抛弃"以太"概念所阐述的相对论力学，虽然带来了时空观的变革，但是，同样没有带来对物理学家的思维方式的挑战。

　　相比之下，量子纠缠概念的提出是一个例外。从理论上讲，虽然像位移电流概念和电磁波概念是从麦克斯韦方程组推论出来的一样，量子纠缠概念也是从量子力学的形式体系的态叠加原理体现出来的，但是，量子纠缠概念的提出与接受却远远不像位移电流概念那样，一经提出便被物理学家顺利地接受，而是经历了基于哲学假设的观念之辩，到几十年之后的实验证实和当前不断发展的技术应用，才成为不得不被人们所接受的一个概念。

但是，接受不等于理解。量子力学的态叠加原理，或者说，由态叠加原理反映出的量子纠缠现象，是存在于抽象的希尔伯特中的微观粒子之间具有的神秘关联，如何理解这种关联，运用传统的图像思维方式是无法理解的，只能借助于数学思维来理解。

第六节　用数学思维替代图像思维

在物理学中，particle 是一个很重要的术语。在经典物理学中通常被译为"质点"，意指在求解问题时，可以忽略"对象"的内部结构与空间占有，只考虑对象的运动变化情况，是一种理想情况，而不是现实的存在；在量子力学中通常指"微观粒子"，是光子、电子、质子、中子等现在称为基本粒子的总称。"微观粒子"虽然仍然使用"粒子"术语，但它与"质点"或经典粒子相比，含义与特征已经发生了实质性的变化。

在经典物理学中，我们通常理解的"粒子"或"质点"，既有质量和体积，也有时空定位，是定域的或彼此分离的，是一种理想状态，我们对一个粒子的作用，不会影响远距离的另一个粒子，粒子的运动变化是有轨迹可循的，可以用位置、速度、力等物理量构成的数学方程来描述，而且，它们是可观察的、可感知的、可表征的、可概念化的、可理论化的、可想象的，具有个体性，我们可以根据已知的初始条件，因果性地推知粒子的过去与未来，似乎一切都在掌控之中，过去造就了现在，现在决定了未来。实验测量印证了这种理论化的理想，因为理论的计算结果与实验测量的结果相互印证，彼此一致，理论定律本身具有决定论的因果性，不需要额外提出一种理解性的测量理论。

但是，在量子力学中，情况却大不相同。在这里，物理量用算符表示，算符是对波函数进行数学运算的符号，本身并没有物理意义，也不像经典物理学中那样，是表示对象的某个相关属性的变量。薛定谔方程所提供的理论描述，不是微观粒子本身的运动变化过程，而是直到测量结束之后，才能获得某个观察结果的可能性。这样，在量子领域内，理论描述与实验测量之间失去了彼此印证的基础，反而成为互相补充的两个不同环节。量子化假设表明，微观粒子的运动，没有轨道可循，是不连续的，薛定谔方程也不对它们的实际运动过程提供详尽描述，这就使微观粒子本身成为不可概念化的抽象实在。

宏观粒子作为研究对象，通常是直接呈现出来的，被认为是存在于"那里"的东西。而微观粒子作为研究对象，通常是被制备出来的。直接呈现出来的对象，没有人会怀疑它们的存在性，而被制备出来的对象，在被测量之前是什么样子的，人类永远无法直接观察到，也无法想象。这既是由人的感觉阈限决定的，也是由微观粒子本身的存在方式决定的。不仅如此，测量微观粒子得到的值与测量之前通过理论计算得到的值，属于两个不同的层面，测量仪器的设置甚至决定了微观粒子在被测量时的行为表现，即使在微观粒子发射出来之后，也是如此。正如上一章所陈述的那样，微观粒子表现出的这种"未卜先知"地随着测量域境的变化而变化的现象，已经得到了相关实验的证实，而且，随着量子信息理论的发展，当代物理学家把微观粒子对测量域境的这种依赖性，重新理解为是量子纠缠的结果①，而不是像在量子力学建立初期那样，简单地理解为是在海森伯不确定关系的范围内运用经典的粒子概念和波动概念所受到的束缚。

微观粒子的这种不可概念化的抽象存在，以及基于态叠加原理体现出来的量子纠缠现象的不可理解性等特征，要求物理学家用抽象的数学思维方式替代以前信奉的图像化的思维方式。

在经典物理学中，自然规律第一次以定量的数学形式来表达，归功于16世纪的哥白尼革命，之后，经过伽利略、牛顿等的工作，最终奠定了用数学公式表达物理定律的科学发展之路，尔后，麦克斯韦方程组的提出，把这种追求推向了高峰。经过这些发展，物理学家把检验真理的标准，从过去的宗教或哲学信条，彻底地转向了观察和实验。由于自然界是连续变化的，所以，经典概念不仅有明确的指称和连续变化的数值，而且是可以图像化的。

这种图像思维建立在主体和客体二分的基础上，也就是说，我们能够在研究对象与研究者之间划出明确的边界。这个边界既是用经典语言描述实验现象的必要条件，也是人们无歧义地描述社会体系和法律制度等的必要条件。在经典物理学中，有两套概念体系，一套是描述物体运动变化的粒子概念，另一套是描述波传播的波动概念。这两套概念体系又相应地塑造了两种图像思维：一种是粒子的图像思维，另一种是波动的图像思维。它们像是建造了毗邻而立的两座宏伟的经典物理学大厦，也相应地确立了物理学家的经典实在论立场。

---

① 成素梅：《如何理解微观粒子的实在性问题——访斯坦福大学赵午教授》，《哲学动态》2009年第2期，第79-85页。

然而，量子化概念的确立使这两座高耸入云的美丽大厦轰然崩塌，并导致了一系列涉及哲学的根本问题，其中，最重要的四个问题如下。

第一，"自然界是连续的"这个观念一旦被摧毁，在此基础上形成的概念框架也相应地被摧毁，从而使概念的意义成为不明确的。玻尔喜欢讲的一个故事很好地表明了用经典物理学概念来描述电子或光子之类的微观粒子时的不适当性。玻尔的故事是，一个小孩子拿着两便士跑到商店，要求售货员卖给他两便士的杂拌糖。售货员给了他两块糖，然后说，"你自己把他们混合起来吧"。海森伯说，这个故事意味着，当我们只有两个对象时，"混合"这个词就失去了意义，同样，当我们处理最小的粒子时，像位置、速度和温度之类的经典概念，也失去了它们的意义。海森伯希望哲学家和物理学家了解量子力学所发生的这些变化。在他看来，在量子领域内使用经典语言已经成为一种危险的工具。他认为，这个事实也会在其他领域内反映出来，只是还需要经历一个漫长的过程。但是，人们并不知道要在哪里放弃一个词语的用法，就像在玻尔讲的故事中"混合"这个词语的用法一样，我们不能说，当有两样东西时，把它们混合起来，那么，当有五样或十样东西呢？[①]

在海森伯看来，造成这种困难的根源在于，我们的语言是在我们与外在世界的不断互动中形成的，我们是这个世界的一个组成部分，拥有语言是我们生活中的重要事实。语言成为我们与世界和睦相处的前提。然而，这些日常语言不可能在原子领域内还能完全适用，或者说，我们在运用经典概念时，是从宏观领域延伸到微观领域的，因此，就不应该指望这些词语还会具有原来的含义。这也许是哲学的基本困难之一：我们的思维悬置在语言之中，我们最大限度地扩展已有概念的用法，就必然会陷入它们没有意义的情境之中。关于量子力学解释的微粒说和波动说之争，正好揭示了物理学家用经典概念的图像思维方式理解量子力学的困难所在。

第二，在经典物理学中，用来描述粒子运动的动量，以及描述波传播的波长，是两个互不相关的概念，但在量子领域内，它们却通过作用量子内在地联系起来（即 $p = h/\lambda$）。[②]但是，根据图像思维，我们无论如何都无

---

① Buckley P, Peat F D, *A Question of Physics: Conversations in Physics and Biology*, Toronto: University of Toronto Press, 1979, pp.3-16.

② 玻尔正是根据这一点提出了他的互补原理。他认为，微观对象既然能体现出粒子性，又能体现出波动性，同时运用这两类概念来描述同一个微观对象时，其描述的精确性要受到一定的限制。在这种受到限制的范围内，允许人们在经典话语的领域内谈论量子测量现象，同时，作用量子对经典概念的精确使用和现象与对象之间的关系建立了相互制约；对于完备地反映一个微观物理实体的特性而言，描述现象所使用的两种经典语言是相互补充的，其使用的精确度受到海森伯的不确定关系的限制。

法把不连续的粒子图像与连续的波动图像统一到同一个微观对象身上。玻尔认为，微观粒子既能体现出粒子性，又能体现出波动性，同时运用这两类概念来进行描述时，其精确性要受到海森伯不确定关系的限制。玻尔把这种运用经典概念描述量子现象存在的不确定性概括为"互补性原理"。

然而，从当代量子理论的发展来看，玻尔的这种观点就像他在 1913年基于普朗克的量子假设，提出轨道量子化的观点来解决氢原子的稳定性问题的做法一样，也是半量子和半经典的。因此，就像玻尔的轨道量子化理论被后来的量子力学所取代一样，玻尔的互补性原理，也只是一种权宜之计和不恰当的延伸外推，这正是以互补性原理为核心的量子力学的正统解释长期以来备受质疑的主要原因之一。

第三，在薛定谔方程中，波函数本身没有物理意义，有物理意义的是它的振幅的平方，代表了在测量时，微观粒子出现在某个地方的概率大小，是对可观察到的结果的描述，而不再是对微观粒子本身的状态变化的描述。我们即使拥有了一个波函数，也不可能在测量之前就根据理论来确定每次测量会得到哪种结果，只有在实施了测量之后，才能得以确定。一方面，量子物理学家对量子系统的许多诡异特性的理解，并不是从实验结果中归纳而来的，而是通过抽象的数学思维来进行的；另一方面，从理论物理学的发展来看，微分方程、几何学、拓扑学、数论、群论、抽象代数、概率论等抽象的数学工具似乎越来越成为物理学家的研究向导，或者说，由于微观粒子是不可概念化的，所以，物理学家不可能依靠直接经验来感知亚原子粒子的运动情况，而是依靠抽象的数学来设想其存在并预言实验结果或现象。

第四，在经典物理学中，物理思想是主要的，数学不过是使物理思想更加精确的一种辅助手段，比如，牛顿力学的运动定律与笛卡儿坐标，相对论的变换公式与非欧几何，等等。物理学家通常是先有物理概念与模型，再抽象或概括出数学表达式，而且，他们还能够通过数学表达式，推论出新概念和提出新预言。比如，从麦克斯韦方程组中推论出位移电流的存在和预言电磁波的存在等。这些推论和预言最终都得到了实验的证明，但是，在它们得到证明之前，物理学家对它们的理解却是无歧义的。

然而，在量子领域内却正好相反。物理学家首先得到的是具有可操作性的两套数学结构，尽管后来证明两者是等价的，但是，物理学家对玻恩统称为量子力学的形式体系的解释却至今没有达成共识。不仅如此，作为量子力学的基本原理之一的态叠加原理意味着，对由两个或多个粒子组成的量子系统而言，各个粒子的态的叠加，也是该系统的可能态，这是由薛定谔方程的解的数学性质决定的。

一方面，处于叠加态的粒子，会失去个体性，或者说，不能再被拆分为各个独立的个体，而是需要作为一个整体来被对待，其中，一个粒子的状态变化，必然会导致其他粒子的状态发生相应的变化，粒子状态变化之间的这种关联与时空距离无关，薛定谔用"量子纠缠"概念来概括这些粒子之间的这种整体性。量子纠缠现象是一种纯粹的量子现象，无法用经典的图像思维来理解，只能用抽象的数学思维来理解。

事实上，在当代物理学家看来，理论物理学发展的整个历史一直在不断地、无法阻挡地朝着抽象化的方向发展。从经典力学到非相对论量子力学，从非相对论量子力学到量子场论（含有二次量子化和重整化），从麦克斯韦理论到规范场，从规范不变性到纤维丛理论，等等，都是向着抽象程度越来越高的方向发展的例子。物理学家一直在借助于抽象的数学来理解世界，而且，这种依赖程度越来越深入。[①]

由这种抽象的数学理论描绘出来的"量子实在"，就其存在形式而言，既不同于自在实在，也不同于对象性实在，而是被建构出来的，就其内容而言，却并非凭空想象的，而是程度不同地受到了来自不可感知的"自在实在"信息的约束，并且，这些信息无法被从对象性实在的整体信息中剥离出来，只能是一种整合性的存在。然而，正是这种约束，才使得从数学公式得到的推理结果，具有了可证实的经验价值和可应用的技术价值。

当前，用来进一步理解电子、光子、夸克等微观粒子存在性的弦理论研究，正在引起某些数学家的重视。这些数学家正在致力于通过研究复几何和辛几何之间的镜像现象来验证弦理论的预言。如果说量子力学的情况只是揭示出物理学家在运用经典的图像思维来理解问题时所出现的悖论的话，那么，弦理论的发展，则只能依靠抽象的数学思维来理解。

这就提出了一个更加尖锐的问题，当物理学家越来越用抽象的数学思维替代经典的图像思维时，我们应该如何理解只能依靠抽象的数学思维才能理解的量子理论的理论性质呢？对于无法进行图像思维的这类量子理论应该被刻画为是形而上学，而不是物理学吗？或者说，像有些人所认为的那样，把与实验无关或关系不密切的量子理论的数学化的发展趋势，比如弦论、超对称等，说成是"童话般的物理学"（fairy-tale physics）吗？[②]或

---

① 成素梅：《如何理解微观粒子的实在性问题——访斯坦福大学赵午教授》，《哲学动态》2009年第 2 期，第 83 页。

② Kragh H, "Farewell to Reality: How Modern Physics Has Betrayed the Search for Scientific Truth", *American Journal of Physics*, Vol.83，No.4, 2015, p.382.

者说，当物理学家采纳了远离实验和可证实性的数学思维方式时，意味着理论物理学告别了对实在的揭示、背叛了对科学真理的追求、失去了成为科学的资格吗？这些问题都是在经典理论观和实在观的前提下提出的。如果我们接受了上一章讨论的"理论是在谈论实在"的观点，就不会提出这样的问题，反而会鉴赏物理学家竟然能够天才地通过数学来把握世界的事实。这就需要我们上升到哲学高度来探讨，物理学家为何会具备这样一种特殊的认知能力之类的问题。

第七节　量子实在观

科学理论是对实在的正确描述。这种观点不仅是对常识实在论的一种合理延伸，而且具有深厚的自然科学基础，形成了一种本体论化的思维方式，贯穿于科学家的研究活动当中，备受科学家的信赖，并内化为科学家的一种研究直觉。下面提供的爱因斯坦与泰戈尔在 20 世纪 30 年代的一段精彩对话足以明确地说明问题。

爱因斯坦：关于宇宙的本性，有两种不同的看法：1.世界是依存人的统一整体；2.世界是离开人的精神而独立存在的实在。

泰戈尔：当我们的宇宙同永恒的人是和谐一致的时候，我们就把宇宙当作真理来认识，并且觉得它就是美。

爱因斯坦：但这都纯粹是人对宇宙的看法。

泰戈尔：不可能有别的看法。这个世界就是人的世界。关于世界的科学观念就是科学家的观念。因此，独立于我们之外的世界是不存在的。

爱因斯坦：这就是说，真和美都不是离开人而独立存在的东西。

泰戈尔：是的……

爱因斯坦：对美的这种看法我同意。但是，我不能同意对真理的看法。

泰戈尔：为什么？要知道真理是要由人来认识的。

爱因斯坦：我虽然不能证明科学真理必须被看作是一种正确的不以人为转移的真理。但是，我毫不动摇地确信这一点。比如，我相信几何学中的毕达哥拉斯定理陈述了某种不以人的存在为转移的近似正确的东西。无论如何，只要有离开人而独立的实在，那也就有同这个实在有关系的真理；而对前者的否定，同样就要引起对后者的否定。①

诺贝尔物理学奖获得者温伯格也持有同样的观点。他认为，驱使我们从事科学工作的动力正在于，我们感觉到，存在着有待发现的真理，真理一旦被发现，将会永久地成为人类知识的一个组成部分，在这方面，我们只能把物理学的规律理解为是对实在的一种描述。如果我们理论的核心部分在范围和精确性方面不断地增加，但是，却没有不断地接近于真理，那么这种观点是没有意义的。②温伯格的这种观点在他于 1992 年出版的《终极理论的梦想》一书中体现得更为明显。在这本书的序言中，他明确地指出，尽管我们不知道终极规律可能是什么，或者，我们还需要经过多少年才能发现它们。但是，我们认为，我们正在开始隐约地捕获到终极理论的大概要点。③

从科学哲学的发展史来看，这种经典实在论的部分信念还对第一个成熟的科学哲学流派——逻辑经验主义——产生了实质性的影响。而对逻辑经验主义者所奠定的科学哲学研究纲领的批判与超越，又影响了整个 20 世纪科学哲学的发展趋向。当科学哲学家把这种经典实在论的核心观点延伸外推到全面理解科学时，便产生了第一种形式的科学实在论。其基本信念是，普遍认为，科学无疑是一项认知的事业，认知具有揭示对象本质特征的功能，对某物的本质特征的揭示被描述为真理。因此，科学活动是为了揭示真理而进行的认知活动，真理是对事物真相的把握。科学所揭示出来的规律被称为科学发现。或者说，在科学家看来，他们所提供的规律是独立地存在于那里的，他们总会有能力在未来发现这些规律。虽然他们很难明确地知道这种目标是否一定能够达到，但是，他们会通过科学教育的方式一代一代地向着同一个目标逼近。20 世纪末最有代表性的经验建构主义者范·弗拉森把这种科学实在论明确地表述为，科学的目标就是，在其理论中，向我们提供一个关于世界像什么的字面上为真的故事。

从科学哲学的角度来看，这种乐观主义的哲学立场至少蕴含了下列两

① 爱因斯坦：《爱因斯坦文集（第一卷）》，许良英、范岱年编译，北京：商务印书馆，1976年，第 268-270 页。

② Weinberg S, "Physics and History", In Labinger J A, Collins H M(Eds.), *The One Culture: A Conversation about Science*, Chicago: University of Chicago Press, 2001, pp. 116-127.

③ Weinberg S, *Dreams of a Final Theory*, New York: Pantheon Books, 1992, p.10.

个基本假设：其一，科学理论的可靠性与实在性假设；其二，科学方法和科学仪器的有效性与客观性假设。问题在于，量子力学的产生，特别是，量子纠缠现象的出现，使这种简单而朴素的经典实在论立场遭到了前所未有的冲击，以至于 20 世纪的许多理论物理学家不得不有意无意地卷入关于波函数的实在性、测量结果的实在性、微观粒子的实在性以及理论的完备性等问题的争论之中。如果说 1982 年之前的争论是在量子力学的概念体系还没有得到明确证实的前提下进行的话，那么，自 1982 年以来，在量子纠缠已经成为一种技术资源并正在得到大力开发利用的今天，我们就需要在接受新的科学认识之基础上，重新讨论关于"实在观"的问题。

在汉语中，"实在"概念属于常识语言。像许多常识性概念一样，"实在"概念在日常生活中有各种不同的用法，它的含义也是相当模糊的，我们通常需要根据语境来做出鉴别与区分。我们在日常会话中用到"实在"概念时，所指的对象不同，其含义也相应不同。比如，我们会说"这人很实在"，这里的"实在"是指"诚实"的意思；我们也会说，"赚钱是最实在的"，这里的"实在"是指"重要"的意思；我们还会说，"我现在最实在的是有东西吃"，这里的"实在"是指"迫切"的意思。在物理学和科学哲学的讨论中，"实在"概念特指真实存在的意思。

在微观领域内，测量仪器无疑是真实存在的，但作为被测量对象的微观粒子的真实性，显然不同于测量仪器的真实性。为此，物理学家玻恩区分了物理学研究中的两类实在：一类是简单而明显的实在，比如实验物理学家在实验室里经常使用的工具或仪器等；另一类是模糊而抽象的概念实在，比如由物理学理论提出的力、场、量子等令人费解的物理学概念。前者属于应用物理学的范围，后者属于理论物理学的范围。玻恩认为，对比一下这两类实在，就可以看出，在应用科学与理论科学之间，以及在从事应用研究的科学家与从事理论研究的科学家之间，已经出现了一条鸿沟。因此，物理学家迫切需要用一种普通语言所表达的统一哲学（unifying philosophy）来架起作为实践思想的"实在"和作为理论思想的"实在"之间的桥梁。按照玻恩的这种划分，微观粒子属于概念实在的范围。

这类似于爱丁顿所说的两张桌子的故事。爱丁顿曾于 1927 年 1～3 月在爱丁堡大学做过一系列讲座，这些讲座的内容以"物理世界的本性"为标题结集出版。在这本书中，爱丁顿区分了两张桌子：一张是我们早已很熟悉的"普通的桌子"，它具有外延性，占有空间，拥有颜色，是由物质构成的；另一张是量子力学产生之后才揭示的我们大家不熟悉的"科学的桌子"，它不属于我们眼前所熟悉的世界，在大多数情况下是空虚的，我们不可能把它转换成旧的物质概念。但是，爱丁顿认为，在他写科学研究论文时，第二张桌子与第一张桌子一样也是真实的。在这两张桌子中，一张是可以看得见、摸得着的宏观桌子；另一张是由看不见的微观粒子构成的微观桌子。也就是说，在爱丁顿看来，仪器构成的实在是宏观的，由电子、质子等构成的概念实在是微观的。

玻恩进一步认为，在物理学中，所有伟大的实验发现都是科学家在理论模型的基础上做出的。这些模型并不是随意想象的产物，而是对真实事物的表征。如果实验者不使用由电子、原子核、光子、中微子、场和波等组成的模型，他就无法工作，也无法与同事和同行交流。在玻恩看来，这些概念实在对粒子概念的拓展，就像数学家对"数"概念的拓展一样。在数学中，"数"最初意指我们现在所说的整数。如果我们把"数"定义为计数的手段，那么，像2/3或4/5之类的有理数就不再是"数"，在这种意义上，表示单位正方形的对角线的长度的$\sqrt{2}$也不是"数"。为了把这些包括进"数"的范围，数学家开始推广"数"的概念，发明了"分数""无理数""虚数"等概念。除此之外，在物理学中也有相似的例子。声音无疑被定义为我们能听到的东西，光被定义为我们能看到的东西，但我们通常会说，听不见的声音（超声学）和不可见光（红外线和紫外线）。在日常生活中，这类词语的含义延伸的过程也很常见。例如，民主概念，最初是指在市民们聚集起来共同讨论和决定他们问题的希腊城邦的政府。现在，用来指议会制的大国政府。[①]

同样道理，量子领域内的粒子概念在含义与描述方式上都不同于宏观粒子概念，但这不等于说微观粒子不是粒子。对此，玻恩指出，

> 物理学中的公式体系不一定代表通常所熟悉的可理解的事物。它们是从经验中抽象出来的，而且不断地受到实验的检验。另一方面，物理学家使用的仪器是由日常生活中所知道的材料做成的，而且能用日常语言和抽象概念来描述，用这些仪器所获得的结果，例如，曝光的照相底片、数字表或曲线等，也属于这一类可描述的东西。威尔逊云雾室中微滴的径迹表示飞行中的一个粒子；照相版上黑度的间歇分布表示波的干涉。放弃这种解释就会使得直

① Born M, "Physical Reality", *The Philosophical Quarterly*, Vol.3, No.11, 1953, p.149.

观瘫痪，而直观则是研究的源泉；放弃这种解释将使科学家之间的交往更加困难。[①]

也就是说，玻恩认为，物理学家需要在实验与理论之间或在应用科学与理论科学之间、在感觉的实在与理性的实在之间形成一种合理的平衡。日常生活中的东西与科学中的东西是连续的。玻恩的这种观点代表了绝大多数自然科学家的观点。然而，与物理学家坚持的这种实在论立场所不同，科学实在论者与反实在论者在论证他们对待科学的态度时，也需要在如何理解微观粒子的问题上表明自己的态度。科学哲学家通常把这些亚原子的微观粒子统称为"理论实体"，即由科学理论描述出来的实体。科学实在论者认为，理论实体与通常的自然物一样都是实在的；反实在论者则认为，理论实体只是一种理论构造，是解释经验现象的一种工具或者是一种经验建构，并不是真实存在的。科学实在论者与反实在论者关于理论实体是否具有实在性的争论，可以看成是延续了 19 世纪末和 20 世纪初马赫与玻尔兹曼关于原子是否真实存在的争论。科学哲学家把理论实体是否真实存在的问题看成是科学是不是对世界的真理性描述的一个重要前提。

玻恩把科学哲学家认为微观粒子是理论虚构的观点说成是一种极端的主观主义或"物理学的唯我论"。玻恩认为，在科学研究中，"实在"概念是无法放弃的。哲学家之所以轻易放弃"实在"概念是因为他们混淆了"实在"概念的用法，把"实在"概念理解为是需要提供关于研究对象的一切细节，也就是说，我们只有知道微观粒子的详细运动情况和一切属性，才能认为它们不是抽象的虚构，而是真实的存在。这是一种误解。科学哲学家否认微观粒子的实在性依据的是逻辑推理，而逻辑推理的一致性只能是一个否定标准，而不是一个肯定标准。也就是说，任何一个科学理论，如果没有逻辑的一致性，就一定是无法被接受的，但反之则不然，没有一个科学理论只是因为逻辑合理而被接受。科学哲学家否定电子、光子等微观粒子的存在性的根源在于把"真实的"这个概念解释为"知道所有的细节"。这与"实在"概念的日常用法不相符。简单地否定微观粒子的实在性的观点是相当表面的，没有触及物理学遇到的和迫使我们修改的基本概念的实际困难。[②]

这样，在对待微观粒子的问题上，就出现了两个不同层次的讨论：关

① （德）M. 玻恩：《我的一生和我的观点》，李宝恒译，北京：商务印书馆，1979 年，第 99 页。

② Born M, "Physical Reality", *The Philosophical Quarterly*, Vol.3, No.11, 1953, pp.139-149.

于微观粒子以什么方式存在的讨论与关于微观粒子是否真实存在的讨论。这也相应地带来了两个不同层面的问题：讨论如何存在的问题，属于认识论的范畴；讨论是否存在的问题，属于本体论的范畴。根据这一区分，我们不难看出，量子物理学家之间讨论的是认识论的实在论问题，而科学哲学家之间讨论的是本体论的实在论问题。它们分别属于两个不同的阵营。认识论的实在论是在认识论意义上进行的讨论，这些讨论总是会随着科学的不断进步逐渐明朗化，或者加以适当修正，而本体论的实在论是在本体论意义上进行的讨论，在很大程度上，属于形而上学的问题，既是关乎信念的问题，也是一个框架问题。

科学哲学家劳丹以"燃素"和"以太"曾经在化学与物理学的发展史上起到过积极作用后来却证明是不存在的为理由，得出科学只是在解决经验问题，而不是对实在世界的真理性认识的观点，实际上是把科学家关于认识论问题的研究当作本体论问题来理解后所得出的结论。从整体意义上看，这些科学哲学家的思维方式仍然沿袭了传统的自然哲学的思维方式。自然哲学的思维方式是一种典型的本体论化的思维方式。而这种思维方式是建立在以牛顿力学为核心的经典实在观的基础之上的。

经典实在论立场认为，称为"自在实在"的客观世界是独立于知觉主体而存在的，是客观的，也是真实的，它们是物理学研究的潜在对象；成为自然科学研究对象或被纳入科学认知范围内的"自在实在"，被称为"对象性实在"，它们是物理学研究的具体对象。"自在实在"是"对象性实在"的资源库。这个资源的大门总是敞开着的，随着人类认知手段的不断丰富与认知视域的不断扩展，资源库中的"自在实在"会源源不断地被纳入"对象性实在"的范围内。"自在实在"和"对象性实在"只有范围大小之别，没有属性之异，都是先于理论描述而存在的，它们构成了经典自然科学研究之所以可能的本体论基础。物理学家认为，基于实验而形成的科学理论，直接描述了"对象性实在"的运动变化过程，以及实在之间的相互关系，由这些理论描述出来的实在图像，被称为"经典实在"或"经典的理论实在"。在经典物理学领域内，作为资源库的"自在实在"、作为研究对象的"对象性实在"，以及作为经典理论描述出来的"科学实在"是三位一体的，从而揭示了本体论、方法论与认识论的统一，确立了本体论化的理论观，也奠定了经典概念的图像思维方式的有效基础。

然而，量子力学中的态叠加原理和以量子纠缠现象为特征的量子效应，却从根本意义上颠覆了这种经典实在观。一方面，我们对如此神奇的量子效应的理解，只能通过数学来进行。从物理学史的发展来看，物理学家通过数学公式推论出物理现象并不是一件新颖的事情，比如，在电磁学理论的发展中，位移电流概念和电磁波概念的提出，都是先从麦克斯韦方程组推论出来之后，才得到实验的证实的。但是，这种情况完全不同于"以太"和"燃素"概念的情况。"以太"和"燃素"概念是作为解释其他现象的一个额外的本体论假定提出的，而不是从数学公式中推演出来的。量子纠缠的情况类似于位移电流和电磁波的情况。所不同的是，量子纠缠现象极大地违背了直觉与经典的观念，它不再是我们熟悉的三维空间和四维时空中的存在，而是普通人根本无法理解的抽象的希尔伯特空间中的存在。

希尔伯特空间是一个无限维的空间。量子力学描述的现象就是这样的一个无限维的空间中的现象，而实验测量获得的结果是这些现象在四维空间（三维空间加一维时间）里的投影。这样，微观粒子的粒子性与波动性只是它们受制于测量环境的一种行为表现。已经完成的量子延迟实验足以表明，在量子测量中，微观粒子与测量仪器也是相互纠缠的，这就是为什么微观粒子在发射出来之后，还能根据后置的测量设置表现出相应的粒子性或波动性的原因所在。因此，我们不能根据观察到的微观粒子的当前状态，来推断它们在被测量之前的存在状态。

这就像当我们把一个四面体投影到一个平面上看到一个四边形时，并不能由此断定这个四面体原本就是一个四边形一样。在量子力学中，我们也不能把实验测量结果直接地推断为是测量之前的存在状态。这种推断没有科学依据。强调微观粒子存在的抽象性，并不是否认它的实在性，而是表明，微观粒子的真实存在状态是有限的人永远无法直接观察到的。我们既不能由于观察不到，就否定它们的存在，也不能基于经典框架中的粒子观质疑量子纠缠。在量子世界里，数学符号和物理手段成为我们能够深入现象背后的实在当中思考这种实在的一种必不可少的方法。量子物理学家接受量子纠缠的案例，再一次印证了海森伯在提出他的不确定性原理时引用的爱因斯坦的观点：是理论决定了我们所观察的内容。物理学家通过数学能够把握世界，这既是人类智慧的展现，也揭示了我们的日常语言的贫乏。

事实上，当代物理学家已经习惯于把微观粒子看成是一种抽象的多维空间中的存在，把它的粒子性或波动性的表现行为看成是在测量过程中从人的感官无法直接感知的多维空间向人的感官能够感知的四维空间塌缩的结果，把微观粒子对测量设置的依赖性看成是纠缠的结果。[①]或者说，微观

---

① 参见成素梅：《如何理解微观粒子的实在性问题——访斯坦福大学赵午教授》，《哲学动态》2009 年第 2 期，第 79-85 页。

粒子的基本属性并不总是先验地存在着的，而是与测量设置相关，是测量域境中的一种共生现象，而不是对象内在特性的独立呈现。前面陈述的双缝实验、延迟选择实验、斯忒恩-盖拉赫实验已经证明了这一点。因此，根据量子力学的基本观点，"月亮在无人看时，是不存在的"，或者说，微观粒子的状态呈现与测量设置相关，或者说，具有域境敏感性。这个结论不仅挑战了传统的"科学观"和"测量观"，而且颠覆了狭隘的、常识性的"实在观"。

其实，在完全接受量子力学思维方式的氛围中成长起来的当代物理学家认为[1]，在物理系统中，宏观与微观之间的划分实际上并不符合物理学原则，物理学研究希望能够用同一个框架来说明和解释所有的物理现象，与物体的大小无关。我们在看待物理对象时，不应该人为地在微观粒子与宏观粒子之间做出区分，把能看到的大的物体看成是宏观的，因而用经典力学描述，把无法看到的小的物体看成是微观的，因而用量子力学描述。至少从当前理论物理学的发展状况来看，不管是微观粒子，还是宏观粒子，都可以用量子语言来描述，经典力学语言是有局限性的。只是对宏观粒子而言，经典力学虽然有局限性，但人们仍然能够把它当成好的近似来使用，因而还有其存在的价值，对微观粒子来说的话，经典力学连近似的资格都没有了。

冯·诺依曼于1932年用希尔伯特空间的数学结构对量子力学的形式体系的重新表述，以及玻姆晚年阐述的因果性解释和埃弗雷特提出的相对态解释，都把量子力学当作是描述整个世界的理论。只是他们在如何理解这个理论的问题上，选择了不同的进路，提出了不同的观点。在量子力学的概念体系中，最本质的要素是，接受算符语言和态函数的实在性。态叠加原理是它们的推论。从算符语言系统来看，像电子之类的微观粒子只是作为抽象的、多维的希尔伯特空间中的一个算符而存在。算符在我们熟知的空间坐标中用态函数的形式表达出来。所有的物理量实际上都是算符的事实，是非相对论量子物理学中的一个基本概念，在经典物理学中完全没有这种特性。在这个多维的抽象空间中，微观粒子本身有无数种方式来表现自身，我们对它的认识，只能是算符投影到我们能够观察到的非常有限的特殊时空（即四维时空）中的一种映像（image）。

这种观点蕴含了两个层次的实在——自在实在与对象性实在。作为自

---

① 参见成素梅：《如何理解微观粒子的实在性问题——访斯坦福大学赵午教授》，《哲学动态》2009年第2期，第79-85页。

在实在的微观粒子，是抽象空间中的一个抽象算符（这里的"抽象"是相对于有限的人类而言的）。作为对象性实在的测量现象，是我们运用特定测量方法观察到的微观粒子的一个侧面或一个投影。如果有朝一日我们能超出四维时空的限制进行观察，那么将有可能揭示出新的侧面。这两种类型的实在都是真实的，所不同的是，在量子力学的概念思维中，自在实在只是存在于我们人类认为是极其抽象的数学空间中，对象性实在存在于人类可运用的四维空间中。因此它们是既相互关联，又有所区别的两个层次的实在。

另外，在量子力学的概念体系中，量子系统的许多诡异特性首先是通过数学方法揭示出来的，而不是由实验归纳而来的。在这里，以希尔伯特空间、抽象代数以及概率论为核心的数学工具成了物理学家的研究向导，或者说，量子物理学家不是依靠经验来感知亚原子粒子的运动情况，而是依靠数学来预言实验结果或现象的。然而，这些预言所达到的准确程度，充分体现了数学工具的卓越能力，证明了物理学家依靠思维推理得到的理论，是对自在实在的某种程度的正确描述的实在论观点。由这种抽象理论描绘出来的实在，构成了第三种实在——科学实在。就其存在形式而言，科学实在不同于自在实在和对象性实在，它是建构出来的，是发明的，而不是发现的，但就其内容而言，并非凭空想象的，而是对世界机理的整体性模拟。正是这种模拟性，才使得它的预言与推理结果具有了可证实的经验价值。

这三种实在分别对应于本体论意义上的实在、方法论意义上的实在和认识论意义上的实在。在量子力学的概念思维方式中，微观粒子（即自在实在）作为抽象的数学空间里的存在者，相当于康德的"物自体"，只是作为感知世界的基础而存在，而不是作为直接的认知对象而存在；量子现象（即对象性实在）作为一种共生的测量结果，等同于经验实在，是多维空间中的存在物向四维空间的投影，它既包括微观粒子的信息，又包括投影过程中生成的信息；量子实在（即科学实在）作为理论发明的结果，是在超越对象性实在的过程中，对世界内容与结构的整体性模拟。

这种把自在实在、对象性实在和科学实在有机地统一起来的量子实在观，是一种最低限度的实在观。根据这种实在观，整个宇宙在最基本的意义上是一个抽象空间，人类生存的空间只是这个抽象空间的一个投影。抽象空间中的存在物，并不是由我们能直接感觉到的东西组成的，而是我们的常识思维无法想象的一种抽象存在。包括人类在内的这样一个世界，是一个随机的、错综复杂的、互相关联的世界。目前，人类对这个世界的认识极其有限。人类认识世界的过程，是不断地超越自身阈限的过程。如果基于这种观点来回答当代科学哲学面临的问题，那么，必然会得出新的结论。

第八节 结 语

综上所述，如果物理学家认为，量子力学是完备的和成功的科学理论之一，那么，他们在接受量子力学的数学形式体系的同时，也就相应地接受了这个形式体系所蕴含的哲学基础。如果是这样的话，物理学家就必须普遍地把量子力学能回答的问题看成是有意义的、不能回答的问题看成是"不允许的"或"无意义的"问题。然而，值得注意的是，量子力学的创始人的观点比这一点走得更远。在玻尔看来，量子力学的现行体系不仅是一个"完备"的理论，而且也是唯一的理论，即某些问题不仅是量子力学"不允许的"，而且也是我们的知识本性所"不允许的"。换句话说，玻尔相信，量子力学的现行体系已经规定了我们知识的限度，也规定了我们探求理解的限度。[①]而这种观点正是包括爱因斯坦、薛定谔和玻姆在内的许多物理学家所不能接受的。

物理学家之间的争论，既反映了他们所坚持的哲学见解，又有助于推进澄清概念与理论的意义。值得关注的是，由爱因斯坦与玻尔引发的关于量子力学的基本概念的争论，并没有随着两位巨人的相继离世而终结，关于量子力学的解释问题仍在讨论之中。量子理论不仅是抽象的理论研究，也不仅是为我们提供了理解微观世界的一种有趣方式，而且到目前为止一直与实验结合得非常好。特别是近些年来，从事量子密码术和量子计算机研究的实验物理学家提出了量子力学提供的不是对实在的描述，而是关于实在的信息的观点。

这种观点主张从信息的角度理解量子力学。其认为，世界之所以表现为是量子化的，正是因为信息是量子化的。从这个观点来看，在"薛定谔猫"的实验中，由于没有客观的方式来说明猫是死是活，所以，人们不能对现实做判断，只能对波函数提供的信息做判断。这个信息表明，猫处于生与死的两种结果具有同样的可能性，观察者对此无法区别，所以，只能用叠加态来描述这种情况。这种观点事实上是玻尔当年观点的变种，即人们不可能判断自然到底是什么，只能讨论如何来描述自然。

这里之所以提到量子力学的信息解释，只是表明，关于量子力学的基

---

① 吴大猷：《物理学的历史和哲学》，北京：中国大百科全书出版社，1997年，第74页。

本问题的理解，已经不再是理论物理学和物理哲学家关注的事情，实验物理学家也喜欢参与讨论。我们相信，随着关于量子力学的实验与技术的开发，关于基本问题的讨论也会有新的进展。就目前而言，关于量子力学的基本问题的讨论依然还在进行之中。这种状况也体现了这种观点的深刻性：经过充分的讨论而没有解决的问题，也许比没有经过讨论就认为已经解决了的问题更深刻。

第七章　非定域性：改变整体观

"EPR 论证"的发表除了致使薛定谔设计了著名的"薛定谔猫"实验和创造了量子纠缠概念来指称量子测量的奇特现象之外，它还激发了物理学家寻求比量子力学更基本的底层理论的热情，那就是，寻找隐变量的量子理论是否可能的问题。自 1952 年玻姆系统地提出一个因果性的隐变量量子理论和 1964 年贝尔基于此提出了著名的"贝尔定理"以来，物理学家踏上了寻找实验来检验定域的隐变量量子论与现行的量子力学哪一个是正确理论的道路。在这一条探索的道路上，物理学家最终不得不承认，量子纠缠态之间的关联是非定域性的，定域隐变量量子论是不可能的观点。近年来，随着量子纠缠理论的发展，量子信息学家发现，量子纠缠与非定域是不完全等同的，还存在着没有非定域性的量子纠缠。这些最新研究不仅进一步深化了我们对"量子纠缠"概念的理解，而且促进了其应用前景。本章沿着拓展"EPR 论证"的第二条线索，通过对玻姆的隐变量理论、贝尔不等式和阿斯派克特的实验验证的追溯，以及对爱因斯坦的定域性概念和分离性概念的剖析，来揭示非定域性概念的意义，从而揭示量子纠缠所蕴含的一种非分离的整体观。

第一节　玻姆早期的隐变量理论

玻姆出生于美国宾夕法尼亚州巴尔小镇，具有犹太血统，1939 年在宾夕法尼亚大学获得科学学士学位后，到加州大学伯克利分校，师从奥本海默攻读博士学位。奥本海默当时正在领导着美国研制原子弹的曼哈顿工程，玻姆参加了相关实验工作，1943 年获得博士学位之后，留校工作，1947 年在奥本海默的推荐下到普林斯顿大学担任助理教授，并教授量子力学课程。玻姆在读博士期间就经常与同样在读博士的温伯格讨论量子理论的基本问题。当时，玻姆深受玻尔的影响，并在前往普林斯顿大学之前就在着手撰写《量子理论》一书，这本书于 1951 年 2 月出版。玻姆撰写这本书的目的是试图根据量子力学的哥本哈根解释来阐明量子力学的内在物理意义。

在这本书中，玻姆把通常的波函数换成了自旋函数，提出一个玻姆版本的 EPR 佯谬，通常称为 "EPRB 佯谬"，B 是玻姆姓氏的第一个字母。玻姆对 "EPR 论证" 的重述是这样的：考虑一个由两个自旋为 1/2 的粒子组成的系统，它处于总自旋为零的状态，并且它的两个粒子沿相反的方向自由运动。系统的态将由这个空间自旋不变的函数来描述。一旦两个粒子在总自旋不变的情况下分离开来，不再有相互作用，就可以测量粒子 1 的任意一个自旋分量。既然总自旋为零，我们就能立刻得知粒子 2 在同一方向上的自旋分量与粒子 1 相反，而对粒子 2 没有任何干扰。那么，根据爱因斯坦的物理实在性判据，就必须得出结论：所推出的值代表物理实在的一个要素，而且必须是在进行测量之前就已经存在了。但是，因为同样可以选取任何其他方向，所以粒子 2 的所有三个自旋分量，在它与粒子 1 分开后，都必须同时具有确定值。然而，由于量子力学（因为自旋算符的不对易性）在一个时刻只允许这三个分量中的一个可以完全精确确定，因此，量子力学并没有对物理实在提供完备的描述。

雅默在介绍了玻姆对 EPR 的如上重述之后，特别指出，注意到玻姆 1951 年曾做过的如下评语是有历史兴味的：

> 倘若这个结论是对的，那么我们就应当去寻找一种新的理论，用这种新理论能得到更接受完备的描述。然而，我们将看到……【爱因斯坦】分析以一种整体的方式隐含着下列假定……即世界实际上是由单独存在并且精确地确定的"实在的要素"所组成的。然而，量子力学意味着，在微观层级上的世界结构有一幅完全不同的图像。我们将看到，这幅图像在现有的理论框架中得出了 EPR 假想实验的一个完全合理的解释。[①]

雅默指出，玻姆这里所说的 "在微观层级上的世界结构有一幅完全不同的图像"，指的是玻尔对微观物理学本性的观念。玻姆的《量子理论》一书是根据哥本哈根解释的观点撰写的，他甚至认为，玻尔的观点对于提供合理地理解量子理论所需的一般哲学基础是极其重要的。不仅如此，玻姆在这本书的结尾还提出了一个量子理论同隐变量不相容的证明，这个证明是在 EPR 论文的基础上进行的。但是，由于玻姆在这本书中接受了玻尔的观点，所以，得出的结论是 "没有任何一种机械决定论的隐变量的理论

---

① （美）M. 雅默：《量子力学的哲学》，秦克诚译，北京：商务印书馆，1989 年，第 273 页。

可以导出量子理论的全部结果"①。

奇怪的是，1952 年 7 月，玻姆却一反常态地在《物理学评论》期刊上刊发了标题为"根据'隐变量'建议对量子力学的一种解释"的文章。②在这篇文章中，玻姆运用复杂的数学技巧阐述了一种对量子力学的隐变量解释是可能的观点。他认为，在微观粒子的运动过程中，粒子的位置是隐藏着的，因为它在波函数中不出现。在玻姆的方法中，他用通常的方式定义了波函数，然后，还假定粒子总是具有精确的位置和精确的动量，因此，粒子总是沿着特定的轨道运动。粒子的位置和轨道与波函数相关，大量粒子的位置的分布由概率密度精确地给出。这样，玻姆从一个非常不同的视角，把粒子的运动与哥本哈根解释联系起来。

但是，与哥本哈根解释不同的是，在玻姆的隐变量解释中，概率的使用不再是因为粒子的属性是不确定的，而是因为物理学家的无知造成的。玻姆在多体系统中，重新阐述了类似于德布罗意所提出的"导波"理论，回答了当时德布罗意的理论所不能够回答的问题，为一致性地解释包括量子测量理论在内的广泛的量子现象提供了一条新的思路。玻姆的这一工作，不仅使德布罗意重新回到了自己当初的立场，而且使沉寂了 25 年之久的关于量子力学解释的讨论，又重新紧锣密鼓地开展起来。

在玻姆的隐变量量子论提出之前，当时的物理学界之所以放弃对隐变量量子理论的追求，这与冯·诺依曼的工作密切相关。20 世纪 30 年代，冯·诺依曼在《量子力学的数学基础》一书中，根据量子力学的概念体系提出了四个假设。以此假设为前提，他证明了，通过设计任何隐变量的观念来把量子理论置于决定论体系之中的企图，都是注定要失败的。逻辑分析的结果表明，隐变量理论和他的第四个假设相矛盾。冯·诺依曼的这种"证明"很快赢得了物理学家的信任，从而也对寻找隐变量量子论的任何试图判了死刑。相反的事实是，这种状况在极大程度上支持了量子力学的哥本哈根解释，并使这种解释在 20 世纪 50 年代之前上升为物理学家普遍接受的正统解释或传统解释。

玻姆运用量子势概念提出的隐变量理论所带来的一个副产物是重新唤起了人们对已经被普遍接受的冯·诺依曼的"证明"的怀疑。同时，也唤起了人们深入细致地思考冯·诺依曼关于隐变量的不可能性证明的热情。

---

① （美）M. 雅默：《量子力学的哲学》，秦克诚译，北京：商务印书馆，1989 年，第 324 页。
② Bohm D, "A Suggested Interpretation of the Quantum Theory in Terms of 'Hidden Variable', Ⅰ and Ⅱ", *Physics Review*, Vol.85, No.2, 1952, pp.166-193.

结果，探索量子力学的一个决定论方案的兴趣，与审查冯·诺依曼证明在逻辑上是否合理的努力，成了 20 世纪 50 年代讨论的主题之一。

大量的批评从冯·诺依曼证明的第四个假设——可加性假设——中找到了突破口。一种观点认为，冯·诺依曼的证明是一种逻辑上的循环论证，即有待证明的结论包含在前提之中，他预先假定了量子力学的标准形式体系的唯一正确性；另一种观点认为，冯·诺依曼的证明只是公理化量子力学的内部无矛盾性的一个证明，同具有不同逻辑结构的隐变量理论毫无关系；还有各种各样的、贬褒不一的见解，在此不能一一列举。

针对这种情况，玻姆在《现代物理学中的因果性与机遇》一书中，谈到他提出量子论的隐变量解释的动机时说道，

> 首先应该记住，在这个理论提出之前，普遍存在这样一个印象：根本没有任何隐变量概念（……抽象的、假设的和'玄学的'隐变量的概念）能够与量子理论相容……因此，为了表明只是因为隐变量甚至不能被想象就抛弃它们这样一个做法是错误的，只要提出任何一个逻辑上相容的、用隐变量来说明量子力学的理论就够了，不论这种理论是多么抽象和"玄学"。[1]

玻姆的隐变量理论受到了反对玻尔互补原理的那些人的大力支持。有的人称玻姆的理论是"一个决定性的进展"；有的人认为，玻姆的理论在概念上优越于通常诠释的测量理论。但是，也受到了一些人的批评。其中最严厉的批评来自俄国物理学家福克，他认为，玻姆的理论是"要把决定论形式的定律强加于自然界，要不顾一切证据而放弃这些定律取更普遍的几率形式的可能性——这意味着从某种教条出发而不是从自然界本身的性质出发，这种立场在哲学上是不正确的"[2]。福克认为，因果性原理与量子力学是不矛盾的，只不过是把因果性的应用范围扩展到概率定律而已。因此，福克认为，概率诠释同唯物主义观点不发生矛盾。

玻姆工作的另一个副产物是唤起了贝尔返回来研究量子力学基础问题的热情，并在 1964 年提出了著名的贝尔定理，而贝尔定理的提出，又为实验检验量子力学提供了可能，从而进一步推动了对量子纠缠态的深入研究。

---

[1] （美）D. 玻姆：《现代物理学中的因果性与机遇》，秦克诚、洪定国译，北京：商务印书馆，1965 年，第 215 页。

[2] 转引自（美）M. 雅默：《量子力学的哲学》，秦克诚译，北京：商务印书馆，1989 年，第 339 页。

第二节　非定域性概念的确立

约翰·贝尔是日内瓦欧洲原子核研究中心的一位理论物理学家。他在一次对话中说到他重新关注量子力学基础问题的经过时说，他在读大学期间就意识到，量子力学有明显的主体性，肯定可以以某种更专业化的方式表述物理学。由于考虑到许多人在这个问题上进展甚微，所以，他回避了对这一问题的思考，从事别的具体工作。直到 1963 年，他在日内瓦工作时，与正在全神贯注地思考这些问题的约克教授的讨论，才使他决定回过头来重新研读很久以前德布罗意和玻姆关于隐变量的文章，其目标是考察分析对量子现象的这种实在论说明是否可行。他认为，德布罗意早在 1927 年就提出导波理论，但是，却被物理学界一笑置之，这是一种丢脸的拒绝方式，因为他的论据并没有被驳倒，而是被简单地践踏了。1952 年玻姆复苏了这个理论，也没有引起物理学界的重视。可是，在贝尔看来，玻姆和德布罗意的理论就实验目的而言，在所有方面都与量子力学等价，但它却是实在论的和明确的。[①]于是，他决定回过头来从普遍的隐变量量子理论出发来研究量子力学的基本问题。

贝尔在研究过程中发现，在冯·诺依曼的推理中，可加性假设起着特殊的作用，于是，他在考察了当时所存在的各种隐变量理论模型之后，试图来解决这样一个明显的矛盾：如果冯·诺依曼的证明成立的话，怎么又有可能建立一个逻辑上无矛盾的隐变量理论呢？为了澄清这一问题，1964 年，基于玻姆对 EPR 论证的重述方式，他撰写了在量子论的基础研究中与 EPR 论文同样有意义的两篇论文。这两篇论文之所以重要，不仅是因为它们的论证方式清晰与简单，而且更重要的是，它们提出了一个有可能付诸实验的定理。

贝尔首先详细地剖析了冯·诺依曼关于隐变量理论的不可能性的证明，研究了隐变量在量子论中的可能性问题，完成了题为"关于量子力学中的隐变量问题"的论文。这篇论文于 1964 年 9 月呈交《现代物理学评论》期刊。但是，审稿人认为文章对测量过程讲得太少，因此，退回论文，要求就此问题做些补充。贝尔于 1965 年 1 月把修改稿再次寄给编辑。不幸的是，由于编辑的疏忽，中间几经周折，该论文直到 1966 年才被刊出。[②]在

---

① （英）戴维斯、布朗合编：《原子中的幽灵》，易心洁译，长沙：湖南科学技术出版社，1992年，第 50-51 页。

② （美）M. 雅默：《量子力学哲学》，秦克诚译，北京：商务印书馆，1989 年，第 354 页。

此期间，贝尔向《物理学》期刊呈交了另一篇题目为"关于 EPR 悖论"的文章。令人惊奇的是，贝尔的这篇论文是于 1964 年 11 月 4 日寄到编辑部的，竟然在 1964 年底前就被刊登出来。事后来看，这也证明了当时《物理学》期刊编辑具有的独特的物理学眼光。

这篇具有时代意义的论文首先引述了用自旋函数来表述 EPR 论证的玻姆说法，采用不可能性证明的方式，以假设定域性来论证隐变量。EPR 论文认为，在空间上彼此分离的两个系统，一个系统发生的情况，不应该也不可能同时影响到另一个系统。贝尔则超越了 EPR 论文的这种直觉，总结出任何定域的隐变量理论，不论其变量的本性是什么，都在某些参数上同量子力学相矛盾。于是，他推论出一个有可能进行实验检验的数学条件：一个定域隐变量理论不能重复量子力学的全部统计预言[①]，隐变量理论给出的自旋相关度小于量子力学给出的相关度。这个不等式提供了一个选择定理，被称为贝尔定理：如果实验结果符合这个不等式，那么，就证明量子力学是错误的，爱因斯坦坚持的定域实在论观点是正确的，但两者不可能同时正确；如果实验结果违反这个不等式，就证明量子力学是描述微观理论的正确理论，那么，非定域性就是微观世界的一个重要特征。这就是著名的贝尔定理。贝尔通过这个定理回答了自己在当时还未被刊出的第一篇论文中所提出的问题。

贝尔在推导这个定理的过程中，明确地假设，如果所进行的两个测量在空间上彼此相距甚远，那么，沿着一个磁场方向的测量，将不会影响到另一个测量结果。贝尔把这个假设称为"定域性假设"。从这个假设出发，贝尔指出，如果我们可以从第一个测量结果预言第二个测量结果，测量可以沿着任何一个坐标轴来进行，那么，测量的结果一定是已经预先确定了的。但是，由于波函数不对这种预先确定的量提供任何描述，所以，这种预定的结果一定是通过决定论的隐变量来获得的。贝尔的这篇文章不仅成为尔后物理学与哲学研究中引用率最高的文献之一，而且使关于量子力学解释的争论从观念层次跨入实践层次迈出了决定性的一步。

雅默在谈到贝尔定理的提出过程时曾指出，其实，李政道早在四年前就预料到了贝尔的结果，只是他未能推出和贝尔不等式相当的结论，而是让他的助手舒尔兹去进一步整理这些想法，由于舒尔兹不久之后去从事其他方面的工作，所以他不得不放弃了这方面的研究。这样轻易地错失了发现贝尔结果的机会。雅默在脚注中指出，李政道在 1961 年发表的文章中曾

[①]（美）M. 雅默：《量子力学哲学》，秦克诚译，北京：商务印书馆，1989 年，第 354 页。

对他的想法有过片段性的报道，并列出相关的文献。但是，1973年，李政道在接受采访时声明，一切荣誉应当归功于贝尔教授。①

在贝尔定理刚提出时，并没有受到物理学家的广泛关注，因为当时的大多数物理学家认为，结论早在三十多年前就已经确定了：在量子力学的问题上，玻尔是正确的，爱因斯坦是错误的。直到五年之后的1969年，克劳瑟（J. F. Clauser）、霍恩（M. A. Horne）、希芒尼（A. Shimony）和霍尔特（R. A. Holt）（这四人通常简称CHSH）才联名在《物理评论快报》上发表了关注贝尔工作的文章。他们在这篇文章中，对贝尔的工作进行了拓展与完善，提出了一个更具有普遍性的并且能够在实验中检验的不等式，称为Bell-CHSH不等式。这个不等式是物理事件定域特征的一种必然结果，并且，为检验贝尔定理提出了一个重要的实验方案。

自20世纪70年代以来，检验贝尔定理的实验工作在不同的实验室里相继展开，以求澄清自然界究竟是由非定域的和非决定论的量子力学支配的，还是由定域的和决定论的隐变量理论支配的。在这些努力中，最主要的实验有三种类型：一是原子级联辐射的两个光子的偏振关联分析；二是由电子偶素湮灭而产生的两个γ光子的偏振关联分析；三是质子-质子散射的自旋关联分析。在这些实验中，第一个检验贝尔不等式的实验是1972年由克劳瑟和弗里德曼在加州大学伯克利分校完成的。但是，由于实验存在一些漏洞，结果没有太大的说服力。直到1982年，法国奥赛理论与应用光学研究所的阿斯派克特小组一方面在反复研读有关量子力学的文献和分析前面实验的基础上不断改进实验设计方案，另一方面利用他们随时能够前往欧洲原子核研究中心与约翰·贝尔讨论问题的便利条件，于1982年实施的实验被认为具有判决性的效果。

阿斯派克特在设计实验时的想法与克劳瑟的想法正好相反。克劳瑟当时认为，量子力学是错误的，定域性是正确的。而阿斯派克特则希望通过他的实验摧毁认为量子力学是不完备的观念，试图为量子力学正名。最终，他们运用延迟决定偏振镜方向的方法，在排除了纠缠光子对之间交换信息的可能性之后所完成的实验，被认为是第一次在精确意义上对EPR进行了检验，这个实验被命名为"阿斯派克特实验"，实验结果毫无悬念地证明了量子力学的胜利，贝尔不等式不成立。之后，其经受了其他物理学家的重复检验。特别是1998年，塞林格小组在奥地利因斯布鲁克大学完成的实验，更加彻底地排除了定域性假设。从此，阿斯派克特系列实验也被物理学家

---

① （美）M. 雅默：《量子力学的哲学》，秦克诚译，北京：商务印书馆，1989年，第360页。

公认为 20 世纪物理史上影响最为深远的实验之一，甚至可以和 1886 年的迈克尔逊=莫雷实验相提并论。

定域性假设的排除意味着量子力学是非定域性的。所谓非定域性是指，纠缠光子对之间存在的一种量子关联，意思是说，如果测量纠缠光子对中任意一个光子的偏振，将会影响到另一个纠缠光子的偏振。这种影响的发生是在不允许两个光子之间有任何沟通或信息交流的情况下进行的。换句话说，贝尔不等式体现了定域条件对两个光子关联协作的程度和限制。在现实社会中，如果一对双胞胎出生后就分开，从来没有见过面，尽管他们俩的基因完全一样，但因为他们在现实生活中是两个不同的个体而存在，因此，他们会有完全不同的人生经验。如果他们相隔两地，对他们进行各方面的考试测验，在他们之间没有任何信息互通的前提下，他们之间的表现不至于表现出明显的相关性。因为在现实生活中，他们俩的存在都是定域的。然而，在两个纠缠光子的情况下却完全不同。

这些实验结果表明，纠缠光子对之间的关联是非定域的。但是，最近关于量子纠缠的理论研究表明，有些纠缠光子对之间的关联，并不违反贝尔不等式，因而是定域的。这样，就把定域性与量子纠缠区别开来。但不管怎样，这些研究都愈发扩展了我们对量子纠缠概念和含义的理解。当初，薛定谔主要是从测量时所获得的总系统的知识不能分解为两个子系统的知识之和的观点，提出了"纠缠"概念，并没有明确提到纠缠系统之间的关联形式。但是，物理学家从 EPRB 的表述到贝尔定理再到实验证实所明确的纠缠光子之间的非定域性特征，也带来了另一个更加棘手的问题：这个结论背后是否隐藏着信息的超光速传播？对这个问题的回答又与如何理解非定域性与定域性概念有关，后面我们将专门讨论定域性与非定域性问题。这里只是指出，阿斯派克特实验排除的是定域隐变量理论，但不能排除非定域的隐变量理论。

或许正因为如此，在有关量子纠缠研究及其应用方面至今还没有人真正成为诺贝尔奖得主。贝尔本人在 1990 年因脑出血在日内瓦不幸辞世时，并不知道自己当年被诺贝尔奖提名的消息，而按照诺贝尔奖的惯例只颁发给在世者，因而错过了这一殊荣。尽管如此，贝尔对 EPR 佯谬的贡献依然会名留千古。后来，阿斯派克特、克劳瑟和塞林格三位实验物理学家在 2010 年获得了沃尔夫物理学奖之后，曾被 2011 年的诺贝尔奖提名，但是，此奖的殊荣最终并未亲临，而是颁发给了另外三位从事宇宙膨胀理论研究的物理学家。尽管如此，他们对贝尔不等式的实验检验，扩展了量子纠缠态在通信和计算机领域的应用，从而使人们对量子纠缠的认识超越了观念困惑变成了可供利用的宝贵资源，这也是公认的事实。

"定域性"（locality）意味着，在 EPR 型实验中，测量微观粒子 1 的自旋，不会对微观粒子 2 产生任何物理影响，从经典物理学来看，这似乎是自明的或显而易见的。但事实却并非如此。实验已经证实，量子力学违背了这一前提。如前所述，处于纠缠态的微观粒子对之间存在着非定域性关联这一物理学事实，已经成为科学家开发量子密码和量子隐性传态等量子信息技术的理论基础。现在，人们普遍地把"非定域性"理解为量子系统区别于经典系统的最本质的特征之一。[①]

问题在于，微观领域内的非定域性究竟意味着什么？应该对这种非定域性进行怎样的理解？非定域性是否意味着有超光速传播，而与爱因斯坦创立的相对论矛盾？自 20 世纪 80 年代以来，这一问题既是由量子纠缠引发的最核心的哲学问题之一，也是物理学哲学研究的一个新问题。要回答这个问题，还要回到爱因斯坦对定域性概念的理解上来。

第三节 爱因斯坦的"床"

爱因斯坦的"床"（Einstein's bed）这一说法是科学哲学家普特南于 2005 年在《英国科学哲学杂志》上发表的《哲学家再看量子力学》[②]一文中的一个小标题，是普特南根据爱因斯坦与他一起喝茶时就量子力学问题的一个玩笑话，意指爱因斯坦对冯·诺依曼的测量理论中关于态函数的"投影假设"或"塌缩假设"的质疑。这个故事情节如下：普特南是赖欣巴赫的学生，爱因斯坦是赖欣巴赫的朋友。1953 年，普特南在普林斯顿大学工作时，有一次，在赖欣巴赫的安排下，见到了爱因斯坦。普特南与爱因斯坦在街边的一间小屋内喝茶聊天时，他料想到，爱因斯坦一定会谈到对量子力学的不满。结果，在当时的场合下，爱因斯坦并没有说大家普遍熟悉的"上帝不会掷骰子"，也没有说他无法接受一个非决定论的理论产生的任何影响，而是以开玩笑的方式说了一段类似于这样的话：

---

① Aerts D, Pykacz J (Eds.), *Quantum Structures and the Nature of Reality*, Dordrecht:Kluwer Academic Publishers, 1999.

② Putnam H, "A Philosopher Looks at Quantum Mechanics (Again)", *British Journal for Philosophy of Science*, Vol.56 , No. 4, 2005, pp.615-634.

　　　　听我说，我不相信，当我不在我的卧室里时，我的床分散在整个房间，当我打开门并走进来时，我的"床"就一下跳到某个角落。[①]

　　普特南把爱因斯坦对测量问题的这种质疑概括为爱因斯坦的"床"的问题。

　　希利在 2000 年为由牛顿-史密斯主编的《科学哲学指南》一书撰写的"量子力学"条目里，也用了类似于爱因斯坦的"床"的事例。他说："如果量子力学是普遍有效的，那么，它一定不仅适用于原子和亚原子粒子，而且也适用于像床、猫和实验设备那样的普通客体。现在，当它似乎不反对一个电子具有不确定的位置时，假设我放在卧室里的床不在任何地方，这肯定是荒谬的。哥本哈根解释似乎承认这种荒谬的假设。"[②]在希利看来，说明量子力学的测量为何和何时产生一个确定结果的问题，构成了著名的"测量问题"。这个问题之所以产生，是因为量子力学是一个普适的理论，它也一定适用于包括完成量子测量在内的物理相互作用。

　　然而，普特南却强调说，他本人很不喜欢把"测量问题"这一术语与量子力学联系起来使用，他建议最好使用"塌缩问题"（collapse problem）这一术语。因为真正的问题是，我们是否需要假定有"塌缩"存在。在现有的量子力学解释中，已经有两类无"塌缩"解释，一类是玻姆的非定域性的本体论解释，另一类是有关埃弗雷特的不同版本的多世界解释。这两类解释在量子测量问题上，都没有发生从叠加态向现实态的任何塌缩。因此，塌缩与测量宏观的可观察量无关，只是人们是否进行了一次测量。因此，普特南觉得"测量问题"已经过时了。

　　普特南为了避免把"测量"作为一个原始概念，提出了有必要用一个不同的假设来替代冯·诺依曼的"塌缩"假设。普特南的替代假设是，在测量之前，宏观的可观察量是不存在的。也就是说，我们只有在进行测量之后，才能说宏观的可观察量是存在的。宏观的可观察量总是有明确的值，我们应该把这一点看成是量子力学的一个假设。正在这种意义上，普特南把哥本哈根的表达方式归纳为：宏观的可观察量只有在被测量时才有明确的值，在这里，测量被定义为是微观可观察量与宏观可观察量之间的某种相互作用。

----

① Putnam H, "A Philosopher Looks at Quantum Mechanics (Again)", *British Journal for Philosophy of Science*, Vol.56 , No. 4, 2005, p.624.

② 理查德·希利：《量子力学》，见（英）W. H. 牛顿-史密斯主编：《科学哲学指南》，成素梅、殷杰译，上海：上海科技教育出版社，2006 年，第 457 页。

普特南的这篇文章的标题中之所以出现了"再看"二字，是因为普特南曾在 1965 年就发表过一篇题为"哲学家看量子力学"的文章①。在 1965年的文章中，他详细地讨论了量子力学的解释问题会是一个哲学问题的原因所在。他认为，对于量子力学来说，依然有争议的问题是，宏观的可观察量为什么会如此特殊：普特南所希望的结果是，尽管微观的可观察量不一定总是有明确的数值，但是，宏观的可观察量却总是会有明确的数值。这是量子力学得出的一个结果，而不是理解量子力学的前提。所以，普特南不希望把这个结果作为一个特设性原理（ad hoc principle）强加给量子力学。

40 年之后的 2005 年，普特南之所以还愿意再次返回到这一主题，是因为《哲学家看量子力学》这篇文章写于 1963～1964 年，他在写这篇文章时，还没有看到贝尔的那篇关于 EPR 论证的著名论文。他在 2005 年的文章中认为，贝尔的核心主张是，如果量子力学是正确的，那么，测量彼此分离的一对同源粒子的自旋分量所得到的值与经典的"定域性"假设就相矛盾。简单地说，"定域性"所意指的是，对粒子 1 的自旋分量的测量不会对粒子 2 产生任何物理影响。阿斯派克特等的实验以及当代量子信息技术的发展表明，贝尔在 1964 年从量子力学推导出来的"非定域性"是真实存在的，甚至从那时起，如何理解"非定域性"的问题就已经成为讨论量子力学解释的一个核心问题。另一个原因是，在《哲学家看量子力学》这篇文章中，他也没有讨论埃弗雷特等的多世界解释。尽管后来他分别在 1991和 1995 年发表的论文中讨论过这一解释。

普特南说，现在，我们从霍华德以及研究爱因斯坦未公开通信的那些历史学家那里得知，在爱因斯坦看来，量子力学的最大问题，并不是决定论的失败，而是叠加态的问题。也就是说，在活猫与死猫的叠加态中，宏观的可观察量有不同的值，这样的叠加态的存在是不可思议的。普特南在1981 年发表的《量子力学与观察者》②一文中，以双缝干涉实验为例较详细地讨论了冯·诺依曼的量子测量理论和薛定谔的"猫悖论"等测量问题之后认为，量子力学的惊人特征是"态的叠加性"，量子力学的所有解释都是在阐述这一问题。但是，人们不应该以经典的方式进行思考，在物理学的思维方式中起作用的并不是从形式上证明不存在隐变量的量子理论，而是他们如果以经典的思维方式思考问题，就会与可理解的物理学图像不相

---

① Putnam H, "A Philosopher Looks at Quantum Mechanics", In Putnam H, *Philosophical Papers, Vol. 1, Mathematics, Matter and Method*, Cambridge: Cambridge University Press, 1975, pp. 130-158.

② Putnam H, "Quantum Mechanics and the Observer", *Erkenntnis*, Vol.16, No.2, 1975, pp.193-219.

符。对物理学家来说，有用的思维方式是把叠加态也看成是一个新的态，即一种新的条件。1994 年"肖尔算法"的提出和 1997 年"格罗夫算法"的提出，支持了普特南的这一观点。

爱因斯坦在与普特南的这次聊天中讲到的"床"的隐喻，表面上看，是对冯·诺依曼的测量理论中的"投影假设"的质疑，但事实上反映了爱因斯坦的理论观，认为"床"在被观看之前处于叠加态，而不是观察之后的现实态，现实态的获得只能取概率值，这是不能令人满意的。在爱因斯坦看来，这种状况能够通过改变波函数的描述性质来避免，而避免这一点的结果是，把量子力学建立在"定域定理"的基础上。这一点在爱因斯坦于 1954 年 1 月 12 日写给玻恩的一封信中明确地表达出来，他说，

> 要是用 Ψ 函数所作的描述被认为是关于单个体系的物理状态是一种完备描述，那末人们就该能够由 Ψ 函数，而且的确能够由属于一个具有宏观坐标的体系的任何 Ψ 函数，推导出"定域定理"来……因此，认为 Ψ 函数完备地描述单独一个体系的物理性状，这种概念是站不住脚的……在我看来，"定域定理"迫使我们把 Ψ 函数一般地看作是关于一个"系综"的描述，而不是关于单独一个体系的完备的描述。[①]

可见，在爱因斯坦看来，对于单个系统而言，只有赋予波函数统计系综解释的观点，才能避免非定域性，也就是说，爱因斯坦认为，只要把量子力学看成是对单个量子系统的描述，那么，就必然会导致"非定域性"。但是，爱因斯坦强调把波函数看成是对量子系综的描述，而不是对单个量子系统的描述，并不一定意味着他是在提倡定域隐变量理论。因为他在1948 年撰写的《量子力学与实在》一文中曾说过，量子论

> 很可能成为以后一种理论的一部分，就像几何光学现在合并在波动光学里面一样：相互关系仍然保持着，但其基础将被一个包罗得更广泛的基础所加深或代替。[②]

---

① 爱因斯坦：《爱因斯坦文集（第一卷）》，许良英、范岱年编译，北京：商务印书馆，1976年，第 610-611 页。

② 爱因斯坦：《爱因斯坦文集（第一卷）》，许良英、范岱年编译，北京：商务印书馆，1976年，第 446 页。

当然，我们在这里无意猜测爱因斯坦在这个问题上的真实想法，只是指出，从"床"的隐喻可以看出，爱因斯坦早在贝尔的文章发表之前，就已经意识到，非定域性是量子力学的本质特征。现在，我们知道，在量子力学的数学形式中，波函数的非定域性特征来自波函数的非分解性（nonfactorizability），是波函数描述的统计特征的一个推论。实验也证明了量子力学确实是非定域性的。这就提出一个更加尖锐的问题：我们应该如何理解"非定域性"呢？

普特南在 2005 年的文章中谈到非定域性问题时，也以脚注的形式指出，许多外行，当他们听说量子力学预言了非定域性关联时，立即得出结论说，这表明，"因果性的信号能够超光速传播"，因而与爱因斯坦的狭义相对论和广义相对论相矛盾。但事情并非如此简单！对粒子 2 的干扰所证明的是一个统计问题（statistical matter）：改变了粒子 2 的测量结果的概率。而且，这种干扰最终不一定与相对论相矛盾。普特南指出，马奥德林（T. Maudlin）在 1994 年出版的《量子非定域性和相对论：现代物理学的形而上学暗示》一书中对我们拥有的特殊的非定域性形式是否与相对论相一致的问题进行过详细的考察。[①]"非定域的关联"（non-local correlations）不可能被运用于同时观看的一种理由是，当信号从粒子 1（如果有一种信号的话）到达粒子 2 时，信号甚至可能是在对粒子 1 进行测量之前就已经到达了粒子 2，这一问题似乎是没有任何一个实验能够确定的事实。这也说明，我们显然无法根据经典的测量观念和信息在空间中传播的传统观念来理解非定域性，只能运用数学的思维方式来理解。为了进一步澄清这一问题，下面我们进一步围绕"定域性原理"讨论贝尔的定域性与爱因斯坦的定域性之间的区别与联系，以及其他物理哲学家对非定域性概念的理解。

第四节　定域性与分离性

讨论"非定域性"问题的一个基本出发点是先要明确什么是"定域性"与"分离性"（separability）。定域性概念之所以引起物理学界的普遍关注，首先源于爱因斯坦对量子力学的哥本哈根解释的质疑，这种质疑体现为爱因斯坦与玻尔的三次大论战，其中，第三次论战是围绕 EPR 论文论证量子力学是不完备的问题展开的。雅默认为，EPR 论证的两个明显假设是实在

---

① Maudlin T, *Quantum Non-locality and Relativity: Metaphysical Intimations of Modern Physics*, Oxford: Basil Blackwell, 1994.

性判据和完备性判据，但还隐含了两个假设，即

> 定域性假设：如果在测量时……两个系统不再有相互作用，那么，无论对第一个系统做什么事，都不会使第二个系统发生任何实在的变化。有效性假设：量子力学的统计预言——至少就它们涉及这一论证的范围而言——是被经验证实了的。[①]

爱因斯坦在 1948 年 3 月 18 日写给玻恩的一封信中也明确地写道，

> 不论我们把什么样的东西看成是存在（实在），它总是以某种方式限定在时间和空间之中。也就是说，空间 A 部分中的实在（在理论上）总是独立‘存在’着，而同空间 B 中被看成是实在的东西无关。当一个物理体系扩展在空间 A 和 B 两个部分时，那末，在 B 中所存在的总该是同 A 中所存在的无关地独立存在着。于是在 B 中实际存在的，应当同空间 A 部分中所进行的无论哪一种量度都无关；它同空间 A 中究竟是否进行了任何量度也不相干。如果人们坚持这个纲领，那末就难以认为量子理论的描述是关于物理上实在的东西的一种完备的表示。如果人们不顾这一点，还要那样认为，那末就不得不假定，作为在 A 中的一次量度的结果，B 中物理上实在的东西要经受一次突然变化。我的物理学本能对这种观点忿忿不平。可是，如果人们抛弃了这样的假定：凡是在空间不同部分所存在的都有它自己的、独立的、真正的存在；那末，我简直就看不出想要物理学进行描述的究竟是什么。[②]

也就是说，在爱因斯坦看来，在空间中存在的东西无论如何都应该具有自己独立的存在性。因为他认为，要是不承认空间中彼此远离的客体存在的独立性，习惯意义上的物理思维就不可能了。要是不做出这种清楚的区分，也就很难看出有什么办法可以建立和检验物理定律。[③]1985 年，爱因斯坦的研究者霍华德依据爱因斯坦本人对量子力学的这种不完备性的论

---

① （美）M. 雅默：《量子力学哲学》，秦克诚译，北京：商务印书馆，1989 年，第 214 页。
② 爱因斯坦：《爱因斯坦文集（第一卷）》，许良英、范岱年编译，北京：商务印书馆，1979 年，第 443 页。
③ 爱因斯坦：《爱因斯坦文集（第一卷）》，许良英、范岱年编译，北京：商务印书馆，1979 年，第 449 页。

证，区分出"分离性"与"定域性"两个不同的概念。①霍华德指出，实际上，在爱因斯坦的不完备性的论证方式中，包含着我们通常所理解的两个基本假设，即"分离性假设"和"定域作用假设"。所谓"分离性假设"是指，在空间上彼此分离开的两个系统，总是拥有各自独立的实在态；所谓"定域作用假设"是指，只有通过以一定的、小于光速的速度传播的物理效应，才能改变这种彼此分隔开的客体的实在态。或者说，只有通过定域的影响或相互作用才能改变系统的态。

在霍华德看来，分离性假设是爱因斯坦始终不愿意放弃的基本假定，因为爱因斯坦不仅把分离性假设看成是物理实在论的必要条件。而且他还认为，正是分离性假设确保了，在时空中被观察的客体总能够拥有它自己的属性，即使在具体进行观察时有可能会改变这些属性。而定域作用假设是保证分离性假设成为可能的一个基本前提，因为爱因斯坦认为，如果没有定域作用假设，我们就不能屏蔽来自远距离的影响，也就很难相信物理测量结果的可靠性。因此，爱因斯坦把定域作用假设看成是将量子力学与相对论一致起来所坚持的一项更基本的限制性原理。

但是，霍华德认为，从概念的定义来看，分离性假设与定域作用假设之间不一定必须存在着必然的内在联系。在空间中已经分离开的两个系统，不等同于两个系统之间没有相互作用；同样，两个系统之间存在着相互作用，也不是两个系统是非分离的标志。在爱因斯坦的观点中，分离性假设作为物理系统的个体性原理（a principle of individuation for physical system），在一个更基本的层次上起作用。物理系统的个体性原理决定在一定条件下，我们所拥有的究竟是一个系统还是两个系统。如果两个系统是非分离的，那么，在这两个系统之间就不可能有相互作用，因为它们实际上根本不是两个系统。所以，正是以分离性假设为基础的个体性原理决定了在一定条件下，我们所拥有的系统是一个系统还是两个系统。

现在，人们已经普遍认为，分离性假设是指，空间上分离开的两个物理系统都有自己真实的状态；定域性假设是指，人们只有通过定域的作用才能改变物理系统的状态。爱因斯坦坚持的"定域性"概念实际上包含两个假设，一个是分离性假设，另一个是定域作用假设。或者说，是分离性假设和定域作用假设的合取，两个分开的物理系统，只要违背这两个假设中一个假设，就都可以被认为是违背了"定域性假设"。这种区分是有价值

---

① Howard D, "Einstein on Locality and Separability", *Studies in History of Philosophy of Science*, Vol.16, No.3, 1985, pp.171-201.

的，从这一区分出发，不仅能得到理解贝尔定理的物理意义的一个新视角，而且也把讨论问题的深度大大地向前推进了一步。

第五节 一种非分离的整体性

从起源意义上讲，尽管 EPR 论证的初衷主要是强调量子力学是不是完备的问题，并没有明确提出非定域性的问题，但是，非定域性问题通常使用 EPR 实验的术语来讨论。现在，物理学家普遍地把非定域性概念的基本含义简单地理解为：在空间中彼此分离的两个系统之间存在着相互纠缠，如图 7-1 所示。

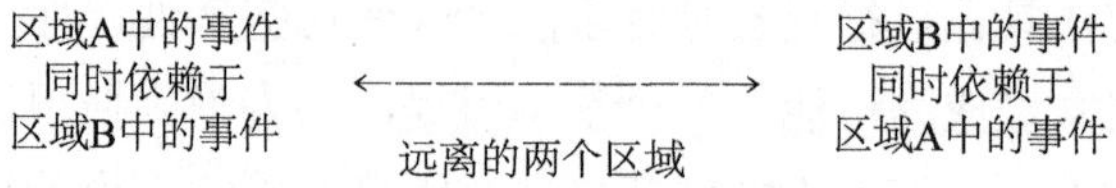

区域A中的事件　　　　　　　　　　　　　　　区域B中的事件
同时依赖于　　←————————————→　　同时依赖于
区域B中的事件　　　　远离的两个区域　　　　区域A中的事件

图 7-1　非定域性示意图

显然，从在宏观领域内建立起来的物理学研究传统来看，物理学家一般认为，这样的非定域性概念是难以令人接受的。因此，他们试图根据原则上能够决定每一次测量结果的隐变量，来探索对非定域性行为的明确说明。正是这种执着的追求，导致了贝尔不等式的产生和实验检验的可能。贝尔指出，贝尔定理是

> 分析这样一种思想推论的产物，即：在爱因斯坦、波多尔斯基与罗逊 1935 年集中注意的那些条件下，不应存在超距作用。这些条件导致由量子力学所预示的某种非常奇特的关联。严格地说，无超距作用就是指没有超光速传递的信号。不太严格地说，无超距作用只是意味着事物之间不存在隐联系。[①]

20 年之后，贝尔又强调说，他在《关于 EPR 悖论》一文中所假设的是定域性，而不是决定论。决定论是一种推断，不是一种假设。贝尔指出，存在着一种被广泛接受的错误信念：认为爱因斯坦的决定论总是一种神圣不可侵犯的原理。然而，"我的关于这个题目的第一篇论文是总结从定域性到决定论的隐变量开始的。但是，许多评论者几乎普遍地转述为它开始于

———————

① （英）戴维斯、布朗合编：《原子中的幽灵》，易心洁译，长沙：湖南科学技术出版社，1992年，第 41-42 页。

决定论的隐变量"①。这说明，把贝尔定理理解成以决定论为前提是一种误解，而应该理解为以定域性为前提。正是在这种意义上，贝尔认为，20 世纪 80 年代完成的阿斯派克特等的实验，所检验的不是决定论与非决定论的问题，而是关于无超距作用和一个完整的世界观的问题，也就是说，是定域性与非定域性的问题。

可见，按照贝尔的这种观点，贝尔定理的主要目的是试图证实量子力学与定域性之间的不一致。它表明，在总体上，非定域的结构是试图准确地重新提出量子力学预言的任何一个理论所具有的特征。针对这样的实验结果，贝尔指出，

> 依我看，首先，人们必定说，这些结果是所预料到的。因为它们与量子力学的预示相一致。量子力学毕竟是科学的一个极有成就的科学分支，很难相信它可能是错误的。尽管如此，人们还是认为，我也认为值得做这种非常具体的实验。这种实验把量子力学最奇特的一个特征分离了出来。原先，我们只是信赖于旁证。量子力学从没有错过。但现在我们知道了，即使在这些非常苛刻的条件下，它也不会错的。②

也许正是在这个意义上，美国的粒子物理学家斯塔普（H. Stapp）把贝尔定理说成是"意义最深远的科学发现"③。1989 年，物理学家发现了三个相互纠缠的粒子之间的关联；1990 年，牟民（D. Mermin）超出贝尔定理的范围证明，经典关联和量子描述的关联之间的差别会随着处于纠缠态的粒子数的增加而指数地加大，或者说，量子力学违背贝尔不等式的程度随粒子数指数地增加。④21 世纪以来，中国科学家已经能够实现五个光子之间的纠缠关联。

问题在于，如果接受贝尔的观点，那么，就会像牟民所评论的那样，不被贝尔定理所迷惑的任何一个人，都不得不在自己的脑袋上"压一块沉

---

①　Whitaker A, *Einstein, Bohr and The Quantum Dilemma*, Cambridge: Cambridge University Press, 1996, p. 259.

②　Whitaker A, *Einstein, Bohr and The Quantum Dilemma*, Cambridge: Cambridge University Press, 1996, p. 42.

③　Stapp H P, "Are Superluminal Connections Necessary ?", *Nuovo Cimento*, Vol.B40, No.1, 1977, pp.191-205.

④　Mermin N D, " Extreme Quantum Entanglement in a Superposition of Macroscopically Distinct States", *Physical Review Letters*, Vol.65, No.15 , 1990, pp.1838-1840.

重的石头"。[①]其原因在于，虽然阿斯派克特的实验结果似乎使 EPR 论证失去了对量子力学的挑战性，证实了非定域性是量子力学的一个基本属性，但是，按照贝尔的观点，非定域性将意味着超光速传播，而超光速传播与狭义相对论的基本假设相矛盾。这就涉及一个关于更深层次的物理学发展的基本问题，即在 20 世纪物理学发展史上非常成功，并且被誉为是两大突破性进展的基础理论——量子力学与狭义相对论——之间竟然存在着内在的不一致性。这无疑会使物理学家感到非常困惑。

为了帮助澄清问题，物理学家开始质疑，贝尔的非定域性与爱因斯坦的非定域性是否具有相同的内涵？是否像贝尔所认为的那样，量子领域内的非定域性将一定意味着微观信息的超光速传播？为了回答这些基本问题，近些年来，对贝尔定理的前提假设的研究和对非定域性概念的意义与内涵的理解等问题，受到了理论物理学界，特别是物理哲学界的普遍关注。

法因认为[②]，贝尔的定域性是指测量和观察；爱因斯坦的定域性是指"系统的一个真正的物理态"。这些态决定真正的物理量，而这些物理量不同于量子力学的变量。用不着为测量量子力学的变量时出现的非定域的行为而担忧。爱因斯坦的非定域性恰巧是爱因斯坦的下列观念的中心部分，即我们也可能找到一个比量子论更基本的理论，在这个理论中，没有任何实在会直接地受到超距作用的影响，而量子论将会成为该理论中的某种极限情况。法因论证道，贝尔的隐变量方案其实正是爱因斯坦所拒绝的一种类型的观点，这种方案的失败在某种程度上支持了爱因斯坦的一个直觉：放弃把波函数理解成是描述单个体系的解释，采取对波函数的系综解释的观念。

塞勒瑞（F. Selleri）指出[③]，爱因斯坦所追求的新理论，至少应该满足下列三个要求：其一，实在性要求，认为原子物理学中的基本实体是独立于人类和人的观察而实际地存在着的；其二，可理解性要求，认为原子客体的结构、演化和过程有可能根据与实在相对应的概念图像来理解；其三，因果性要求，认为人们在阐述物理学规律时，至少能够给出引起任何一个被观察到的效应的原因。塞勒瑞指出，因果性与决定论之间是有区别的。决定论意味着在现在与未来之间存在着一定的联系，而因果性则意味着现

① Mermin N D, "Is the Moon There When Nobody Looks?", *Physics Today*, Vol.38, No.4, 1977, pp. 38-47.

② Fine A, *The Shaky Game: Einstein, Realism and the Quantum Theory*, Chicago: University of Chicago Press, 1975.

③ Selleri F, *Quantum Paradoxes and Physical Reality*, Dordrecht: Kluwer Academic Publishers, 1990.

在与未来之间的关联是客观的，但是，也可能是概率的。对因果性的辩护是可能的，而对决定论的普遍有效的辩护则是不可能的。塞勒瑞在运用对因果性的这种定义分析了贝尔定理之后，把贝尔所理解的定域性看成是概率的爱因斯坦的定域性。

塞勒瑞认为，爱因斯坦的非定域性不完全像我们通常认为的那样坏，为了检验贝尔不等式，物理学家对全部已完成的原子级联实验所进行的分析都借助了某些附加假设。对这些假设的逻辑反驳，要求在爱因斯坦的定域性和到目前为止已存在的经验证据的量子预言之间，恢复完全的一致性。目前，这种逻辑反驳是否可能，还是悬而未决的问题。相反的主张则揭示了通过意识形态所选择的旧观念的偏见。在塞勒瑞看来，任何一个科学理论都既包含一些客观的内容，又包含一些逻辑上任意的内容。客观的内容是几乎不可能在基本意义上改变的内容，它会在新理论中得以保留；而逻辑上任意的内容可能是由宗教偏见、文化传统或权力结构所决定的内容，它会在以后的理论中被抛弃。从这种观点出发，塞勒瑞把非定域性看成是逻辑上任意的内容，认为在未来的理论中，它可能被修改或者被抛弃。

还有一种观点认为，量子力学在运动学的意义上是非定域的，而相对论（包括相对论的量子场论在内）要求的是动力学意义上的定域性。如何能够使这两个方面同时富有意义和协调一致起来呢？如何能够用运动学的非定域性概念来定义动力学意义上的定域性呢？这些都是需要进一步研究的更深层次的基本问题。在传统物理学的术语中，动力学的定域性意味着，只有在运动的光锥内，"这里"的态才不可能影响到"哪里"的态。然而，一个系统的量子态所表述的是在测量时各种属性所呈现的可能性。量子理论通过所谓的纯态来完成这样的表述。对于一个复合的量子系统而言，当复合系统处于纯态时，构成这个复合系统的子系统没有自己的纯态[或者说，$\Psi(AB) \neq \Psi(A)\Psi(B)$]。薛定谔为了强调量子力学的这一新特征，把这种量子态称为量子纠缠。

所以，一般的量子态"不是在这里或在那里"，它们是相互纠缠在一起的。它们不是空间中的延伸，换言之，量子态既在这里也在那里，它的变化是一种整体性的变化。动力学意义上是定域的量子理论可能需要拥有比现在的希尔伯特空间结构更丰富的内容。因此，在实在的更深层次上，量子非定域性的存在并不等于说是证明了信号的超光速传播。因为这种非定域的现象是即时关联，是一种纠缠，与距离无关。正是从这种意义上看，当前的许多文献普遍地把量子领域内的非定域性理解为是一种非分离性

（non-separability）。在这里，非分离性是与爱因斯坦的分离性假设相对应的一个概念。

霍华德认为，一方面，物理学家缺乏对非分离的隐变量理论的认真思考，极大地影响了对贝尔不等式的起源问题的真正研究。事实上，贝尔不等式所揭示出的非定域性，指的是定域的非分离性，而不是指非定域的相互作用。在这个意义上，量子力学与相对论并不矛盾。另一方面，这种理解也与爱因斯坦本人的方法论原则相一致。在爱因斯坦的观点中，定域作用假设如同质能守恒定律和热力学第二定律一样，具有较高层次的约束性，能够引导我们的理论发展；而分离性假设如同原子论假设一样，更像是一种"构造的"原理，这类假设经常会成为科学进步的障碍。因此，正如狭义相对论的建立，是由于修改了运动学，即论述空间和时间规律的学说，广义相对论的建立，是由于放弃了欧几里得几何，使直线、平面等基本概念在物理学中失去了它们的严格意义一样，量子力学的形式体系所反映出的非分离性无疑已在一定意义上超越了许多传统的经典认识。因此，无条件地接受量子力学所提供的非分离特征，自然也是理解物理学发展的一种可能选择。

按照霍华德的理解，一个非定域的物理系统可能以三种不同的方式来理解：非分离的、定域作用的系统；分离的、非定域作用的系统；非分离的、非定域作用的系统。霍华德举例说，量子力学是定域的、非分离的理论；玻姆的量子论是分离的、非定域的理论；广义相对论是分离的、定域的理论。但是，他没有指出非分离、非定域的理论。

弗伦奇（S. French）认为，霍华德的结论——EPR/贝尔的语境中不是隐含着非定域性，而是隐含着失去个体性的分离性——是不合理的，因为这种结论完全有可能强调微观粒子在经典意义上是独立的个体。[1]还有一种观点是从定义了参数的独立性和结果的独立性两个不同概念出发，认为需要对霍华德的观点加以适当的限制。因为玻姆的理论违背了参数的独立性，但是，却满足结果的独立性。所以，应该把玻姆的理论分类为非定域和非分离的理论，而不是分离的非定域的理论。[2]

希利认为，爱因斯坦所描述的定域性条件，实际上是广泛应用的一般的定域性观念的一个推论。这个一般的定域性观念是物理过程演化的唯一

① French S, "Individuality, Supervenience and Bell's Theorem", *Philosophical Studies*, Vol.55, No.1, 1989, pp.1-22.
② Laudisa F, "Einstein, Bell, and Nonseparable Realism", *British Journal for the Philosophy of Science*, Vol.46, No.3, 1995, pp. 309-329.

性。希利从如何才能在特定的时空中，确保物理过程发生的唯一性出发，把分离性假设定义为：在特定的时空区域 R 内所发生的任何一个物理过程，都是对区域 R 内任一时空点的特定的内在物理属性的一种附加表达。意思是说，在区域 R 内的任一时空点都具有相同的特定的内在物理属性，如果把这种特定的内在物理属性添加到 R 的几何结构当中，那么，在区域 R 内，物理过程只能以一种方式发生。把定域作用假设定义为：如果 A 与 B 是在空间上分隔开的两个客体，那么，对 A 所施加的外部影响不可能对 B 产生直接的影响。意思是说，这种影响是需要通过一定的连续媒介来传递的。①希利把上述定义应用到检验贝尔不等式的实验当中所得出的解释是，一个处于"纠缠"态的量子系统的内在物理属性，不可能附加到它的组成部分当中，因此，同样可以对这类实验做出定域作用的但却是不可分离的解释。

然而，不管这些观点之间的争论如何激烈，当代量子信息技术的发展都再一次为这些观念之争落下了定音锤。在量子通信中，科学家是借助于经典信道来达到传输量子态的目标的，经典信道是不会超光速的，量子态本身并没有实现真正的传输，而是根据量子纠缠特性，在第二个粒子身上实现量子态的重现，因而不存在超光速传播的问题。所以，量子纠缠特性表现出的非定域性，事实上，是一种非分离的整体性。

第六节 结　语

总而言之，在量子力学诞生之前，物理学家普遍接受的观点是，粒子的存在是定域的，遵守分离性假设。从日常经验和经典物理学的情况来看，粒子只有遵守分离性假设，才能确保它们在时空中的独立性。粒子的定域性是分离性假设成为可能的一个前提条件，而分离性假设确保了物理系统的个体性。然而，对于微观粒子而言，这种经典的观念不再成立。如前所述，微观粒子具有经典粒子所没有的特征，是不可概念化的抽象实在，特别是，多粒子之间的定域性关联已经表明，在奇特的量子世界里，相互纠缠的两个粒子，即使远隔万里，也能产生相互影响，而这种影响是即时的，与距离无关，它们之间的关联是一种非定域的纯粹关联。这种非分离性的观点体现了量子世界中的一种新的整体性，即非分离的整体性。我们对这种非分离的整体性的理解，也只有诉诸数学才能得到很好的理解。

---

① Healey R, "Nonlocality and the Aharonov-Bohm Effect", *Philosophy of Science*, Vol. 64, No.1, 1997, pp. 22-23.

第八章　量子关联：改变因果观

量子纠缠引发的一个非常深刻的哲学问题是关于"因果性"的问题。在哲学史上，因果性问题是一个古老而常新的论题，也是一个重要的本体论和认识论问题。从亚里士多德的四因说，到休谟的心理习惯论，再到康德的先验哲学，都涉及对因果关系的探索。这些不同观点的存在也说明，在哲学家的因果性理论中，"因果性"是一个意义很不明确的概念。在物理学中，相对论力学第一次提出了事情之间发生关系的因果性条件，这一限制性条件虽然缩小了因果关系的应用范围，但是，并不有悖于常理。然而，在微观世界里，纠缠粒子之间的非定域性关联，却不能再运用经典的因果性概念来理解，那么，因果性概念在量子力学中还成立吗？如果成立的话，是一种什么样的因果性呢？本章不准备花笔墨梳理与评价西方哲学家的因果观，而是主要基于物理学理论的发展，运用对比的方法来讨论因果性问题，然后，基于量子力学的新特征，论证一种统计因果性的观念。

第一节　因果性、关联与决定论[①]

量子力学的产生第一次区分出因果性（causality）、关联（correlation）与决定论（determinism）三个既相互联系又有所不同的基本概念。大到宇宙学家讨论的宇宙起源学说，小到粒子物理学家探索的基本粒子的产生机制，以及社会科学家追寻的社会变化发展的根据，等等，都是在为某种结果寻找某种原因，或者说，探寻事物发生变化的原因本身就是人类的一种生存习惯。比如，我们对事出有因、凡事都要问为什么之类的话语并不陌生。但是，究竟应该如何理解因果关系的问题却不是通过空洞的哲学推理或抽象定义可以回答的问题，而是需要回到科学实践中，从科学理论的前提假设中来理解。

抽象地说，如果 A 引起 B，那么，A 是 B 的原因，B 是 A 的结果。然

---

① 本节内容主要来自关洪、成素梅、卢遂现：《因果性和关联》，《自然辩证法通讯》1995 年第 5 期，第 7-12 页；关洪、成素梅、卢遂现：《微观领域中的因果性和关联》，《自然辩证法通讯》1996 年第 5 期，第 11-17 页。

而，在日常生活中，我们通常认为具有因果关系的大多数事件之间并没有必然的因果联系。比如，我们常说"吸烟会导致肺癌"，但并非所有的吸烟者最终都会得肺癌，也不是所有的肺癌都是由吸烟所导致的，不吸烟者也可能得肺癌。因此，我们需要把因果性、决定性、规律性、概率与关联等概念区分开来。有因果性的决定性和非因果性的决定性，也有决定论的因果性和非决定论的因果性。非因果性的决定性所呈现的只是不同事件之间的纯粹关联，非决定论的因果性揭示了一种统计因果性。除此之外，在事件之间的关系中，还有确定性的关联和统计性的关联之间的区别。比如，日夜交替就是一个确定性的关联，因为白天不是黑夜到来的原因，黑夜也不是白天出现的原因，而是受天气运行规律支配的两种互相关联的结果。再如，地震预报通常只能给出统计性的预言，至于这种统计性的关联是属于因果性的还是非因果性的，则依赖于我们掌握的科学理论所能达到的程度。

此外，如果大量事件的统计分布出现了纯随机的结果，我们就说这是一种统计性的零关联，亦即两者之间不存在什么实质性的关系。可以说，一般所讲的各个事物之间和现象之间的"关联"、"依赖"和"制约"，其中绝大部分都会属于这样一种零关联。从经典物理学的发展来看，一般情况下，纯粹的关联局限对感觉材料的初步整理，例如编目录式的整理，而要达到因果性的认识则必须靠某种动力学理论。所以，从认识论的角度看，对关联的认识属于理性认识的初级阶段，只有达到因果性的认识，才属于理性认识的高级阶段。但是，在量子力学中却并非如此，纠缠粒子之间的非定域性关联本身是一种纯粹的无因果性的关联，而不是由对感觉材料的初步整理得到的，是由理论自身的特性推论出来的。

因果性概念还经常与决定论概念混淆使用。许多人会把决定论和因果性无条件地联系在一起。例如，在国内产生了广泛影响的《简明哲学辞典》里的决定论条目是这样的："决定论是关于一切事件和现象的有规律的、必然的联系及其因果制约性的学说。"[①]在这句话里，一下子把决定性、规律性、必然性和因果性这四个概念纠缠在一起。事实上，从科学史的发展来看，决定性的内涵比因果性丰富得多。决定性可以同因果性有紧密的联系，也可以同因果性没有什么联系。决定性可以划分为因果式的决定性和非因果式的决定性两种。非因果式的决定性所呈现的只是一种不同事件或现象之间的纯粹关联。

---

① （苏）罗森塔尔、尤金编：《简明哲学辞典》，中共中央马克思格斯列宁斯大林著作编译局译，北京：生活·读书·新知三联书店，1958年，第142页。

假设观察到事件 A 的原因是事件（或事件组）B，而 B 的原因又是 C，C 的原因又是 D，等等。这一个个（或一组组）的事件形成了一串接续不断的因果链。在这个开放的无分支、无循环的一串串因果链中，存在着唯一的一个始端，这个始端是一系列因果关系的开始，它本身不能够再有原因。这是因为，如果它有一个原因的话，就不会再有因果链的始端了。

在蒙昧时代或者蒙昧的人群里，由于无法在物质世界当中找到一种满意的解释，所以人们总是把因果链的始端归于上帝的旨意或神祇的力量。在近代科学的初创时代，即使像牛顿那样的伟人亦未能免俗，把太阳系的起始运动归于神力的推动。一直到 20 世纪人们才弄明白，作为一门科学出发点的初始命题，是不可能通过逻辑论证的方法去证明的。这些初始命题如果不是从另一门科学搬过来的话，那就必定具有公理的性质。[①]那么，这些作为逻辑起点的公理式的命题，自然是不能再追问其原因的了。因此，这些公理式的命题就可以被认为是因果链的始端。

例如，牛顿力学中的惯性定律就具有公理的性质，它既不可以通过逻辑推理的方法去证明，也不可以运用一般的实验去直接验证。这条定律的正确性，只能靠由它得出的无数推论是否与经验事实相符合而得到证实。[②]惯性定律的内容是说，当一个质点在不受外界影响时，必定会保持着它的静止或匀速直线运动的状态。在这里，我们引进了"状态"这个概念。在牛顿力学里，一个质点的运动状态是用它的速度或者动量（质量×速度）来描写的。按照惯性定律，在不受外界影响时，质点的运动状态是不会改变的。至于为什么不会改变，这是一个不应该过问的问题，因为惯性定律既然具有公理的性质，那么它就是没有原因的。换句话说，惯性定律在因果链上是不再有原因的始端。

在这里，问题的关键是选择好适当的状态描写或状态参数。为什么要用速度而不是位置或者加速度来描写质点的运动状态，这是一个必须依赖于经验事实而不能凭空想象去解决的问题。当然，你也可以说，状态的选择必须符合简单性原则或者美学原理，但那些都不是本质的要求，只是一些表面的解说。总之，在科学当中，因果链的始端不可能由先验的原则来决定，而只能由经验事实来决定，是经验事实与直觉思维相结合的产物。

在复杂的系统里，也可以找到类似的解释。例如，有一盒理想气体，

---

① 关洪、崔内治：《试论热力学初始规定的公理性质》，《中山大学学报（自然科学版）》1983年第 2 期，第 27-33 页。

② 关洪：《力学的基本概念（Ⅰ）惯性定律》，《大学物理》1984 年第 11 期，第 4-6 页。

当达到平衡状态时，它的压强 P、体积 V 和温度 T 之间存在着如下关系式：

$$PV = nRT \tag{1}$$

（1）式中的 R 是摩尔气体常数，n 是气体的物质的量（摩尔数）。（1）式就叫作理想气体的状态方程。在宏观的层次上，气体的平衡状态为什么满足这一方程，是无法找出原因的。而且，满足（1）式的几个状态参数 P、V 和 T 之间，也只是存在着纯粹的关联，而没有什么因果关系。

一般说来，在对宏观系统进行现象描写的热学或者平衡态热力学理论里，所给出的都只是一些状态参数之间的关系。然而，当我们进到微观层次时，这些关联还是可以得到进一步说明的。例如，气体的状态方程是可以由分子的热运动来做出说明的。我们可以说，在温度较高的情况下，因为气体分子的（方均根）平均速度比较大，所以，当气体体积固定时，其压强会成比例地增高，等等。有关的详细论证和计算，要用到气体动理学理论或者更严密的统计物理学理论。但是，这种微观说明并不是一种因果性说明，而只是微观层次上的一种深入一步的关联，即把描写分子运动的一些微观物理量的统计平均值，分别同宏观状态的几个状态参数对应起来，把宏观参数之间的关联替换为微观量的平均值之间的关联。所以，在平衡状态中，仅仅存在着纯粹关联的关系。只有当平衡状态受到外界干扰，其中一个（或一些）参数发生变化，因而引起其他参数变化时，才表现出因果性的联系。因此，只有在系统状态随时间演化的过程中，才谈到因果关系。研究系统状态随时间演化的规律的物理学理论，就叫作动力学。

在牛顿力学理论中，惯性定律是研究机械运动的动力学的第一条定律。但是，在动力学之前还有运动学。运动学是对系统运动现象的单纯描绘，而不过问它为什么会有这样的运动。换句话说，在运动学里只给出不同的状态参数之间，以及它们同时间之间的关联，而不涉及因果关系。伽利略在确立他的运动理论的时候，为了同亚里士多德的理论划清界限，有意避免谈论运动的原因。他在《关于两门科学的谈话》一书中专门声明道：

> 现在看来还不是研究自然运动的原因的时机……本书作者的目的，仅在于研究和证实加速运动的某些性质，而不管产生这种加速度的原因是什么。[①]

---

① Galilei G, *Dialogues Concerning Two New Science*, Crew H, de Salvio A (Trans.), New York: Macmillan Co., 1914, pp.166-167.

因此可以说，伽利略的这部著作，表面上看起来很像是一部运动学著作。严格地讲，运动学还不是真正的物理学，而只是为动力学所做的准备工作。况且，要建立什么样的运动学，根本上还是由动力学的要求决定的。[①]正如马克思所言，

　　　物理学家是在自然过程表现得最确实，最少受干扰的地方考察自然过程的，或者，如有可能，是在保证过程以期纯粹形态进行的条件下从事实验的。[②]

一个物理系统可以在"最少受干扰"的状态下存在，使物理学家能够把它近似地当作是孤立系统来处理，研究它的"纯粹形态"及其演化。质点的惯性运动和气体的平衡状态这两种情况，就是两个很好的例子。

在以复杂得多的系统为研究对象的学科里，就没有这么好的条件。例如，生物学和社会学里的研究对象，都是不可能不受外界的干扰和影响而孤立地存在的。在那里的状态及其演化都表现出复杂得多的形式，在这些学科里，还不能对所研究的一般系统的未来行为做出精确的预言，亦即还没有找到能够取代因果性这一哲学观念的确切替代物。为此，下面主要讨论物理学中的因果性问题。

第二节　决定论的因果性

在物理学中，物理系统状态的保持是无原因的，而状态的变化才是有原因的，其原因就是外界的影响。物理学中把这种影响称为外界对系统的作用，或者，系统同外界之间的相互作用。可是，在经典物理学的文献里，几乎没有提到"因果性"这个术语。这是因为，在那里，描写系统受外界影响或相互作用时状态的变化，用的是状态随时间演化的运动方程。比如，牛顿第二定律就精密而确切地给出了外界相互作用同质点运动状态的变化之间的关系。一般说来，原则上运动方程已经可以预言，系统状态为什么会发生变化和将会发生怎样的变化。通过运动方程我们已经获得了比因果性的抽象范畴具体得多和精确得多的知识，所以，不必再提到原因和结果

---

① 关洪：《空间和时间的动力学本性》，《物理通报》1991年第11期，第35-37页。
② 马克思、恩格斯：《马克思恩格斯全集（第23卷）》，中共中央马克思恩格斯列宁斯大林著作编译局译，北京：人民出版社，1972年，第8页。

的概念，也就是说，现代物理学已经"超越"了因果性范畴的意义。

物理学家在处理每一个问题时，都不可避免地做出一定的简化和近似。只要这种合理的简化能够在一定的近似程度上得到同经验事实相符合的结果，就不必进行更繁复的考虑。比如，在讨论一般的室内活动时，并不考虑美国正在发生什么事，也不必理会月球上有什么变动。事实上，任何一个科学理论都必须做出某种程度的简化，都不可能无遗漏地考虑所有事物和现象之间的联系。在古代，人们把星象、阴阳、节气、时辰等看得很重要，各种事物都要受到这些因素的支配。在近代动力学理论里，已经筛去了那些非因果性的纯关联或者零关联，而找到了真正的因果联系。在牛顿力学中，具有因果关系的事件通常是由"线性微分方程"来表示的。

为了增强说服力，我们愿意指出，以上的论述，除反映了许多物理学家的共同观点之外[①]，不少科学哲学家亦不同程度地主张，科学中的因果关系是由运动方程来表示的。例如，弗兰克就把牛顿运动定律当作"因果性定律的数学形式"的首选例子。[②]纳格尔（E. Nagel）则更明白地指出，"系统的状态"的定义不能先于相应的"因果性"理论给出来，而"因果关系"指的就是一些"线性微分方程"。它们给出了物理系统的状态是怎么依赖其他因素的影响而随时间变化的。[③]但是，与纳格尔的著作一样，这些观点都没有讨论非线性问题。

在经典物理学的其他分支里，也可以做出类似的分析。例如，在流体力学里，可以建立速度分布或密度分布的运动方程，用来研究液体或气体受到初始扰动后的运动情况。在电磁学里，麦克斯韦方程组描写了电荷和电流的运动会怎样引起电磁场的变化。这些运动方程都采取线性微分方程的形式，它们分别给出了受到外界影响时流体运动和电磁场随时间的变化。这些微分方程所体现的是一种决定论的因果性观念。

在讨论大量分子运动的热力学中，物理学家虽然引入统计方法来思考问题，但是在观念上，这种统计方法只被当作一种权宜之计，在分子层次上，由于假定每个分子的运动仍然遵守牛顿力学规律，所以保留了决定论的因果性观念。拉普拉斯妖形象地描述了这种决定论的因果性的图景：如果有一个全知全能的智者能够知道世界的整个初始状态，那么，其就能预

---

①　Borm M, *Natural Philosophy of Cause and Chance*, Oxford: University Press, 1949.

②　（美）菲利普·弗兰克：《科学的哲学：科学和哲学之间的纽带》，许良英译，上海：上海人民出版社，1985 年。

③　Nagel E, *The Structure of Science: Problems in the Logic of Scientific Explanation*, Indianapolis: Hackett Pub. Co.，1979.

言未来世界的所有变化。这种观点非常狭窄地解释了因果性概念，并把因果性与决定论等同起来，认为存在着从系统的初始状态单义地确定其未来状态的自然律。

相对论力学的产生，虽然带来了时空观的变革，提出了许多革命的预言，比如，运动物体的尺缩、时延效应，质量与能量之间的相互转换关系，等等，但是，这些前所未有的新颖认识，并没有破坏在经典物理学土壤中成长起来的这种决定论的因果性观念，只是对这种观念附加了限制性条件。狭义相对论的基本假设之一是光速不变原理，即光在所有参照系中的传播速度都是不变的，或者说，对所有的观察者都是一样的。这意味着，在不同的参照系中，任何能量或信号的传递速度都不能超光速。已知两个事件，只有它们的空间间隔 Δx 和时间间隔 Δt 满足不等式 $\Delta x < c \Delta t$ 时，它们之间才有可能发生相互影响或传递相互作用，才有因果联系，这个不等式也叫作因果性条件，这两个事件被称为类时分离的事件，类时分离的事件是在光锥内发生的。如果两个事件满足 $\Delta x = c \Delta t$，它们被称为类光分离的事件，类光分离的事件是指以光速传播的事件。如果两事件满足 $\Delta x > c \Delta t$，则意味着它们相距很遥远，它们之间的光信号没有时间把一个事件的信号传播到另一个事件，这两个事件被称为类空分离的事件，类空分离的事件是光锥以外的事件。因此，类空分离的两个事件之间不可能产生因果性的相互影响。对于两个类空事件来说，没有任何影响能超光速传播，这就是著名的定域性原理。正如玻尔所言，

> （在相对论中的）表述中虽然用了四维非欧几里得度规之类的数学抽象，但是对于每一个观察者来说，物理诠释却都是建筑在空间和时间的普通区分上，并且是保留了描述的决定论特征。另外，既然正如爱因斯坦所强调的那样，不同观察者所用的时间—空间标示永远不会意味着可以称为事件因果顺序的那种序列的反向，相对论就不仅拓宽决定论描述的范围，而且也加强了它的基础；而这种决定论描述正是被称为经典物理学那一雄伟大厦的特征。[①]

正是从这种意义上看，我们可以说，爱因斯坦提供的科学说明范式，

---

① J. 汝德·尼尔森编：《尼尔斯·玻尔集（第七卷）》，戈革译，北京：科学出版社，1998 年，第 333 页。

在对待物理学的基础问题的态度上，只是对牛顿的科学说明范式的限定与扩展，而不是替代或摒弃。也正是存在着共同的决定论的因果性的哲学基础，才使得物理学家在面对相对论所带来的时空观的根本改变时，并没有有意识地从过去的本体论思维方式中脱离出来，更没有就认识论问题展开激烈的争论。莱布尼茨把这种决定论的因果性形象地说成是"现在把未来抱在怀中"。

一般认为，在现代物理学中，由感性认识到关联再到因果性认识的各个阶段，可以区为如下几个层次，分别用几种不同的数学形式来表示。

（1）观察数据。这是由感觉器官通过观察或实验直接得到的结果，一般表示成一些配上适当单位的数值，而且，这些数值基本上属于感性认识的范围。

（2）数值关系。这是对各种观察数据所进行的初步整理，目的是找出一些有规则的关联。所使用的方法基本上同编制图书目录相似。当然，不同的编目方法也有巧拙优劣之分。最早的天文观察和历法制度，都属于这个范围。在同一时期，这种方法的滥用又导致了占星术的流行。把这种方法推到登峰造极，就形成了一门研究、"玩弄"和拼凑数字的"数字术"（numerology），它被广泛用来占卜人事的吉凶，比如，流传到今天的"生辰八字"算命法。然而，人们也曾用"数字术"玩出过二进制和氢原子光谱（巴耳末）系的规则等有积极意义的结果，不可一笔抹杀。总之，数值关联是由感觉材料发展到因果认识的一个不可缺少的中间环节。

（3）代数公式。这是从杂乱的数值关联中发现的、可以用初等代数公式表示的一些规律或定律。例如，开普勒关于行星运动的三大定律，还有伽利略关于匀速运动的研究成果。以代数公式表示的这些定律，一般属于运动学的范围。还有一些是关于物体或者相互作用形式的实验结果的分析整理，前者如欧姆定律和胡克定律，后者如库仑定律和万有引力定律，等等。这些定律为接下来过渡到动力学的定律，提供了必不可少的准备。可是，历史上也提出过关于各个行星轨道半径的一条奇怪的"波德定律"，虽然它同观察数据惊人地相符，人们甚至还据此做出过后来被证实了的预言，但是至今仍然未能对这条定律做出进一步的说明。上面所说的这些以代数公式表示的定律，虽然依然属于关联的阶段，亦即理性认识的初级阶段，但却已经比简单的数值关联前进了一大步。

（4）微分方程。这指的是在动力学里，描写系统由于受到外界作用而使其状态随时间变化的运动方程的基本形式，在前面已经详细讲过了。伽利略关于匀速直线运动的研究，通过一套代数公式，概括了无数种具有不同加速度数值的运动，而每一种这样的具体运动，都对应着一系列独特的数值关联。现在，在恒定力场的情况下，像牛顿第二定律那样的微分方程式，又统一地概括了伽利略所研究过的匀速直线运动、匀加速直线运动和抛物线运动等几种用不同的代数公式表示的运动形式。由此可见，从数值关联到代数公式，再从代数公式到微分方程，这种从纯粹关联到因果关系的认识逐步深入的过程，也是概括抽象程度逐步升高的过程。

（5）拉格朗日量。在经典物理学里，拉格朗日函数 L 定义为动能 E 和势能 V 之差，即 $L=E-V$。通过变分法，即运用极值条件，

$$\delta \int L \mathrm{dt} = 0 \qquad (2)$$

便可以导出运动方程来，拉格朗日函数不仅适用于质点力学，也更有效地运用于流体力学和电磁场那样的连续体系统的情况。

在量子力学里只为电子给出了态函数的描写，而在运动方程里，电磁场仅作为宏观参数出现。这种不平等的安排，使它注定不能独立地解决原子的自发辐射问题。而在量子场论里，拉格朗日量采取如下形式

$$L=L_1+L_2+L_{12} \qquad (3)$$

其中，L_1 描写电子的自由运动，L_2 描写电磁场的自由运动，L_{12} 是它们之间的相互作用。把（3）式代入（2）式，就能同时导出电子和电磁场分别满足的两个运动微分方程，其中每一个方程都包含了对方所施加的作用项。这样，就实现了对电子场和电磁场的平等对待，顺利地解决了自发辐射问题。而且，（3）式还可以推广到系统不只有两种对象的普遍存在情况。由此可见，拉格朗日量是比微分方程抽象程度更高而且更加有效的一种描写因果联系的数学形式。

（6）不变性原理。过去，在经典物理学里遇到的相互作用形式，大都是可以通过实验观察确定的。今天，在描写微观现象的现代物理学里，再也不可能这样做了。那么，怎样选择运动方程里的相互作用项，更一般地说，根据什么原则来在理论上选择相互作用拉格朗日量 L_{12} 或者整个拉格朗日量 L 呢？实际上，理论家只能根据一些普遍适用或者特别选定的不变性来决定拉格朗日量的形式。这里所讲的不变性，指的是拉格朗日量在某种对称变换下的不变性，所以，这一要求又叫作对称性。正是不变性或对称性的要求限制着拉格朗日量的形式。

举例来说，在物理学中，对于具有球对称的物理系统（比如太阳的牛顿引力场），物理定律在坐标系对于原点的旋转下是不变的，这一不变性导

出了角动量守恒律（诸如开普勒第二定律）；对于在空间某个确定方向有平移对象性的动力学系统，动力学定律在此方向上坐标系的线性平移下是不变的，由此导致了在此方向上的动量守恒定律；对于时间上具有平移对称的系统，即在时间平移下不变的系统，存在能量守恒定律；在经典动力学中，有坐标和共轭动量的正则变换，在此变换下运动的（正则）方程形式不变，即其积分不变量为守恒量；对于匀速相对运动的系统，物理定律在洛伦兹变换下是不变的，由此给出了相对性原理。[①]因此，许多物理学家认为，不变性或对称性至少是"决定相互作用的主要因素"。[②]按照这种理解，今天是不是可以把不变性原理看作是表示因果性的最抽象的概括呢？这还是一个需要进一步研究的问题。

总而言之，经典物理学的这些说明范式，不仅为科学家追求以决定论的因果律为核心的必然性神话提供了科学基础，而且还内化为科学家评价理论是否完备的一个重要标准。前面陈述的爱因斯坦与玻尔围绕如何理解量子力学展开的三场争论、德布罗意-玻姆-贝尔（BBB）对隐变量量子论的不懈追求、EPR 论文引发的一系列发展，以及当前关于量子力学的多世界解释，等等，都见证了科学家追求决定论的因果性所付出的努力。但是，因果性与关联之间的这种从认识的低级阶段到高级阶段的发展过程，只在宏观领域内适用，不能延伸外推到理解全同粒子的统计关联的情形中，或者说，在量子力学里，情况发生了根本的变化。

第三节　全同粒子系统的统计性关联

在宏观领域内，我们通常认为，即使是完全相同的粒子也可以通过直接或间接加标记或编号等形式来加以区别。在有些情况下，虽然实际上做不到这一点，但我们还是会在想象中对所研究的粒子采取这个办法来加以区分。例如，在经典统计学中，对于本来是完全相同的许多原子或分子，就采取了在头脑中对它们加以编号的办法来进行统计。但是，对原子和分子等微观粒子是没有办法做记号的，除非把它们变成另一种粒子。所以，在经典统计里，实际上对于微观粒子采取了只适用于宏观物体的一些办法，因而是一种不彻底的理论。

---

① 吴大猷：《物理学的历史和哲学》，金吾伦、胡新和译，北京：中国百科全书出版社，1997年，第 38 页。

② 杨振宁：《对称与二十世纪物理学》，见宁平治、唐贤民、张庆华编《杨振宁演讲集》，天津：南开大学出版社，1989 年，第 411-429 页。

　　量子力学的全同性原理第一次揭示了同类微观粒子的全同性质。根据全同性原理，所有的同类微观粒子（如电子、光子等）都是完全相同的，它们既不可能被分辨，也不可能通过任何贴标签或加标记的办法来加以识别。例如，对于两类典型的微观粒子——费米子和玻色子的运动情况，通常是运用建立在全同性原理基础之上的一种特殊假设——对称化公设来处理的。对称化公设认为，由全同粒子组成的系统，按照这些粒子的本性，要么总是由对任意两个粒子交换都是对称的对称态函数来描写，要么总是由对任意两个粒子交换都是反对称的反对称态函数来描写。对应于对称化公设第一种情况的粒子被称为玻色子，如光子；对应于第二种情况的粒子被称为费米子，如电子。到目前为止，除了与全对称和全反对称对应的这两类粒子之外，在自然界还没有发现与其他对称状态相对应的粒子。

　　依据对称化公设，电子的分布遵循泡利不相容原理，即每个确定的电子状态只能容纳一个电子，或者说，两个电子不可能处于同一状态。比如，在由两个没有相互作用的电子组成的系统中，假设这两个电子所处的状态分别为 Ψ_i 和 Ψ_j，根据全同性原理，我们不能够说出这两个电子中哪一个会处于 Ψ_i、哪一个会处于 Ψ_j。习惯上总是把两个电子不可能处在同一个态的性质，不恰当地称为受到了"泡利排斥力"的作用。这种说法本身，恰恰反映了物理学家习惯于把根深蒂固的经典粒子观照搬到理解微观粒子上的习惯倾向。

　　沿着这种习惯的思路，人们必然会提出这样一些不可思议而且非常令人困惑的问题：一个电子怎么会"知道"某一个态已经被别的电子所占据，而自己应该"选择"另一个态呢？这种把电子当成经典粒子，并进行"拟人化"的问话方式的必然推论，便是在两个电子之间寻找"信息传递"的环节，以求找到事情之所以如此的原因所在。然而，按照量子力学的基本假设，两个电子之间根本不存在通常所称的"泡利排斥力"的相互作用，两个电子不能处于同一个态的"排斥"效应，完全是由于系统处在反对称状态下的一种统计性关联，而不是真正的相互排斥的结果。经典的思维方式把这种纯粹的统计性关联不恰当地理解成因果性关系。

　　与以电子为例的费米子不能处于同一个态的这种互不相容的效应相反，玻色子则表现出互相"亲近"的倾向。这是指玻色子更倾向于占据同一能级，或者说，倾向于处在更为靠近的位形空间中。例如，在运用干涉仪对汞灯射出的光束进行测量，分析不同时间间隔内相继接收到的两个光子之间的关联实验中，人们通过实验结果发现，在纳秒级的时间间隔内，光子到达检测器不是完全随机的（相应于零关联），而是在很短的时间间隔内呈现出互相靠近的趋势。这种正关联效应，称为光子群聚效应。这种效应指的是一种时间顺序上的连续，而不是空间距离上的聚拢。它是由光子的玻色子性质所决定的，是量子力学原理的很好体现。我们知道，在包括经典物理学的普通统计里，互相独立的事件之间没有任何关联，是完全随机的。而这个实验结果说明，不能运用这种传统的观念来理解光子群聚效应。后来，随着量子场论的发展，物理学家才逐渐明白，光子群聚效应是由电磁场的涨落造成的。量子场论告诉我们，电磁场或者光可以有多种不同的量子态，当光子处在不同的量子态时，它具有不同的统计性质，由此决定着当光子受到测量时，体现出不同光子在到达检测器的时间上所存在的关联规律。此外，还有下列两种值得注意的典型情况。

其一，理论上近似地处于平均光子数很高的相干态的激光。这是一种相位完全确定而粒子数完全不确定的态。在这种相干态中，光子遵从的是泊松分布。这时，与激光相对应的光子到达检测器的时间完全是随机的，表现出零关联。这种情况也已得到实验的证实。

其二，光子数完全确定的本征态，简称为"数态"。在具有确定光子数的态中，光子到达检测器的时间比纯粹的随机序列显得分散一些，表现出强度涨落的负关联。这种效应称为光子反群聚效应。与光子的正关联的零关联所不同，光子反群聚效应是直接违反经典电磁场条件的，它必须在电磁场的量子理论里才能得到说明。

一般情况下，选取光子数 N 越小的态，负关联效应越显著。与 N 等于 1 对应的单光子态，将表现出非常显著的非经典效应。1977 年所进行的共振荧光实验，被认为是对光子反群聚效应的初步肯定的证据。同电子不能占据同一个能态，取决于电子系统所处的反对称态之间的统计性关联一样，热光的正关联、激光强度涨落的零关联，以及具有确定光子数态的负关联，所表现出的光子计数序列的不同形式，也完全是由相应的光子的不同量子态的统计性质决定的，而不是由各个光子之间有什么相互作用或影响所造成的。这些事实反映了经典粒子观与微观粒子观之间存在的差异性。

这说明，全同粒子之间只存在纯粹的统计性关联。在本质上，这种统计性关联与决定论的因果性所不同，它是一种不依赖于任何相互作用的非定域性关联。在实验中，当对全同粒子系统中的一个粒子进行测量时，必然会扰动整个系统的态。或者说，在研究全同粒子系统时，应当把整个系统当作是一个整体来对待，不应该把它像经典粒子系统那样，简单地分解为其性质独立于整体态的部分。

第四节　三种统计决定性[①]

我们在讨论量子纠缠给传统因果性观念带来的挑战时，还需要澄清的一个基本概念是统计决定性概念。在经典力学中，决定性处于支配地位，统计方法被理解为是人类暂时无法找到决定性规律的一种权宜之计。但是，在量子力学描述的微观领域内，统计性具有了根本的意义。因此，有必要对历史上存在的统计决定概念做出进一步的阐述。

历史地看，关于自然科学中的统计规律有别于传统的机械决定论的特点，早就是一个受到注意的论题。尽管人们早已认识到，历史学和经济学、生物学和医学，以及经典统计物理学和量子力学，都在某种程度上受到统计决定性的支配，然而，我们应该注意到，后面这几个不同领域内的统计决定性的共同点是，它们确定的都不是个别事件是怎样发生的，而是关于在一定条件下发生的大量事件中，各种不同表现结果的统计分布及其演化规律。并且，这些不同的学科领域内出现的几种统计决定性，在观察方式、数学描写、因果关系和理论处理等几个方面，都存在着本质上的差异。

我们通常把统计方法在经济学、人口学、生物学和医学等科学上的应用称为普通统计。此外，还有经典统计物理学里运用的统计方法，以及在量子力学里所运用的统计方法。这里把这三个领域内表现出来的统计决定性分别称为统计决定性Ⅰ、统计决定性Ⅱ和统计决定性Ⅲ进行逐一剖析。

1. 统计决定性Ⅰ——宏观对象的统计方法

在普通统计中，被调查和检验的每一个对象都是宏观的存在物。这些宏观的个体对象都具有确定的各项指标，只要调查或检验的项目足够多、指标的取值足够精确，原则上单一个体都可以被赋予互不重复的一组指标作为它的独特标记。在这种统计方法里，假设在样品的每次调查或检验中，得到第 i 个对象的一组指标值 $\{x_i, y_i, \cdots\}$（$i=1, 2, \cdots, N$）。那么，对总数 N 个抽取的对象实施调查后得到的 N 组指标，运用下述公式就可求出每一指标的平均值 $\langle x \rangle$ 和统计偏差 Δx（为简单起见，只写出其中的一个指标 x）

$$\langle x \rangle = \frac{1}{N} \sum_{i=1}^{N} x_i$$

---

① 本节内容主要来自关洪、成素梅：《统计决定性分析》，《哲学研究》1995 年第 12 期，第 44-51 页。

$$\Delta x = \sqrt{\left\langle \left(x - \langle x \rangle \right)^2 \right\rangle}$$

经常遇到的情况是，调查到的所有 N 个个体的指标 x_i 当中，有一些是彼此重复的。为了描写这种重复出现的程度，设指标 x 的取值（以下称特征值）的集合是 $\{\lambda_k\}$，这样得到的集合 $\{n_k\}$ 构成了一种统计分布，表征着各个特征值 λ_k 出现的相对频度，而对应的绝对频度则定义为概率

$$P_k = \frac{n_k}{N}$$

而平均值公式则变成

$$\langle x \rangle = \sum_k P_k \lambda_k$$

以上讲的是概率的频度解释。它是唯一的一种具有明确的操作意义并且被实验科学家所普遍接受的概率解释。在以上的描写中，大量同类事件按不同方式发生的总概率，等于按各种方式发生的各个概率之和。所以，在这里概率是基本量，它遵守着叠加法则。例如，一个对象从初始状态 A 变化到终末状态 C，可能通过两种不同的中间途径 B$_1$ 和 B$_2$ 进行。假设通过 B$_1$ 和 B$_2$ 的概率分别为 P_1 和 P_2，那么，这类事件发生的总概率为

$$P=P_1+P_2$$

这种概率叠加的规则同人们日常生活的经验，以及从宏观物体轨道运动方式所得出来的认识是相容的。与此相关，普通统计的每种个别事件的结果都是有确定的原因可以追寻的，亦即构成人们观察数据的频度或概率，就是受到已知和未知原因支配的某种事件发生次数的表现。其中的未知原因，虽然由于人们能力的限制暂时未能掌握，但是他们相信每种事件的发生总是受到某些确切原因决定的结果。总之，在普通统计里所表现出的统计决定性，只是建立在个体因果决定性基础上的一种派生现象。

2. 统计决定性 II——经典统计物理学中的统计方法

经典统计物理学处理的对象是由大量的一种或不止一种微观粒子所组成的宏观系统。它在对某种物理系统建立了简化的分子结构模型之后，运用求微观量的统计平均值的方法，就可以计算出这种物质系统的宏观量之间的关系及其演化的性质。以下我们所要讨论的主要是关于平衡态的统计物理学，它所研究的是系统中那些不受初始条件影响的稳定宏观性质。

　　例如，由玻尔兹曼和麦克斯韦在 19 世纪下半叶建立起来的气体动理学理论，以及后来相应的平衡态统计理论，处理的是装在固定容器里的由大量相同分子组成的气体（为简单起见，以下我们不讨论混合气体）。这些气体所含分子数目的典型值是 10^{23} 的数量级。在一定的宏观条件下，只要是由足够多的相同分子所组成的气体，就会表现出确定的宏观性质。在这种理论里，气体的宏观性质是由对大量分子适当微观量进行统计平均而计算出来的。这种计算是建立在假定宏观物理系统的每个组分粒子都遵循牛顿力学的运动规律，亦即每个微观个体都受拉普拉斯决定性支配的基础之上的。在这方面，统计决定性 II 和统计决定性 I 具有共同的特点。按照这条假定，只要了解到某一初始时刻的坐标和动量以及它们所受到的相互作用，原则上就可以根据已经掌握的动力学方程，预言出每个粒子在将来的任意时刻的坐标和动量。

　　可是，关于每个微观个体都服从某种因果律的演化图景，只是一种理论想象。实际上，由于系统所含粒子的数目非常庞大，所以对它们的坐标和动量逐一进行测量是做不到的。只是早期对物理系统的宏观参数的测量数据，同理论上对相应的各种可能的微观状态的统计平均结果基本符合，以及长期以来对经典物理学理论的依赖，才使人们对这条假定保持着信心。

　　如上所述，在经典统计物理学里，并不可能也不需要对每个微观个体的状态进行测量。这些微观状态，只出现在统计平均的计算过程中。而每次对物理系统进行测量所得到的，就是作为理论上的统计平均结果的一个宏观参数（例如上面提到的压强）。回顾在普通统计里，每次调查或者测量得到的都是关于某个个体指标 x_1 的取值；而平均值 $\langle x \rangle$ 则是通过公式计算出来的。由此可见，统计决定性 II 与统计决定性 I 在具体操作的意义上存在着实质性差别。

　　统计物理学开始的时候，是运用概率方法进行统计平均而取得成功的。例如，不同的宏观状态所对应的微观状态数目，就同它出现的概率成比例。在这种计算里，使用的是传统概率论的数学方法，这种方法以概率满足叠加法则为基本量。后来，吉布斯在 20 世纪初又提出了系综方法。统计系综是由处在相同的宏观条件下的许多个组分和大小都完全相同的系统组成的集合。每个这样的系统就是这个系综中的一个成员，它们虽然都处在相同的宏观条件下，却可以有各不相同的微观状态。有人把系综比喻为孙悟空拔出一撮毫毛所变成的许多个一模一样的孙猴子。它们不是表演着整齐划一的团体操，而是在同一时刻里各自做出千姿百态的自选动作。系综方法里的统计平均，就是用对大量系综成员的平均来代替对个别系统的各种微观状态的平均，所以又叫作系综平均。要注意的是，经典统计物理学里的这种系综只是可供统计平均计算所使用的一种理论模型，它只存在于人脑里面。实际的测量工作并不需要以系综为对象，而只需要对单个的宏观系统进行测量。并且，每次测量直接得到的是平均值。

系综概念的提出是以同一种类的微观粒子都是相同的这一性质为基础的。与此相反，我们知道，宏观对象是各不相同的，所以不可能在普通统计里建立系综的概念。可是，在经典统计物理学的计算里，对同一种类的微观粒子是以编上号码来进行处理的。这种做法反映了，在观念上虽然认为它们是彼此相同的，但又设想它们是可以互相辨别的。所以，这种微观粒子的相同性在理论上是不彻底的。另外，从19世纪末开始，陆续发现了固体比热、黑体辐射等实验现象的结果，这是用经典统计物理学说明不了的。为了解决这一类矛盾，在20世纪之初，以量子力学为代表的量子理论开始得到发展。量子力学是一种新型的统计性理论，它的基本原理是同经典物理学格格不入的。所以，在统计决定性Ⅱ里作为理论前提的一些假定，就需要重新受到审查。

3. 统计决定性Ⅲ——量子力学的统计方法

与以上所讲的两种统计决定性情况都不相同，微观现象中的统计性，不是建立在个别事件的因果规律之上的，而是一种全新类型的、本质上的统计性。例如，在放射性衰变实验里，对大量衰变事件的观察发现，放射性原子核的数目 $N(t)$ 由于衰变而随时间 t 的减少，满足指数式的统计规律

$$N(t) = N(0)e^{-t/\tau}$$

式中的参数 τ 就是这种原子核的寿命，在量子力学里，这条统计性的规律得到了理论上的恰当说明。然而，没有一种理论可以确切地预测，个别原子核将会在什么时刻发生衰变。而且，对实际上数目有限的衰变事件的观察结果偏离上述规律的统计偏差（标准差）的研究，早就断定了个别原子核的衰变完全是一种随机行为。也就是说，每一个个别的衰变事件都是互相独立的，同其他原子核的存在或者其他衰变事件的发生都没有什么因果性的联系。不存在任何一种理论能够确切地预言个别微观事件的观察结果；以量子力学为代表的微观物理学理论，只能给出对大量事件观察结果的统计分布。所以物理学家普遍认为，个别微观事件的发生，是不受传统形式的因果律支配的。换句话说，在微观物理学里，因果联系只表现在像指数式衰变

律那样的统计性上，是一种本质上的统计性。这是它的第一个主要特点。

与此相关的是，在量子理论里，例如，同一种原子核那样的同一种粒子，不仅都是相同的，而且是不可辨别的，包括不可以给它们编上号码。量子力学里的粒子全同性原理就反映了这一点。采用了这一原理的量子统计理论，就可以克服经典统计物理学的困难，对新的实验事实做出满意的说明。那么，各个原子核既然是完全相同而不可辨别的，就不应该有老少强弱之分。从这个角度看，处在完全相同的外界条件下的两个完全一样的原子核为什么衰变有先后，也是不可能找出什么具体原因的。

统计决定性Ⅲ的第二个主要特点是，与上面讲过的两种统计决定性都不相同，量子力学里的基本量不是概率，而是概率幅，或者说，概率幅是描写系统状态的态函数，它是一个复函数，概率是概率幅的绝对值的平方。如前所述，薛定谔方程是一道关于概率幅的齐次线性微分方程，满足叠加原理的是概率幅，而不是概率，概率是概率幅叠加的结果。而概率幅的叠加，要比概率的直接叠加结果，多出了一个干涉项。而正是这个干涉项的存在，说明了电子双缝实验之所以会产生衍射效应的原因所在。这是量子力学中的概率幅叠加原理的直接推论。

由于在量子力学里唯一能够用运动方程来描写随时间演化的因果联系的只是概率幅，而不是任何具体的物理量，且态函数的意义又全在于它是反映对大量微观事件测量结果的统计分布情况的概率幅，所以，在量子力学里自然得不到对个别微观事件的因果描述了。

统计决定性Ⅲ的第三个主要特点是，依照量子力学，每次测量一个动力学变量的结果，只可能是与该力学相对应的算符 F 的所有本征值当中的一个，进一步当系统处在状态 ψ 时，对与算符 F 相对应的动力学变量进行足够多次的测量，所求得的平均值是

$$\langle F \rangle = \frac{(\Psi, F\Psi)}{(\Psi, \Psi)}$$

公式当中记有逗号的圆括号，是内积（标量积）符号，通过计算，可以把这一平均公式改写成

$$\langle F \rangle = \sum_n P_n \lambda_n$$

$$P_n = \frac{\left| (\phi_n, \Psi) \right|^2}{(\Psi, \Psi)}$$

这里的 P_n 就是与本征值 λ_n 相对应的概率，亦即在所有测量值当中 λ_n 出现的频度。在这方面，量子力学又回到了普通统计的公式。与上面所讲的统计决定性Ⅱ相反，量子力学和普通统计的共同点是每次测量得出的是某一个特征值，而平均值则是由它们计算出来的。不同的是，量子力学里的概率 P_n 是由理论直接算出来的，而不是建立在个别事件的因果规律之上的派生结果。

统计决定性Ⅲ的第四个主要特点是，量子力学既然是一种关于全同粒子的统计性理论，它必定也可以使用系综方法。量子力学里的系综概念，同经典统计物理学里的系综是一样的。不过，既然在量子力学里，每次测量到的是一个本征值而不是平均值，那么它所使用的系综就不能是一种仅仅用来计算的想象，而是需要在测量过程中实现。具体地说，为了积累计算实验平均值所必需的足够多的观察数据，需要在同样的宏观条件下制备出每个系统，从而保证对处在同一状态的许多个系统进行重复测量，这种做法就是量子系综的实现。

微观现象中存在的这种本质上的统计决定性，自 20 世纪 60 年代非平衡自组织理论建立以来，正在许多不同领域中表现出来，得到越来越多的支持。通过对上述统计决定性Ⅰ、统计决定性Ⅱ和统计决定性Ⅲ的具体剖析，我们看到，这三种统计决定性虽然都反映了由大量个体组成的整体所表现的统计性质，但是它们之间存在的差别，在某些方面其实并不比它们同机械决定的差别更小。下面从几个方面对它们之间的异同进行分析与比较。

第一，统计决定性Ⅰ和统计决定性Ⅱ是建立在个体行为的因果性之上的，因而它们不是一种基本的统计性，而是派生的统计性。这种派生的统计决定性，描写的好像是一种总体的分布或者全局性的趋向。与此相反，统计决定性Ⅲ是一种本质上的统计决定性。这里只存在着统计分布性质的因果演化规律，而不存在个体行为的因果规律。然而，统计决定性Ⅱ也不是服从牛顿力学运动规律的微观个体性质的简单再现。众所周知，牛顿力学的规律是可逆的，而经典统计物理学的熵增加定理反映了自然界实际宏观过程的不可逆性，在物理学里第一次指出了时间箭头的方向。所以，即使是派生的统计决定性，也会在整体的层次上，揭示出与个体层次不同的新型规律来。

第二，在统计决定性Ⅰ和统计决定性Ⅲ里，每次测量都是对个体进行的，得到的是个别的观察值；而与理论预言相比较的整体的平均值以及统计偏差，则是由许多个别的观察值计算出来的。与此相反，在统计决定性

Ⅱ里，个体的行为只是不可能直接检验的一些设想；而每次测量都是对由许多个个体组成的整体系统进行的，直接得到的是可与理论结果比较的平均值。

第三，在统计决定性Ⅰ和统计决定性Ⅱ里，描写统计分布性质的基本量是概率 P，这指的是，当系统从初始状态出发，有可能通过几种不同的途径到达同一终末状态时，过程发生的总概率等于通过各种途径的分概率之和。与此相反，在统计决定性Ⅲ里，描写统计分布性质的基本量是概率幅。这意味着，满足上述叠加原理的不再是概率，而是概率幅。

第四，在统计决定性Ⅰ里，每个个体对象都是不同的，所以，每个整体系统当然也是不相同因而是不可复制的。因此，在这里不可能建立统计系综的方法。与此相反，在统计决定性Ⅱ和统计决定性Ⅲ里，认为大量个体都是相同的，系统是可以复制的。因此，可以使用统计系综的理论方法。

第五，在统计决定性Ⅱ和统计决定性Ⅲ里，都认为大量个体是相同的，但是两者仍然存在着本质上的区别。在统计决定性Ⅱ里，认为同类的微观个体虽然是相同的，但又是可以辨别的。而在统计决定性Ⅲ里，则认为同类的微观个体是全同的，即既是相同的，又是不可辨别的。

下面我们尝试列出一张简明的表格，按以上所说的五个方面来表示这几种统计决定性之间的异同（表8-1）。

表 8-1　统计决定性之间的异同

统计决定性	统计性	每次测量结果	理论的基本量	系综方法	同类个体对象
Ⅰ	派生	个别值	概率	无	各不相同
Ⅱ	派生	平均值	概率	有	相同但可辨别
Ⅲ	本质	个别值	概率幅	有	相同且不可辨别

从表 8-1 中可以看出，所列出的三种统计决定性在对象性质、因果联系、操作形式和理论描写等几个方面，呈现着错综有趣的复杂情况。

例如，从表 8-1 中可以看出，凡是以概率为理论基本量的统计决定性（Ⅰ和Ⅱ），就是由个体的因果规律派生的。而以概率幅为基本量的统计决定性（Ⅲ），就是直接由基本运动方程决定其因果演化的、本质上的统计决定性。我们不禁要问的是，这里面是不是有什么更深一层的道理呢？

历史上，概率幅这个概念并不是在量子力学里第一次被提出来。就在量子力学诞生之前的 1922 年，遗传学家费舍尔已经引入概率的平方根即实数的概率幅，来定量地描写"遗传漂变"，即各个世代遗传下来的性状差异的统计性质。结果发现，在实概率幅空间中的距离，同各个杂交世代之间的"遗传距离"这种统计参数，表现出简单的比例关系。20世纪90年代，乌塔斯（W. K. Wootters）曾对量子力学里的复数概率幅做了一个类似的工作。他论证了在复数概率幅空间中的距离，也与用"可区分性"量度的不同量子状态之间的统计距离，表现出简单的比例关系。这两个不同领域的统计性之间，是不是存在着什么必然的联系呢？

此外，对于表8-1里所列的几个栏目，如果写出所有可能性的组合，能够得到的统计决定性类型，远不止这里讨论的这三种。说简单一点，就拿表8-1中的三个栏目，即每次测量结果、理论的基本量和系综方法这三项来说，如果每一项都有两种可能的选择，那么一共就会得到 $2^3=8$ 种组合方式的可能类型的统计决定性。那么，为什么自然界只选中了表8-1中给出的三种统计决定性呢？是不是有一些已知的学科里（例如量子统计物理学，还有混沌和耗散结构，等等），已经运用了其他的可能性呢？或者，在其余的五种可能性里，哪些组合是有可能运用方法论的论证，找出禁戒的法则而予以排除呢？还有，不能排除的那些类型的其他统计决定性，是不是有机会充当科学中新的理论方法的候选者呢？这些还没有给出现成答案的问题，无疑都有待我们去进行深入的研究。

是不是还存在着一些上面没有提到过的可能选择呢？例如，上面说起，曾经提出过的概率幅的数学形式有实数和复数两种。那么，是否有可能建立一种以更复杂的四元数作概率的统计理论呢？既然乌塔斯指出过，从概率空间的态密度看，比起其他两种概率幅形式来说，似乎复数希尔伯特空间中的均匀分布占着更有利的地位，但是，许多科学家认为，四元数迟早要不可替代地在某种学科的理论中出现。杨振宁先生曾讲过，

> 我还是大胆地猜测，自然界确实利用了这种可能性，只是物理学家还未找到正确的途径把四元数引入基础物理……[①]

如果把这一类未实现的选择考虑进去，统计决定性的可能形式就会更多。由此可见，不同形式统计决定性的存在再一次说明，牛顿力学的严格决定论说明事实上是一个未经证明的被理想化了的观念。正如玻恩所言，这是以绝对准确的测量观念为基础的，这个假设显然没有物理意义。以统

---

① 宁平治、唐贤民、张庆华编：《杨振宁演讲集》，天津：南开大学出版社，1989年，第302页。

计的形式来写经典力学并不是困难的。[①]概率概念在物理学中的出现不仅具有方法论价值，而且具有重要的物理意义。量子力学的产生又进一步确立了统计规律的科学地位。这些使得经典力学的决定论的因果性描述成为一种理想与教条，使得相信只有一种真理而且必须由决定论的因果性来描述的观点，成为关于量子力学的实在论与反实在论之争的基本根源。

第五节　因果性悖论及其应对

量子力学的产生无疑给我们带来了对微观世界的新颖认识。根据量子力学的基本假设，薛定谔方程是一个线性方程，根据线性方程的性质，方程的所有解的和，也是方程的解，也就是说，多粒子系统的态可以由它的所有子态叠加而成，或者说，总的波函数等于各个波函数的叠加。这个性质为量子力学带来了非常奇特的两个内在属性。

其一，在测量之前，粒子所处的态等于所有子态的叠加，测量之后，粒子从可能的叠加态转变到其中的一个具体态。我们只能从方程中求解粒子转变到每个子态的概率有多大，但是，无法事先明确地知道，具体测量之后，将会转变到哪个态，这就是前面讲到的爱因斯坦的"床"的问题或普特南所说的"塌缩问题"。

其二，量子态叠加原理还带来了传统思维根本无法理解的"量子纠缠"现象。这是量子力学最本质的特征。

最重要的问题是，量子纠缠现象体现出的两个粒子之间的非定域性是否与相对论的定域性相矛盾呢？从相互作用的观点来看，两个相互纠缠的粒子，一个粒子的存在状态的改变，会同时影响另一个粒子的存在状态。然而，根据狭义相对论，"同时性"概念并不是绝对的，而是相对的，在一个参照系中同时发生的两个事件，在其他参照系中是不同时的，即观察者对事件 A 有多晚发生是不一致的。根据这种观点，如果两个类空分离的事件在一个参照系中是同时发生的，那么，我们总能找到一个参照系，在这个参照系中，事件 A 先于事件 B 发生，也能找到一个参照系，在这个参照系中，事件 B 先于事件 A 发生，即感知次序发生颠倒。这样，如果我们认为这两个事件之间有某种因果关系，那么就有可能出现结果在原因之前的情况，即被影响的事件发生时，产生影响的事件才会发生，这是一种逆向因果性（backward causality），因此产生了因果性悖论的情况。

---

① （德）M. 玻恩：《我的一生和我的观点》，李宝恒译，北京：商务印书馆，1979 年，第 97 页。

避免这种因果性悖论的最直观的可能途径之一是接受存在着超光速的因果联系。但是，从当代科学的发展来看，我们还没有用这种超光速的因果联系传递任何超光速信号的实验证据。即使退一步讲，假如超光速的因果联系使类空分离的事件发生了改变，为了避免因果性悖论，也只会有两种情况：其一是一定存在着一个首选的参照系，在这个参照系中，所有的逆向因果关系都被看成是类似于一种视错觉；其二是这种改变一定呈现出某种对称性，我们只能说两个事件互为因果，而不能说一个事件引起另一个事件。因此，通过只允许原因不能逆向传播的参照系，有可能避免因果性悖论。

问题在于，接受有超光速传播的观点，即使消除了因果性悖论，还有一个更基本的问题，那就是如何使量子力学与相对论一致起来。这关系到洛伦兹不变性的问题，即所有的参照系都等价的问题。物理学定律在洛伦兹变换下具有协变性，也就是说，物理学定律遵守相对性原理，这是相对论的一个本体论支柱。如果所有的参照系实际上都不是等价的，那么，物理学定律似乎就向我们掩盖了事实真相。在爱因斯坦的相对论产生之前，洛伦兹等就持有这种观点，他们虽然已经推论出狭义相对论的数学形式，但由于缺乏爱因斯坦的概念远见，而没有真正创立狭义相对论。如果我们抛弃洛伦兹不变性，而接受上面提到的首选参照系，那么，我们在很大程度上所放弃的就是爱因斯坦的概念远见。然而，这种概念远见却与实验事实相符，也是爱因斯坦进一步提出广义相对论的前提。因此，接受有超光速的因果联系是不可取的。

假如我们不接受有超光速的因果联系的话，我们就把研究的目标集中在澄清爱因斯坦的定域性概念、贝尔的定域性概念和量子力学的非定域性概念之间的区别与联系的问题上。这就是前面讨论的 20 世纪 80 年代以来物理哲学界围绕量子力学的定域性与非定域性问题展开争论的根本问题。其实，从物理学史的发展来看，这种状况类似于 17 世纪末到 18 世纪初，在引力传递机制问题上，围绕"超距作用"的观点所展开的争论。直到 19 世纪法拉第确立了"场"概念之后，才最终否定了超距作用的观点。我们对空间上分离的两个量子系统之间的这种纠缠现象，也不能用传统的因果相互作用的观念来理解。正如上一章所讨论的那样，这两个量子系统之间的即时关联，是一种不依赖于任何相互作用的非定域性关联，这种非定域性关联体现出的是一种非分离的整体性。

除此之外，在量子力学中，由于系统的状态不再是由物理量之间的关系直接确定的，而是通过假想的波函数随时间的变化关系间接地、概率式地体现出来，并且，波函数的变化不直接描写物理量或物理量之间的关系随时间的变化，只能给出力学变量应取的概率值，或者说，波函数的平方只决定对各种物理量进行测量时，所得到的观察值的一种统计分布，而不是物理量取值的大小；因此，薛定谔方程虽然也是包含对时间微商的线性微分方程，体现了系统状态变化的因果律，但是，这种因果律的表现不直接对应于物理量之间的关联，更不意味着在不同时刻的观察结果之间，可以建立起决定论的因果性关系。由薛定谔方程所体现的系统状态变化的这种因果性，从根本意义上来说，不同于以往我们所认识到的任何形式的因果性，它具有统计的性质。或者说，相对于物理量而言，量子力学的基本方程所给出的是一种统计因果性的理论。

第六节　结　语

综上所述，关于量子纠缠引发的哲学问题的讨论，在科学哲学家进行系统的学术研究之前，首先是从量子物理学家中间开始的。以爱因斯坦为代表人物的物理学家喜欢坚守经典实在观和理论观，而以玻尔为代表人物的物理学家则更喜欢从量子力学的基本特性出发，提倡彻底地抛弃或修改这些观念，并且，双方的争论并没有随着两位代表人物相继地离去而终止。追求对量子力学进行经典实在论解释的努力依然以新的形式继续着，量子力学的多世界解释和当前的信息主义解释就是典型事例。

正如爱因斯坦在1936年发表的《物理学与实在》一文中所指出的那样，人们通常有理由认为，科学家是拙劣的哲学家，但对于物理学家来说，任凭哲学家进行哲学探讨的观点，应该并不总是正确的。当物理学家相信，他们的基本概念和基本定律的体系是确定无疑的时，这种观点是正确的；但是，当物理学的基础变得成问题时，这种观点就不正确了。当经验迫使物理学家寻找得到确认的新基础时，他们就绝不能听任哲学家对理论基础的批判性思考，因为只有物理学家才最知道哪里有困难。物理学家在寻找新的基础时，必定会努力使自己搞清楚，他所用的概念在多大程度上是合理的、在多大程度上是必要的。①爱因斯坦这里所说的寻找新基础，正是针对量子力学而言的。也就是说，哲学家寻找对量子力学基础的理解，要在该理论预设的前提假设中、在物理学家的理解以及他们之间展开的争论中

---

① Einstein A, "Physics and Reality", Piccard J (Trans.) *Journal of Frankin Institute*, Vol.221, No.3, 1936, p.349.

来进行，然后，基于理论蕴含的前提假设，重塑新的科学理论观，而不是相反。

这就呈现出两种不同层次的理解。在传统的科学观中，人们重视科学，是因为科学理论提供了关于世界的理解，理解和说明现象是传统科学认识论的核心目标。在经典科学理论中，理论是对现象的理解与说明，而科学家不需要对理论本身做出进一步的理解与阐释，因为这些理论本身是可以图像化的，它们所使用的概念也与日常概念相连续。但是，在量子理论中，情况则完全不同，像量子纠缠之类的概念，不仅与日常概念相差甚远，而且根本无法被形象化，这就进一步带来了对理论的可理解性（intelligibility）问题。如果说科学家运用理论来理解现象属于一阶理解的话，那么科学家对理论基础的理解则属于二阶理解。

理解现象是科学说明的目标与结果，是指科学家要么把新的经验知识纳入现有的理论知识中，要么为解答新的实验现象提出新的理论体系，就像物理学家提出量子力学来理解经典物理学理论无法说明的黑体辐射等现象那样。而理解理论则有所不同，理论的可理解性，并不是理论本身的内在属性，而是一种外在的关系属性，因为这不仅依赖于理论的特质，而且还依赖于从事理论工作的科学家的认知技能，特别是，他们在长期的科研实践中亲自获得的关于第一手知识的那种直觉与洞见，比如，普朗克在提出"作用量子"概念时具有的那种连自己都无法相信的直觉与洞见。理论的可理解性是与理论的应用和传播相关的所有价值的总汇，既随时间而变，也与理论的直观性（visualizability）或图像化程度成正比。量子理论中的许多概念，由于失去了直观性，因而相应地失去了传统的可理解性的条件，需要借助数学思维来进行理解。但是，借助数学思维进行的理解，并不等于放弃了理论的实在性，只是改变了我们对理论实在性的理解方式。

第九章　直觉认知力的认识论意义^①

本书从第二到第八章重点探讨了以量子纠缠为核心特征的量子理论带来的自然观、概率观、理论观、实在观、整体观、因果观以及思维方式的改变，这些改变并不是互不相关的，而是相互联系在一起的，它们综合起来构成了对传统科学哲学框架的拓展。本书在探讨这些观念改变的同时，也展示了物理学如何凭借直觉认知能力获得创造性成果的历史脉络。这些观念的改变和物理学家展现出来的高超的直觉认知能力，要求我们把曾经归属于心理学的科学发现，重新纳入科学哲学讨论的范围之内，从而把科学哲学研究的视域从习惯于关注理论与实验的关系问题，转向了关注科学家的认知技能如何获得的发生学问题。本章通过对传统认识论忽视科学家的认知能力的考察，对技能与身体意向性的剖析，对兴起于海德格尔、发展于梅洛-庞蒂、成熟于德雷福斯的"熟练应对"的哲学基础及其实践理解的重要特征的阐述，来论证体知认识论（epistemology of embodiment）^②的基本内涵，并揭示这种认识论的优势与可能存在的困境，以此来回答本书前面留下来的核心问题：为什么量子物理学凭借直觉提出的量子假设和量子纠缠等概念，最终能够得到实验证实。

第一节　传统认识论的缺失

罗素在《西方哲学史》中谈到"科学的兴盛"主题时曾指出，近代世界与先前各个世纪的区别，几乎每一点都归因于科学，科学在 17 世纪取得

① 本章内容主要来自成素梅：《技能性知识与体知合一的认识论》，《哲学研究》2011 年第 6 期，第 108-114、128 页；成素梅、赵峰芳：《"熟练应对"的哲学意义》，《自然辩证法研究》2017 年第 6 期，第 111-115 页；成素梅：《科学认识论研究的当代视域——体知认识论的认识论研究之二》，《洛阳师范学院学报》2012 年第 9 期，第 1-7 页。

② 在当前的现象学与认知科学文献中，embodiment 是一个出现频次很高的概念，汉语学界目前有两类译法：一类是译为"涉身性"、"具身性"或"具身化"，另一类是译为"体知合一"。笔者曾在过去的文章中采纳了"体知合一"的译法，因为在哲学史上，关于身心关系的讨论主要经历了有心无身—身心对立—身心合一三个过程，译为"体知合一"更能反映出"身心合一"或"心寓于身"的意思。但现在，考虑到"体知"概念本身已经蕴含了"合一"的意思，所以，这里为了简化译为"体知"，意指基于身体知觉的一种认知。

了极其伟大而壮丽的成功……科学带来的新概念对近代哲学产生了深刻的影响。①近代科学主要以牛顿力学为范式。牛顿力学的成功应用，使得定律的支配力量在人们的想象中牢牢地扎下了根。罗素认为，笛卡儿通常被看成是近代哲学的始祖。他具有高超的哲学能力，试图基于牛顿物理学与天文学构建新的哲学体系。这是自亚里士多德以来未曾有过的事情，也是科学进展为哲学家带来新信心的标志。传统认识论是指自笛卡儿以来西方哲学中的认识论研究。在近代哲学史上，传统认识论的研究主要有两条进路：经验主义的进路和理性主义的进路。这两条进路的典型代表人物分别是休谟和康德。他们的共同之处是，都从牛顿的自然哲学及其成就中获得启迪；不同之处是，他们从牛顿的理论体系中获得了不同的启迪，并沿着不同的方向继承与发展了牛顿的思想②，从而使近代哲学沿着为近代科学作辩护的方向展开。

休谟是典型的经验主义的代表人物，他把经典物理学中的经验方法推向极端，试图基于"联想"概念，提出关于人的行为、感知和思维的经验理论。"联想"概念在休谟的哲学理论中所起的作用，相当于"万有引力"概念在牛顿力学中所起的作用。就像牛顿认为只有根据"万有引力"才能说明自然界中的自然运动现象一样，休谟认为，只有借助于"联想"，才能很好地说明人性。休谟的认识论的核心是经验推理的问题，通常可划分为因果推理和归纳推理。休谟认为，经验是所有意义和知识的唯一源泉，一种观念只有能够追溯到其经验内容时才为真，否则为假。但是，当休谟把因果推理归结为事件之间的恒常会合的推理、把前后事件之间的关系理解为是不能从感觉材料中获得的一种心理习惯时，他基于心理主义的"联想"概念最终摧毁了自己的认识论的经验基石。

尽管如此，休谟的观点极大地影响了他之后的许多著名哲学家的思想发展。值得注意的是，后人对休谟的批评虽然决定性地推进了认识论的发展，但却为哲学带来了恐惧形而上学的危险，或者说，经验主义者对形而上学的恐惧成为他们哲学化的一种痼疾。这与牛顿力学的方法论原则相一致。牛顿在论述观察结果与归纳论证在理论形成过程中的重要作用时，把那些不是从现象中推论出来的任何说法都称为"假说"，并认为，"这样一种假说，无论是形而上学的或者是物理的，无论是属于隐蔽性质的或者是

---

① （英）罗素：《西方哲学史（下卷）》，马元德译，北京：商务印书馆，1996年，第49页。

② 参见 Suppes P, *Representation and Invariance of Scientific Structures*, Stanford: CSLI Publications, 2002；中文版参见（美）帕特里克·苏佩斯：《科学结构的表征与不变性》，成素梅译，上海：上海译文出版社，2011年。

力学性质的，在实验哲学中都没有它们的地位。在实验哲学中，命题都是从现象推出，然后通过归纳使之成为一般”①。在牛顿的认识论中，实验、测量、观察、数学表达式、符号赋义都是无歧义的，理论陈述与实验事实是中性的，或者说，是价值无涉的，被认为是对自然界内禀性质的揭示，是形成理论的基础或证实理论的判别标准。这些经验主义的知识观和拒斥形而上学的思想，在后来的逻辑经验主义的哲学纲领中得到了具体的落实。

康德的动机则完全不同，他认为，休谟的经验主义的进路只能获得偶然的因果关系，或更一般地说，只能获得偶然知识，不能获得必然知识。而牛顿工作的最大优势在于，清楚明白地确立了自然定律的基本形式。为此，康德哲学的重点是为这种普遍存在的自然定律寻找必然性的基础。这是他的名著《纯粹理性批判》的首要目标。他认为，一切知识都从经验开始，并不等于说一切知识都来源于经验，事实上，有些知识是不可能从经验中得到的，比如，几何命题和因果性原理。康德把这些知识称为先天知识，把人类的经验知识看成是人类的感觉印象与认识能力相结合的产物，或者说，把具有普遍必然性的知识看成是由经验和我们的认识能力共同构成的。由此，康德把经验主义的认识论颠倒了过来，即他不把知识的获得看成是主体的认识与客体相符合，而是相反，看成是客体符合主体的认识结构。康德认为，主体的认识结构是先天的，认识对象只属于现象世界，这导致产生现象的"物自体"属于彼岸世界。彼岸世界是人的认识能力永远达不到的，只能靠理性来把握。这样，康德以对"物自体"的不可知为代价，为形而上学开辟了一条生路。

康德的这种知识观得到了爱因斯坦的认同。爱因斯坦基于创立狭义相对论与广义相对论的实际感受认为，形而上学在科学中是必不可少的。在我们的思维和语言表达中提出的概念完全是思维的自由创造，不可能通过对感觉材料的归纳来获得。这一点之所以不容易被人们所关注，是因为某些概念和概念关系与某些感知经验的结合是如此明确，以至于我们意识不到把感知经验世界与概念和命题世界分离开来的不可逾越的鸿沟。正是在这种意义上，爱因斯坦在对罗素的知识论的评论中谈到康德的观点时曾坦言，

　　对我来说，康德对问题的下列陈述是正确的：如果从逻辑的观点来分析情况，当我们用某种"正确性"的概念进行思考时，

---

① （美）H. S. 塞耶编：《牛顿自然哲学著作选》，上海外国自然科学哲学著作编译组译，上海：上海人民出版社，1974年，第8页。

根本没有参考来自感觉经验的材料。[①]

在爱因斯坦看来，所有的思想只能通过其与感觉材料的相互联系，才能获得具体内容，这种观点是正确的，但如果把思想的规定建立在这个命题之基础上，则是错误的。

可是，在传统科学认识论中，不管是以休谟为代表人物的经验主义者希望为人类的认识过程提供彻底的经验说明的进路，还是以康德为代表人物的理性主义者希望通过先天论证来阐明人类如何能获得真理的进路，他们从一开始都把认识论定位为从理论上逻辑地论证具有普遍必然性的知识从何而来的问题，并把人类知识理解成是能以命题形式表达的"真信念"，却很少关注与主体的认知能力相关的问题，从而忽视了与认知技能相关的过程性知识。这种观点经过逻辑经验主义的批判与改造之后，进一步把知识的追求局限在能言之域，并把语言的界限看成是哲学的界限。这就把科学创造活动彻底地排除在了认识论的范围之外，从而极大地缩小了认识论研究的视域。这项任务是由逻辑经验主义的代表人物之一赖欣巴赫完成的，他基于对上述传统认识论的批判，论证了认识论的三大任务。

（1）描述的任务（descriptive task），即描述真实存在的知识，或者说，描述知识的内容或内部结构。在他看来，传统的西方认识论希望从逻辑上建构一个完备的并且严格符合思想心理过程的知识论的努力是徒劳的，走出这种困境的唯一出路是把认识论的任务与心理学的任务区分开来，把"发现的语境"留给心理学来讨论，认识论只关注"辩护的语境"。因此，描述的任务是对知识的理性重建。

（2）评判的任务（critical task），即评判知识系统的有效性和可靠性。赖欣巴赫认为，这项任务有一部分是在理性重建中完成的，因为理性建构出来的东西是从可辩护的观点中选择出来的，但由于理性重建包含不可辩护的因素或约定的成分，因此，只有揭示出这些隐藏的约定特征，才能不断地推动认识论的进步，这是认识论的应有职责。

（3）忠告的任务（advisory task），即提供有关科学决策的建议，或者说，向科学家指出所建议的决策所具有的优势，而不是强迫科学家来接受，也不是决定真理的特征。[②]

[①] Einstein A, " Remarks on Bertrand Russell's Theory of Knowledge", In MacKinnon E A(Ed.), *The Problem of Scientific Realism*, New York: Meredith Corporation, 1972, p. 177.

[②] Reichenbach H, *Experience and Prediction: An Analysis of the Foundations and the Structure of Knowledge*, Chicago: The University of Chicago Press, 1938.

问题在于，当赖欣巴赫把原本统一的科学认知过程划分为以非理性的心理因素为主的"发现的语境"和以理性的逻辑推理为主的"辩护的语境"时，他不仅把认识论问题的研究完全锁定在理论文本的语言重构当中，从而彻底地远离了具体的科学实践，而且把科学认知活动中存在的技能性知识驱逐出了认识论研究的领域。然而实际情况却是，不论是在科学认知实践中，还是在具体的技术活动中，越具有创新性的认知，越不是理性推理的结果，而是科学家在认知实践中直觉感悟的结果。伽利略如何提出自由落体概念？爱因斯坦如何创建广义相对论？普朗克如何提出量子假设？德布罗意如何提出物质波假说？海森伯等如何创建矩阵力学？达尔文如何建立进化论？如此等等，不一而足。这些科学认知的结果不仅没有统一可循的模式，而且都不是经过严格计算的结果。大多数成就的取得都不同程度地包含了科学家特有的且难以明言其原因的一种直觉判断在内，而这种直觉判断是在长期的实践过程中养成的。

例如，物理学家温伯格在回忆卢瑟福提出原子核的概念时曾引用卢瑟福的如下表述：

> 有一天，盖革找到我说，"我正在教年轻的马斯登用放射性方法做实验，可以让他做一些小的研究吗？"当时我有同感，就回答说："为什么不让他看看是否有一些α粒子被散射到大角度上去了？"我可以确切地告诉你们，当时我并不相信会发生这种事情，因为我们知道，α粒子速度很大，质量也大，所以有很大的能量。如果散射是由许多小的散射的累积效应形成的，那么一个α粒子向后散射的机会非常小。我记得，两三天之后，盖革非常激动地找到我说："我们已经能够让一些α粒子向后散射了……"这确实是我一生中遇到的最不可思议的事情。令人不可思议的程度，差不多就像你对着一张薄纸发射一枚 15 英寸的炮弹，但这炮弹却被纸弹回来打着了你。[①]

1964 年由于微波激射器和激光器的发明而获诺贝尔物理学奖的汤斯在自传中深有体会地说：

---

① 转引自（美）斯蒂芬·温伯格：《亚原子粒子的发现》，杨建邺、肖明译，长沙：湖南科学技术出版社，2007 年，第 149 页。

在科学上，通常没有什么发现或积累知识的冷静客观的必由之路，也没有什么控制或决定事件真的达到目标的必胜逻辑。有一些发现明显是不可避免的，例如激光，但期望发现的时间表或有效顺序，就没有什么绝对的必然性了。[①]

诺贝尔物理学奖获得者杨振宁先生也曾指出，在科学家的心目中，"其实最重要的科学发现并不是用逻辑推理出来的"[②]。正如前面几章揭示的那样，普朗克如何提出能量量子化假设、海森伯等如何创立矩阵力学、薛定谔如何提出波动力学，等等，都有各自独特的路径与方式。这说明，科学创造并没有现成的、永远不变的模式可以套用，更没有预先就规划或设置好的逻辑通道。这也表明，既不存在通用的技术创新方法，也不存在通用的科学创造逻辑。突破性的科学创造与技术发明通常是以解决问题为宗旨的，是敢于打破传统模式和善于激发直觉判断的结果。正如诺贝尔奖获得者丁肇中先生于 2011 年在华东师范大学的一次演讲中所指出的那样：

科学是多数服从少数，只有少数人把多数人的观念推翻之后，科学才能向前发展。因此，专家评审并不是有用的。因为专家评审依靠的是现有知识，而科学进步是推翻现有知识。[③]

然而，如何推翻现有知识、如何提供新的知识，却没有现成的道路可走，往往是因人而异、因事而异的。因此，从这个意义上来看，不论是为科学认知的真理性寻找合理来源和意义辩护的认识论，还是怀疑和批判科学认知具有客观性的各种后现代主义的知识观，抑或为科学创造寻找捷径的创新方法探索，都没有从根本上抓住科学认知的本质因素。这些认识论研究与方法论探索忽略了两个层面的问题：其一是专家级的科学家的认知能力如何培养出来的问题；其二是专家级的科学家的科学成就如何取得的问题。对这两个问题的思考，就把当代科学认识论的研究带到了现实的科学实践活动当中。

---

① （美）查尔斯·H. 汤斯：《激光如何偶然发现：一名科学家的探险历程》，关洪译，上海：上海科技教育出版社，2002 年，第 82 页。
② 宁平治、唐贤民、张庆华编：《杨振宁演讲集》，天津：南开大学出版社，1989 年，第 136 页。
③ 这段引文取自丁肇中先生演讲时播放的演示文稿。

第二节　技能与科学认知

科学认知结果与科学家的认知能力相关，这几乎是人尽皆知的事实。但是，关于技能性知识的获得对科学认知判断所起的作用和对科学家的直觉与专长的哲学讨论，却是一个全新的论题。

传统科学哲学隐含了三大假设：①科学的可接受性假设，即科学哲学家主要关注科学辩护问题，比如，澄清科学命题的意义，阐述理论的更替，说明科学成功的基础，等等；②知识的客观性假设，即科学哲学家主要关注如何理解科学成果，比如，科学认知的结果是与自然界相符，是语言的意义属性，是有用的说明工具，还是经验的适当性，等等；③遵从假设，科学哲学家把科学家看成是自律的、具有默顿赋予的精神气质的一个特殊群体，认为理应得到遵从。在区分科学的内史与外史、规范的社会学和描述的社会学之基础上，科学哲学的这三大假设也与科学史、科学社会学的研究前提相一致。以这些假设为前提的哲学研究，很少关注富有创造性的科学思想如何产生的问题，更没有把技能与科学认知联系起来讨论。

与以解决认识论问题的方式传承哲学的科学哲学相平行，存在主义、解释学、结构主义、后现代主义以及批判理论等则分化出另一条科学哲学进路。这条进路的重点是追求对科学文本的解读和对科学的文化批判，体现出从传统的科学认识论向科学伦理学、科学政治学等科学实践哲学的转变，并通过揭示利益、权力、社会、经济、文化等因素在科学知识生产过程中所起的决定性作用，把科学知识看成是权力运作、利益协商、文化影响等的结果，从而全盘否定了科学知识的真理性，甚至走向反科学的另一个极端。这些研究以怀疑科学为起点，隐含了科学知识的非法性问题。这条科学哲学进路认为，科学认知的结果不是天然合法的，科学哲学不是为科学的客观性做辩护，而是需要讨论与科学家相关的非法性问题。这就把对科学家的认知判断的怀疑与批判看成是理所当然的。这些研究虽然关注科学观念如何产生的问题，但其重点是批判科学，而不是对科学家的认知技能的哲学研究。

科学的社会建构论者试图打开科学活动的黑箱，从社会学的视域来观察与描述科学家形成知识的整个过程。他们的研究大致经历了三个阶段：①实验室研究阶段，目标是揭示科学家在实验室里得出的观察结果中所蕴含的社会和文化因素，比如，柯林斯认为，科学成果不是科学认知的结果，而是由社会和文化因素促成的，科学家只有借助于社会力量，才能最终解决科学争论[1]；②全面扩展阶段，即把科学建构论扩展到理解技术，形成了技术建构论，等等；③行动研究阶段，其目标是通过剖析科学家如何变得过分尊贵的问题，打破科学家与外行之间的界限，把科学家看成与外行一样，也是有偏见的人。这些研究同样也蕴含了科学家及其认知判断的非法性问题。他们在关注实验技能的传递与行动问题时，涉及与意会知识、技能以及科学认知的相关性问题，但这只是他们研究的副产品。

以肯定科学家和科学知识的合法性为前提的哲学研究，在面对观察渗透理论、事实蕴含价值以及证据对理论的非充分决定性等论题时所陷入的困境，就是由其基本假设所导致的；而以假定科学家和科学知识的非法性为前提的科学的人文社会科学研究（science studies），对传统科学观的批判，其实也潜在地默认了同样的假设，由此产生了各种二元对立，比如，客观与主观、内在论与外在论、科学主义与人文主义、事实与价值，等等。传统科学哲学进路主要偏重于二元对立项中的前者，容易受到人文主义的挑战；科学的人文社会科学研究进路则主要垂青于二元对立项中的后者，容易从反科学主义走向反科学的另一个极端。到 20 世纪末，人们已经意识到需要寻找第三条进路来超越这些二元对立，比如，科学修辞学进路[2]、分析的行动研究进路[3]、域境主义进路[4]，等等。但是，令人遗憾的是，这些进路都没有提供一个令人满意的替代方案。

在这方面，本书第一章在讨论哲学前提与概念前提时，所阐述的德雷福斯提出的"技能获得模型"是富有启发性的。

第三节　技能与身体的意向性

从德雷福斯的技能获得模型来看，学习者获得技能的自然过程是越来

---

[1] 参见（英）哈里·柯林斯：《改变秩序：科学实践中的复制与归纳》，成素梅、张帆译，上海：上海科技教育出版社，2007 年。

[2] 参见（意）马尔切洛·佩拉：《科学之话语》，成素梅、李宏强译，上海：上海科技教育出版社，2006 年。

[3] 参见（英）哈里·柯林斯：《改变秩序：科学实践中的复制与归纳》，成素梅、张帆译，上海：上海科技教育出版社，2007 年。

[4] 参见 Longino H E, *The Fate of Knowledge*, Princeton: Princeton University Press, 2002; 中译本参见海伦·朗诺：《知识的命运》，成素梅、王不凡译，上海：上海译文出版社，2016 年；参见成素梅：《在宏观与微观之间：量子测量的解释语境与实在论》，广州：中山大学出版社，2006 年；成素梅：《理论与实在：一种语境论的视角》，北京：科学出版社，2008 年。

越从刻意地遵守规则的状态，提升到忘记规则的熟练应对状态。在这个过程中，应对者越能精准地判断局势和越能直觉地应对局势，越说明世界能够更好地向他们敞开。拉索尔（M. A.Wrathall）根据学习者在应对活动中掌握技能的不同程度，将德雷福斯技能获得模型中的学习者的应对行动总结为五个等级。[①]

（1）新手和高级初学者只能对去域境化的特征和问题做出回应，行动受制于应用规则和准则，行动的成功与否取决于能否精准地辨别情境特征，以及能否精确地应用规则和标准。

（2）胜任者和精通者有能力对情境的可见性（affordance）[②]和有意义的情境类型做出回应，行动受制于慎思和经验，行动的成功与否取决于能否抓住正确的视域，以及对正确的可见性做出回应。

（3）普通专家有能力对导致一般公认结果的情境的诱发做出回应，行动受制于或多或少的紧张感，行动的成功与否取决于身体接近极致掌握的程度和最理想姿势的程度。

（4）大师有能力对导致有意义的实践或作为一个整体的世界的诱发做出回应，行动受制于或多或少的紧张感，行动的成功与否取决于能否揭示临危不惧地继续应对的可能性。

（5）彻底的创新者有能力对由微不足道的边缘化的情境所呈现出的诱发做出回应，行动受制于或多或少的紧张感，行动的成功与否取决于能否揭示一个全新的世界。

在上面的几个阶段中，从新手到精通者理解世界的方式，是程度不同地建立在应用规则之基础上的，体现出程度不同的慎思行动模型；而从普通专家到彻底的创新者理解世界的方式，是程度不同地建立在熟练应对之基础上的，体现出程度不同的直觉行动模型。从总体上说，只有熟练应对活动中的行动者才是世界的揭示者。具体而言，普通专家揭示的是世界的基本形式；大师揭示的是使世界具有一致可理解性的整体风格；彻底的创新者揭示的是新世界的可能性。学习者掌握技能的这种递进关系，揭示了我们通常所说的"熟能生巧"或"实践出真知"的道理，也说明了行动者对实践活动的熟悉程度，不在于熟记大量的规则和事实，而在于是否具有以适当方式回应局势的倾向。

---

① Wrathall M A, Hubert L, "Dreyfus and the Phenomenology of Human Intelligence", In Dreyfus H L, Wrathall M A(Eds.), *Skillful Coping: Essays on the Phenomenology of Everyday Perception and Action*, Oxford: Oxford Scholarship Online, 2014, pp.11-12.

② 可见性概念是心理学家吉布森于1977年提出的，意指环境中隐藏的所有"行动的可能性"。

　　熟练应对行动的这种倾向性是通过承载有技能的身体表现出来的。德雷福斯区分了两种意义上的身体：一种是作为解剖学家研究对象的第三人称意义上的身体，另一种是作为行动自如的第一人称意义上的身体。进行熟练应对行动的身体是第一人称意义上的身体，是富有技能的身体，是感知世界的身体。在德雷福斯看来，这种鲜活的身体既不是物质的，也不是精神的，而是"第三种存在"，即具有行动意向性的存在。①与此相对应，在熟练应对活动中，"我"既不是超验的自我，也不是"存在于世"（being-at-the-world），而是"寓居于世"（being in the world），是嵌入式体知的主体。技能也不是经验领域内的对象，而是统一经验的手段。技能不是建立在规则之基础上，而是建立在整体的模式或风格之基础上。行动者在展示技能的活动中体现出的身体意向性，是无内容的意向性，即既不是从外部因果性地强加的，也不是从内部自由地产生出来的，而是身体在活动场域内持续不断的训练中主动养成的。②

　　这种身体的意向性不能表达不存在的对象的意义，也不会在事件的发生情境之外体现出来，而是被情境所"诱发"的一种内在的能动性，是身体对来自世界的诱发的无意识的直觉回应，或者说，身体成为协调活动的实践统一体。因此，身体的意向性不同于认知科学哲学和语言哲学中所阐述的心理的意向性及语言的意向性。实践中的熟练应对关注的是整个活动的域境本身，或者说，是包括身体在内的整个世界本身，而不是单纯地关注对象，也不是专注于工具的使用或操作，更不是依赖于内心的动机与欲望。熟练应对的能力所突出的，是基于直觉思维的情境敏感力，而不是基于逻辑分析的推理能力，是从遵守规则升华为情境化地应对局势的一种直觉判断力。

　　身体的能动性不同于我们通常所说的主观能动性。主观能动性是意识的和理论层面的，所体现的是某人具有积极从事某件事情的主观意愿和自觉意识；身体的能动性是无意识的和行动层面的，所体现的是某人被所处情境激发出的身体的应急能力和指向性。因此，身体的能动性不是受心理表征或从活动域境中抽象出来的约定规则的调节，而是受整个活动局势本身的调节，是一种召唤出来的身体的意向性。身体动作的目标对象不是客

　　①　参见（美）休伯特·德雷福斯：《对约翰·塞尔的回应》，成素梅译，《哲学分析》2015 年第 5 期，第 20-31、197 页。

　　②　Rouse J，"Coping and Its Contrasts"，In Wrathall M, Malpas J(Eds.), *Heidegger, Authenticity and Modernity: Essays in Honor of Hubert L. Dreyfus Volume 1*, Cambridge: The MIT Press, 2000, pp.12-13.

体本身，而是在实践中相互联系的整个局势。在这种局势中，行动者和有意义的对象或任务都是嵌入在世界或域境之中的，是世界或域境中的内生变量。只有在局势展开时，身体的意向性才能被召唤出来。因此，身体具有的能动性和意向性，使得身体不再是活动场域的中介物，而是意向指向性本身。身体所在的世界或域境既不是纯自然的，也不是纯建构的，而是人的世界或人的域境。

身体的意向性不同于心理的意向性，它不是建立在心理状态之基础上，而是建立在实践之基础上的。重复实践不仅造就了独特的肌肉结构，而且还在大脑中生成了独特的神经网络结构。肌肉结构能使身体灵活自如地应对环境的诱发，神经结构能够代替规则来指导行动者的行为。这两种结构都是格式塔的，它们共同协作赋予身体一种类似于本能的统合协调能力。这种能力使富有技能的身体具有了以不变应万变的无意识的动作意向，或者说，成为应对者把握情境局势的一种背景应对（background coping）。

因此，背景应对是身体的，而不是心理的。在熟练应对活动中，应对者的作用不是监控和支配正在进行的行动过程，而是在体验应对过程中源源不断的熟练动作。在运动中，当应对者所处的情形偏离了身体与环境之间的最理想的关系时，身体就会本能地向着接近最理想的姿势运动，来减少这种偏离所带来的"紧张"感。当熟练应对进展得很好时，应对者就会体验到运动健儿所说的那种流畅感。这时，应对活动完全啮合在局势的"召唤"之中，应对者不再能够在行动的体验和进行的活动之间做出区分，应对技能成为身体的一个组成部分，从而使得应对者具有了基于技能，而不是基于心理的意向对象，来理解世界的基本的实践能力。[①]

美国加州大学伯克利分校的神经科学家弗里曼（W. Freeman）的神经动力学研究，为神经网络结构为何能够替代规则的问题，提供了科学的说明。弗里曼在用兔子做实验时，他观察到，兔子在感到饥饿时，就会到处寻找食物，这种满足需求的反应，强化了动物的神经联结。因为兔子在每次产生嗅觉时，嗅球的每个神经元都会参与其中，兔子在每次找到食物之后，嗅球都会呈现出一种能态分布，而嗅球往往趋向于最低能态。每一种可能的最低能态被称为"吸引子"。趋于一种特殊吸引子的大脑状态被称为"吸引区域"。兔子的大脑对每次有意义的输入都会形成一种新吸引区域，

---

① Dreyfus H L, "Heidegger's Critique of the Husserl/Searle Account of Intentionality", In Dreyfus H L, Wrathall M A(Eds.), *Skillful Coping: Essays on the Phenomenology of Everyday Perception and Action*, Oxford: Oxford Scholarship Online, 2014, p.5.

从而把过去经验的意义保留在吸引区域内。兔子大脑的当前状态是过去所有经验叠加的结果。为此，弗里曼指出，大脑所选择的图式不是被刺激所强加的，而是由具有这种刺激的较早经验来决定的，宏观的球部图式不是与刺激相关，而是与刺激的意义相关。作为直接呈现的意义是域境的、全域的和不断被充实的。①1991 年，斯坦福大学的神经心理学家普利布拉姆（K. Pribram）在研究大脑的记忆时提出的认知功能的全息大脑模型，从另一个层面支持了人类活动的实践理解与身体意向具有的整体性观点。

第四节　应对活动的哲学假设

"熟练应对"概念的内涵与哲学意义，是在从海德格尔的现象学到梅洛-庞蒂的现象学，再到德雷福斯的现象学的发展过程中，逐渐突现与明确起来的。这些哲学家对人类活动的现象学阐述，使得在日常生活中常见的熟练应对范式具有了与传统哲学讨论的慎思行动范式足以相提并论的哲学意义。慎思行动范式突出的是逻辑推理，属于认识论范畴，而熟练应对范式所关注的是在流畅的应对活动中世界或域境的诱发性，属于现象学中的本体论范畴。熟练应对活动的范围很广，包括从人类的最普通的日常活动（如走路或吃饭），到运动员极致掌握的竞技活动（如打球或下棋、弹琴等）和技术性的工具操作，再到科学研究中抽象的思维操作（如物理学或数学）等一切技能性活动在内。

在日常生活中，"熟练应对"是每一位正常人天天都在践行的一种司空见惯的基本生存能力，比如，话语的脱口而出，行为的灵活自如，做事的胸有成竹，等等。只有当习以为常的行动出现异常或受阻时，行动者才会停下来，去查找出现问题的根源，比如，孩子到了相应的年龄还不会说话或没有行动能力，成年人突然出现语言或行动障碍，等等。我们通常会把日常生活中的这些异常情况或行动受阻的情况当作病态来处理，而正常情况则被认为是每个人理应具备的基本生活能力，很少上升到哲学的高度来探讨。

在竞技运动和各类操作性的活动中，"熟练应对"是运动员和包括科学家在内的技术专家所具备的一种高超的应急反应能力。这种能力的获得与

---

① Dreyfus H L, "Why Heideggerian AI Failed and How Fixing it World Require Making of More Heideggerian", In Dreyfus H L, Wrathall M A(Eds.), *Skillful Coping: Essays on the Phenomenology of Everyday Perception and Action*, Oxford: Oxford Scholarship Online, 2014, pp.12-13.

日常生活能力的获得的最大不同在于，它是在长期的训练与学习实践中达到的一种特有的技能状态。日常生活能力尽管也需要通过学习与训练来获得，但是，通常被归结为是人的成长历程，是在周围成年人的言传身教与当地社会文化的熏陶下，以不断试错的方式循序渐进地获得的。特殊技能的学习与训练，虽然也可以从孩子抓起，比如，孩子从小开始学习拉小提琴、弹钢琴、跳舞、打球、下棋等，但是，我们完全不会把孩子所获得的这些特殊能力，与人人都应该具备的说话和走路等基本生活能力相提并论。生活技能与专业技能属于两个不同的技能层次。

另外，如果走路、说话等日常生活能力经过特殊的训练达到一般人无法企及的极致状态，也就相应地转化成为一项专业技能，比如，成为语言学家、田径运动员等。技能的难易程度不同、种类不同，影响它的维度也不同。比如，在学习运动技能与操作的技能时，涉及身体在动态情境中的变化与姿势，这些技能是训练身体的柔韧性与灵活性；在学习抽象的科学研究时，主要与思维操作能力相关，这项技能是训练学习者能够直觉地把握局势的能力。技能的社会化程度不同，受到现有社会规范的影响程度也不同，比如，学习道德规范、礼仪和开车，比学习木工和电器维修，更关注社会特性。

尽管技能有难易之分，并且日常生活技能是人人具有的，专业技能是经过特殊训练的职业人员才拥有的，但是，技能学习者在成为专家和大师时，所表现出的熟练应对能力与普通人在日常生活中具有的熟练应对能力，却有着共同之处。德雷福斯正是抓住这一要点，通过对技能获得过程的阐述，使起源于海德格尔、发展于梅洛-庞蒂的应对技能的现象学，进一步突显和成熟起来。在德雷福斯看来，海德格尔发现的应对技能，建立在所有的可理解性和理解的基础之上，实用主义者虽然也看到了这一点，但是，海德格尔思想的伟大之处在于，他看到，当运动员在比赛中处于最佳状态时，他们已经完全被比赛所吸引，或者说，完全沉浸在比赛的域境中。海德格尔试图以此来拒斥他那个时代的哲学——笛卡儿的哲学。在笛卡儿的哲学中，人是独立思考的个体，而在海德格尔看来，人并非独立的个体，而是沉浸或嵌入他所在的那个世界之中，人成为自己所在的整个活动域境的一个组成部分。因此，德雷福斯认为，海德格尔是摆脱了笛卡儿及其追随者思想的第一位哲学家。①

---

① 参见成素梅、姚艳勤：《哲学与人工智能的交汇——访休伯特·德雷福斯和斯图亚特·德雷福斯》，《哲学动态》2013年第11期，第102-107页。

但是，德雷福斯也明确指出，海德格尔虽然摆脱了笛卡儿的观点，不相信人是用心灵来表征世界的主体，认为行动者只是"寓居于世"的存在者，即完全沉浸在世界之中，而不是外在于世界的主体，因此注意到了身体的存在；但是，他却没有明确地谈到人有身体这样的事实，更没有对如何把身体纳入哲学的讨论中、人如何感知所在的世界等问题，做出系统的论述。梅洛-庞蒂在他的《知觉现象学》一书中承接了这项任务。[①]在德雷福斯看来，把人看成是独立的智者，而拥有外部世界的图像，这种分离的立场，属于技能获得模型的初级阶段，而海德格尔强调的"寓居于世"，是指人已经完全沉浸在自己所在的世界之中，这种融合的立场，属于技能获得模型的高级阶段。高级阶段的技能拥有者，已经成长为具有特定专长的专家，并经历了从初学者成为专家时的各种情感转变、实践转变等。这些转变使得专家具备了熟练应对的技能，不仅属于不同的技能级别，而且隐含了不同的哲学假设。

在传统哲学中，行动通常被看成是有目的的行为，是受心理状态引导的行为表现，即行动是由心理意向引起的，而心理意向依次来源于达到某种目的愿望和满足这些愿望的信念。这种观点隐含的相互关联的三个哲学假设是：其一，假设行动者与世界是彼此分离的，即我们可以在行动者与世界之间划出界线，世界是静态的，被看成是对象的集合，对象在因果关系的意义上对行动者产生影响。其二，假设说明行动的基础是内在于行动者的，即行动是在行动者的心理事件和心理状态的作用下发出的。这不是否认这些心理事件和状态在因果关系的意义上是由世界中的事件引起的，而是说，如果没有心理作用的调节，以及来自世界的因果作用，就不会引起做出回应的成为行动的身体动作。这种行动必须把它的基础追溯为是内在于行动者的某种状态或事件（比如表征行动的满足条件）的行动，因此，心理状态或心理意向成为世界与行动之间的中介物。其三，假设完美的或最理想的行动是谨慎考虑的结果，即在对各种理由做出详细评估和权衡之后，来确定哪种行动过程是达到目的的最合理的或最完善的方式。[②]

与此不同，德雷福斯则把熟练应对活动中的行动者当作是拥有专长的专家或大师，然后，从专家的熟练应对行为中揭示出对世界的实践理解。

① 参见成素梅、姚艳勤：《哲学与人工智能的交汇——访休伯特·德雷福斯和斯图亚特·德雷福斯》，《哲学动态》2013年第11期，第102-107页。
② Wrathall M A, Hubert L, "Dreyfus and the Phenomenology of Human Intelligence", In Dreyfus H L, Wrathall M A(Eds.), *Skillful Coping: Essays on the Phenomenology of Everyday Perception and Action*, Oxford: Oxford Scholarship Online, 2014, p.3.

这种现象学所隐含的三个哲学假设是：其一，假设行动者在进行熟练应对时，完全处于与世界融合的状态，不能分离开来。因此，我们无法在世界与行动者之间划出分界线，身心不再可分。其二，假设说明行动的基础既不是单纯地内在于行动者，在因果关系的意义上，也不是完全来自外部对象，而是所有这些互动要素所构成的整个世界或域境的诱发或激发，应对者的行动是对其所在世界或域境进行的一种直觉回应。这种回应是无反思的，即不需要心理状态的调节，也就是说，心理状态或意向不再是引发行动的中介物，而是世界或域境本身成为诱发行动的直接"理由"，或者说，专家的熟练应对不再依靠对相互竞争的愿望或动机的评价与权衡，而是专家所在的那个世界诱使他或她以沉着冷静的态度进入一个明确的行动过程。其三，完美的或最理想的行动不是在经过谨慎思考与认真权衡之后做出选择的结果，而是在长期的训练与实践中塑造的最理想的身体姿势。专家级的行动者只有在行动受阻时，才考虑对行动的其他可能性做出评估与选择。因此，达到熟练应对的过程，反而是逐渐摒弃慎思行动的过程。

德雷福斯所阐述的熟练应对时期，类似于库恩在阐述范式论时所说的常规科学时期。库恩认为，常规科学的目的既不是去发现新的现象，也不是发明新的理论，相反，是在澄清范式已经提供的那些现象与理论。而科学家这么做的前提是，他们必须首先成为一门成熟科学的具体实践者。否则，他们就不会沉迷于特定的范式之中，也认识不到范式留下的许多扫尾工作，更不会把注意力集中在小范围的深奥问题上。专业团体只有在范式成功的期限内，才能解决许多问题，他们只有在解决问题的过程中感觉到现有范式变成了进一步推进研究的障碍时，他们的行为才会出现不同，研究问题的本质才会发生改变，从而进入科学革命时期。常规时期的科学家是解谜专家，正是谜所提出的挑战驱使他们前进。而特定范式之内的科学家的工作，主要是集中解决缺乏才智的人不能解决的问题。[①]

同样，熟练应对的行动者是破局专家，他们只有在面对整个局势带来的挑战时，才能顺利地展开应对活动。专家级的行动者在熟练应对时，能够破解许多非专家无法应对的局势，只有在他们的直觉应对活动失手时，他们才会停下来，对情境做出反思。这相当于库恩讲的科学革命时期。在这个时期，行动者像科学家那样，开始剖析他们面对的情境因素和行动细

---

① 参见（美）托马斯·库恩：《科学革命的结构》，金吾伦、胡新和译，北京：北京大学出版社，2003年。

节。德雷福斯认为，专家级的行动者在熟练应对时所做出的应急反应，是非专家级的行动者无法达到的。也就是说，行动者掌握技能所达到的层次不同，他们从事的活动与体验也不同。传统哲学所讨论的有目的的慎思行动模型，最好地描述了专家在应对活动受阻时，与世界的互动，以及初学者与世界的互动；而熟练应对的直觉行动模型，则最好地描述了行动者在流畅应对时，与世界的互动。慎思互动建立在概念与世界之间的表征关系之基础上，而熟练应对的直觉互动建立在身体与世界之间的应对关系之基础上。因此，在人类的活动中，存在着两种不同的互动模式——表征互动和直觉互动；蕴含了两类不同的哲学假设——主客体二分的假设和主客体融合的假设；揭示了我们对世界的两种可理解性——理论的可理解性和实践的可理解性；呈现了两种意向性——有心理内容的意向性和无心理内容的意向性。

第五节 应对活动的实践理解

强调意向引导行动的传统哲学假设，我们在进行判断时，对事物的理解，只存在着一种可理解性（intelligibility），那就是，用概念和语言来表达我们对世界的理解。我们把由概念判断与逻辑推理提供的对世界这种理解，称为理论理解。理论这一概念至少蕴含了三层含义：理论是抽象性的、普遍的和非经验的。理论理解提供的是对世界的表征。这种观点把理解看成是认识论的问题，即关于知识的问题。但是，德雷福斯认为，对于画家、作家、历史学家、语言学家、像维特根斯坦那样的哲学家以及存在主义的现象学家来说，还存在着另外的一种可理解性，那就是，我们与实在或世界的接触和互动。这种可理解性是通过非概念的或非表征的熟练应对来体现的。德雷福斯论证说，"成功的不断应对本身是一种知识"[①]。然而，这种知识是一种不同类型的知识——技能性知识。

技能性知识是指人们在认知实践或技术活动中知道如何去做并能对具体情况做出不假思索的灵活回应的知识。我们对技能性知识的揭示，不仅能够说明科学家的认知本能与直觉判断为什么不完全是主观的原因，而且有可能使传统科学哲学家与科学的人文社会科学研究者之间的争论变得更

---

① Dreyfus H L, "Account of Nonconceptual Perceptual Knowledge and Its Relation to Thought", In Dreyfus H L, Wrathall M A(Eds.), *Skillful Coping: Essays on the Phenomenology of Everyday Perception and Action*, Oxford: Oxford Scholarship Online, 2014, p.4.

清楚。正如伊德所言，就技术的日常用法而言，在科学实验中所用的技术仪器，通过"体知型关系"（embodiment relations）扩大到和转变为身体实践；它们就像海德格尔的锤子或梅洛-庞蒂的盲人的拐杖一样被兼并或合并到对世界的身体体验中，科学家能够产生的现象随着体知形式的变化而变化。[①]德雷弗斯在进一步发展梅洛-庞蒂的"经验身体"（le corps vécu）的概念和"意向弧"（intentional arc）与"极致掌握"（maximal grip）的观点时也认为，"意向弧确定了行动者和世界之间的密切联系"，当行动者获得技能时，这些技能就"被存储起来"。因此，我们不应该把技能看成是内心的表征，而是看成对世界的反映；极致掌握确定了身体对世界的本能回应，即不需要经过心理或大脑的操作。[②]正是在这种意义上，对技能性知识的哲学反思把关于理论与世界关系问题的抽象论证，转化为讨论科学家如何对世界做出回应的问题。

技能性知识主要与"做"相关。根据操作的抽象程度的不同，把"做"大致划分为三个层次的操作：直接操作、工具操作和思维操作。直接操作主要包括各种训练（比如竞技性体育运动、乐器演奏等），目的在于获得某种独特技艺；工具操作主要包括仪器操作（比如科学测量、医学检查等）和语言符号操作（比如计算编程等），目的在于提高获得对象信息或实现某种功能的能力；思维操作主要包括逻辑推理（比如归纳、演绎等）、建模和包括艺术创作在内的各项设计，目的在于提高认知能力或创造出某种新的东西。从这个意义上看，在认知活动中，技能性知识是为人们能更好地探索真理做准备，而不是直接发现真理。获得技能性知识的重要目标是先按照规则或步骤进行操作，然后在规则与步骤的基础上使熟练操作转化为一项技能，形成直觉的、本能的反应能力，而不是为了直接地证实或证伪或反驳一个理论或模型。这种知识主要与人的判断、鉴赏、领悟等能力和直觉直接相关，而与真理只是间接相关，是一种身心的整合，是一种走近发现或创造的知识。这种知识具有如下五个基本特征。

（1）实践性。这是技能性知识最基本和最典型的特征之一。技能性知识强调的是"做"，而不是简单的"知"；是"过程"，而不是"结果"；是"做中学"与内在感知，而不是外在灌输。"做"所强调的是个体的亲历、参与、体验、本体感受式的训练（proprioception exercise）等。就技能本身

---

① Ihde D, *Expanding Hermeneutics: Visualism in Science*, Evanston: Northwestern University Press, 1998，pp. 42-43.

② Selinger E, Crease R(Eds.), *The Philosophy of Expertise*, New York: Columbia University Press, 2006, pp.214-245.

的存在形态而言，存在着从具体到抽象连续变化的链条，两个端点可分别称为"硬技能"或"肢体技能"，即一切与"动手做"（即直接操作）相关的技能；"软技能"或"智力技能"（intellectual skill），即与"动脑做"（即思维操作）相关的技能。在现实活动中，绝大多数技能介于二者之间，是二者融合的结果。

（2）层次性。正如德雷福斯的技能获得模型所阐述的那样，任何一项技能，不论是简单的日常生活技能，还是抽象的科学认知技能，都是在从文本的讲解到实践操作的反复训练中，被掌握的。技能性知识有难易之分，其知识含量也有高低之别。比如，开小汽车比开大卡车容易，一般技术（比如修下水道）比高技术（比如电子信息技术、生物技术）的知识含量低，掌握量子力学比掌握牛顿力学难度大。

（3）域境性。技能性知识总是存在于特定的域境中，行动者只有通过参与实践，才能有所掌握与体悟，只有在熟练掌握之后，才能内化为直觉能力等内在素质，才能体现出对域境的敏感性。因此，获得技能性知识的途径，不是依赖于熟记步骤和规则，而是依赖于实践的体验。

（4）直觉性。技能性知识最终会内化为人的一种直觉，并通过人们灵活应对的直觉能力和判断体现出来。直觉不同于猜测，猜测是人们在没有足够的知识或经验的情况下得出的结论，"直觉既不是乱猜，也不是超自然的灵感，而是大家从事日常事务时一直使用的一种能力"[①]。"直觉能力"通常与表征无关，是一种无意识的判断能力或应变能力。技能性知识只有内化为人的直觉时，才能达到运用自如的通达状态。在这种状态下，行动者已经深度地嵌入世界当中，能够对情境做出直觉回应，或者说，行动者对世界的回应是本能的、无意识的、易变的甚至是无法用语言明确地表达的，行动者完全沉浸在体验和域境敏感性当中。从这个意义上讲，不管是在具体的技术活动中，还是在科学研究的认知活动中，技能性知识是获得明言知识的前提或"基础"，是我们从事创造性工作应该具备的基本素养，是应对某一相关领域内的各种可能性的能力，而不是熟记"操作规则"或经过慎重考虑后才能做出的选择。

（5）体知性。技能性知识的获得是在亲历实践的过程中，经过试错的过程逐步内化到个体行为当中的体知型知识。技能性知识的获得没有统一的框架可循，实践中的收获也因人而异，对一个人有效的方式，

[①]　Dreyfus H, Dreyfus S, *Mind Over Machine: The Power of Human Intuition and Expertise in the Era of the Computer*, New York: Free Press, 1986, p.29.

对另一个人未必有效。人们在实践过程中，伴随着技能性知识的获得而形成的敏感性与直觉性，不再是纯主观的东西，而是也含有客观的因素。

当我们运用这种观点来理解科学研究实践时，就会看到，科学家对世界的理解，既不是主体符合客体，也不是客体符合主体，而是从主客体的低层次的融合到高层次的融合或是主体对世界的嵌入性程度的加深。这种融合或嵌入性程度加深的过程，只有是否有效之分，没有真假之别。因为亲历过程中达到的主客体的融合，是行动中的融合。就行动而言，我们通常不会问一种行动是否为真，而是问这种行动方式是否有效或可取。这样，就用有效或可取概念取代了传统符合论的真理概念，并使真理概念变成了与客观性程度相关的概念。行动者嵌入域境的程度越深，对问题的敏感性与直觉判断就越好，相应的客观性程度也越高，获得真理性认识的可能性也越大。

从技能性知识的这些基本特征来看，技能性知识是一种个人知识，但不完全等同于"意会知识"。"个人知识"和"意会知识"这两个概念最早是由英国物理化学家波朗尼在《个人知识》和《人的研究》这两本著作中提出的①，后来在《意会的维度》一书中进行了更明确的阐述。波朗尼认为，在科学中，绝对的客观性是一种错觉，因而是一种错误观念，实际上，所有的认知都是个人的，都依赖于可错的承诺。人类的能力允许我们追求三种认识论方法：理性、经验和直觉。个人知识不等于主观意见，更像是在实践中做出判断的知识和基于具体情况做出决定的知识。意会知识与明言知识相对应，是指只能意会不能言传的知识。用波朗尼的"我们能知道的大于我们能表达的"这句名言来说，意会知识相当于是，我们能知道的减去我们能表达的。而技能性知识有时可以借助于规则与操作程序来表达。因此，技能性知识的范围大于意会知识的范围。从柯林斯对知识分类的观

---

① 网上流传的许多中文文献认为，波朗尼在 1957 年出版的《人的研究》一书中第一次提出了"意会知识"这个概念。这个时间可能有误，因为《人的研究》一书的版权页标明，这本书是由波朗尼于 1958 年在北斯塔福郡大学学院（The University College of North Staffordshire）进行的林赛纪念讲座（The Lindsay Memorial Lectures）内容构成的，书的出版时间是 1959 年，由美国芝加哥大学出版社出版。书中共有三讲，第一讲是"理解我们自己"（Understanding Ourselves）；第二讲是"人的呼吁"（The Calling of Man）；第三讲是"理解历史"（Understanding History）。而且，波朗尼在该书的前言中写道，这三次讲座是对他最近出版的《个人知识》一书中所进行的研究的延伸，可以看成是对《个人知识》的简介。这说明，《人的研究》的出版时间在《个人知识》之后，而不是之前。《个人知识》一书首次出版是在 1958 年，因此，《人的研究》一书的出版时间应该是 1959 年，而不是 1957 年。

点来看[①]，意会知识存在于文化型知识和体知型知识当中，而技能性知识除了存在于这两类知识中，还存在于观念型知识和符号型知识中。不仅如此，掌握意会知识的意会技能本身也是一种技能性知识。

技能性知识至少可以通过三种能力来体现：与推理相关的认知层面，通过认知能力来体现；与文化相关的社会层面，通过社会技能来体现；与技术相关的操作层面，通过技术能力来体现。从这种观点来看，柯林斯关于技能性知识的观点是不太全面的。柯林斯认为，技能性知识通常是指存在于科学共同体当中的知识，更准确地说，是存在于知识共同体的文化或生活方式当中的知识，"是可以在科学家的私人接触中传播，但却无法用文字、图表、语言或行为表述的知识或能力"[②]。对技能性知识的这种理解，实际上是把技能性知识等同于意会知识，因而缩小了技能性知识的思考范围。

当我们基于这种技能性知识来理解世界时，除了通常强调的理论理解之外，还有另外一种更基本的理解：实践理解。实践这一概念也蕴含了三层含义：实践是具体的、特殊的和经验的。实践理解提供的是对世界的非表征的直觉理解。尽管这种理解也像理论那样依赖于信念和假设，但有所不同的是，实践理解中的这些信念和假设只有在特殊的域境中并依赖于共享的实践背景才会有意义。共享的实践背景不是指在信念上达成共识，而是指在行为举止方面达成共识。这种共识是在学习技能的活动中和人生阅历中逐渐养成的。德雷福斯举例说，人与人之间在进行谈话时，相距多远比较恰当，并没有统一的规定，通常而言，要么取决于场合，比如，是在拥挤的地铁上，还是在人烟稀少的马路旁；要么取决于人与人之间的关系，是熟人之间，还是陌生人之间；要么取决于对话者的个人情况，是男的还是女的，是老人还是孩子；要么取决于谈话内容的性质，比如，是否有私密性等。更一般地说，谈话距离的把握体现了人们对整个人类文化的解读。海德格尔把这种无所定论并依情境而定的情形所反映出来的对文化的自我解读称为"原始的真理"（primordial truth）。[③]

---

① 柯林斯把知识分为五类：观念型知识（embrained knowledge），即依赖于概念技巧和认知能力的知识；体知型知识（embodied knowledge），即面向域境实践（contextual practices）或由域境实践组成的行动；文化型知识（encultured knowledge），即通过社会化和文化同化达到共同理解的过程；嵌入型知识（embedded knowledge），即把一个复杂系统中的规则、技术、程序等之间的相互关系联系起来的知识；符号型知识（encoded knowledge），即通过语言符号（如图书、手稿、数据库等）传播的信息和去域境化的实践编码的信息。

② Collins H M, "Tacit Knowledge, Trust and the Q of Sapphire", *Social Studies of Science*, Vol.31, No.1, 2001, p.72.

③ Dreyfus H L, "Holism and Hermeneutics", In Dreyfus H L, Wrathall M A(Eds.), *Skillful Coping: Essays on the Phenomenology of Everyday Perception and Action*, Oxford: Oxford Scholarship Online, 2014, pp.3-4.

　　更明确地说，实践背景不是由信念、规则或形式化的程序构成的，而是由习惯或习俗构成的。这些习惯或习俗是特定社会演化的历史沉淀，并通过我们为人处事的方式体现出来。这也是维特根斯坦把人的行动看成是语言游戏之基础的原因所在。在德雷福斯看来，如果把实践背景看成是特殊的信念，比如，我们在与他人谈话时，应该相距多远的信念，那么，我们就难以学会行为恰当的随机应变的应对方式。这是因为，实践背景包含技能，是学习者长期体知的结果，而不只是知晓信念、规则或形式化程序的结果。行动者与实践背景的关系，就像鱼与水的关系一样。行动者只有在失去应对自如的灵活性时，才会停下来去剖析他们所遇到的问题，因而从熟练应对状态切换到慎思状态。因此，把技能等同于命题性知识、一组规则或形式化的程序，是对技能本性的一种误解。德雷福斯指出，实践背景之所以不依附于表征，也不能在理论中得到阐述的原因在于：①它太普遍，不能作为一个分析的对象；②它包含技能，只能在实践中得以体现。①

　　这种观点是海德格尔在《存在与时间》一书中的重要洞见之一。海德格尔把这种普遍存在的实践背景称为原始的理解（primordial understanding），并认为，这种理解恰好是日常的可理解性和科学理论的基础，海德格尔称为"前有"。科学哲学家库恩把科学家在科学活动中的实践背景称为"学科基质"（discipliary matrix），即学生在被培养成为科学家的道路上，所获得的、能够用来确定相关科学事实的那些技能。这些"前有"或"学科基质"使得行动者有能力直觉地感知到进一步行动的可见性。比如，椅子的形态提供了"坐"的可见性，交通灯提供了前行还是停止的可见性。"前有"或"学科基质"的存在表明，行动者在过去的学习经验，能够在当前的经验中体现出来，并成为未来行动的向导。因此，实践背景不是认识论的，而是现象学意义上的本体论的。

　　实践理解是用做事的主体（doing subject）或应对的主体（coping subject）取代了理论理解的认识的主体（knowing subject），因而相应地弱化了知识优于实践的笛卡儿传统。就理解的内涵而言，实践理解和理论理解都强调互动，但互动的要素有所不同。理论理解强调的互动，要么是认知主体之间的话语互动，目的是在互动的基础上达成共识；要么是主体与客体之间的表征互动，目的是基于互动来揭示客体的规律。实践理解强调的互动是行动者与域境或世界之间的应对互动，目的是在互动的基础上来

---

① Dreyfus H L, "Holism and Hermeneutics", In Dreyfus H L, Wrathall M A(Eds.), *Skillful Coping: Essays on the Phenomenology of Everyday Perception and Action*, Oxford:Oxford Scholarship Online, 2014, pp.5.

迎接挑战。理论理解与实践理解都存在着不确定性，但不确定性的类型有所不同。理论理解的不确定性，要么表现为翻译的不确定性，要么表现为证据对理论的非充分决定性；实践理解的不确定性表现为应对方式的不可预见性。理论理解与实践理解都存在概括的问题，但概括的方式有所不同。理论理解的概括体现为基于理性的逻辑推理能力；实践理解的概括体现为基于身体的应对能力。

实践理解是在人的知觉-行动循环（perception-action loop）中体现出来的。行动者在知觉-行动的过程中，对相关变化的追踪方式与身体的存在密切相关。基于身体的经验不需要涉及心灵与世界的二分。行动者的熟练应对方式本身是由行动者所在的世界或域境诱发出来的。这种被感知到的诱发，不是来自一个具体的实体，而是来自整个情境，并且行动者对诱发的感知与应对行为的完成，是同时发生的，而不是前后相继的。所以，域境的诱发不能被看成是原因，而应被看成是挑战。熟练的应对者在应对挑战的瞬间，时间与空间是折叠的，行动系统中的诸要素将会在应对挑战的过程中得到动态的重组。而重组是诸要素互动的结果。互动本身并不是在寻找原因，而是在专注地应对挑战，并且，应对者迎接挑战的应对方式既是无法预料的，也不是千篇一律的，而是多种多样和变幻莫测的。在这里，诱发相当于是整个系统产生的一次涨落，这种涨落会导致系统创造出新的形式，形成新的活动焦点。

实践理解过程中的诱发行动不同于理论理解过程中的慎思行动。前者体现的是应对者对局势的回应，是主客体融合的行动，在融合的情况下，应对者与环境之间的关系是动态的，动态的进路意味着，基于实践理解的认知已经超越了表征，是敏于事的过程；后者体现的是应对者对局势的权衡，是主客体分离的行动，在分离的情况下，应对者与环境之间的关系是静态的，静态的进路意味着，基于慎思行动的认知是可表征的或可以概念化的，是慎于言的过程。从德雷福斯的技能获得模型来看，专家和大师在熟练应对过程中的行动是被诱发出来的，非专家的行动和专家在受阻时的行动是慎思的，只是慎思的程度或深度不同。非专家的慎思通常是思考如何遵照现成的程序与规范来完成任务，专家的慎思则是在面临新的情况时，对情境本身的剖析与反思，其结果有可能对现成的应对方式提出改进，形成新的规范，等等。在熟练应对的过程中，由局势所诱发的行动与主体慎思的行动，既是相互排斥的，又是相互补充的，并在总体上，内在而动态地交织在一起，处于不断切换的状态。

专家级的行动者具有的实践理解是在实践过程中养成的。这是因为，学习者在学习过程中处理或遇到的情况越多，在成长为专家之后，能够直觉应对的情况类型就越多，需要慎思的情况就越少。比如，棋手在被培养成为象棋大师的过程中，由于经历过成千上万的特殊棋局，所以，当面对新的棋局时，其通常会自发地应对局势，不再需要依赖初学时被告知的规则来确定棋子的走法，而是能够根据具体情境做出直觉回应。专家在不需要经过慎思就能直接采取行动时，已经融合在世界之中，成为整个域境的一个组成部分。在这种情况下，专家发出的行动，并不像非专家那样是由规则支配的，而是以直觉为基础。德雷福斯强调说，为了明白这一点，我们需要区分两类规则：一类是游戏规则；另一类是实战规则（tactical rule）。

游戏规则是指为使某个游戏或某项技能成为可能所约定的玩法或步骤，以及需要遵循的行为规范，等等，比如，下棋的规则包括每个棋子的走法、输赢的评判标准和应当诚实等一般的社会规范。这类规则不是被存储在脑海里，而是被内化在实践背景中，成为约束行为的自觉准则。这类规则并不是由初学者制定的，而是初学者在学习时必须遵守的。实战规则是指引导人们如何更好地回应各种局势的启发性规则，这些规则是学习者在教练的言传身教下，通过个人的苦练与顿悟来获得的，好的实践、好的判断、好的猜测艺术，完全是经验性的，而不是预想的计划。行动者只有在经历过各种情境之后，才能对实战规则有所体会与把握。正因为如此，专家对他们的熟练应对方式的合理化叙述，一定是回溯性的，而不是预先计划好的。这种回溯反思的结果虽然有可能带来可供选择的新的实战规则，但是，与熟练应对的具体方式相比，对应对技能的回溯性陈述，必定是有损失的。

正是在这种意义上，自海德格尔以来的现象学家认为，实践理解比理论理解更重要、更基本。因为实践理解不是表征，而是对具体情境的自发应对。正如劳斯指出的那样，实践应对的这种情境化特征，既不是事件蕴含的客观特征，也不是行动者的反思推断，而是代表了世界或域境中不确定的可能事态的某种预兆，事态的内在性把行动者直接带向事情本身。[1]因此，情境中的诱发是对整个域境状况的透露，而行动者对这种诱发的感知是一种嵌入式的体知。这种嵌入式体知不是把心灵延伸到世界，而是对世界的直接感悟。这也说明，"我们对世界的实践理解的最佳'表征'证明是世界本身"[2]。

[1] Rouse J, "Coping and Its Contrasts", In Wrathall M, Malpas J(Eds.), *Heidgger, Authenticity and Modernity: Essays in Honor of Hubert L. Dreyfus Volume 1*, Cambridge: The MIT Press, 2000, 2000, p.9.

[2] Dreyfus H L, "Merleau-Ponty and Recent Cognitive Science", In Dreyfus H L, Wrathall M A(Eds.), *Skillful Coping: Essays on the Phenomenology of Everyday Perception and Action*, Oxford: Oxford Scholarship Online, 2014，pp.4 -18.

第六节　体知认识论的优势与困境

波朗尼在阐述"个人知识"的概念时最早涉及技能性知识的问题。他用格式塔心理学的成果作为改革"认知"概念的思路。他把认知看成是对世界的一种主动理解活动，即一种需要技能的活动。技能性的知与行是通过作为思路或方法的技能类成就（理论的或实践的）来实现的。理解既不是任意的行动，也不是被动的体验，而是要求普遍有效的负责任的行动。波朗尼的论证表明，基于技能的认知虽然与个人相关，但认知结果却有客观性。在这里，"认知"不完全等同于"知道"，它包含"理解"的意思。"知道"通常对应于命题性知识。"理解"更多地与技能性知识相关，包含着行动者掌握了部分之间的联系。"认知"既有与事实或条件状态相关的描述维度，也有与价值判断或评价相关的规范维度。因此，技能性知识的获得与内化过程向当前占有优势的自然化的认识论提出了挑战。这与迈克尔·威廉姆斯（Michael Williams）所论证的认知判断是一种特殊的价值判断很难完全被"自然化"的观点相吻合。①

技能性知识强调的是主动的身心投入，不是被动的经验给予。技能性知识的获得是一个从有意识的判断与决定到无意识的判断与决定的动态过程。在这个过程中，我们很难把人的认知明确地划分成理性为一方、非理性为另一方。理性与非理性因素在培养人的认知能力和提出理论框架的过程中，是相互包含的和互为前提的。科学家的实验或思维操作通常介于理性与非理性之间，德雷福斯称为无理性的行动（arational action）。"理性的"这个术语来源于拉丁语 ratio，意思是估计或计算，相当于计算思维，因此，具有"把部分结合起来得到一个整体"的意思。而无理性的行动是指无意识地分解和重组的行为。德雷福斯认为，能胜任的行为表现既不是理性的，也不是非理性的，而是无理性的，专家是在无理性的意义上采取行动的。②沿着同样的思路，我们可以说，科学家也只有在无理性的意义上，才能做出创造性的认知判断。

科学史上充满了德雷福斯所说的这种无理性的案例。比如，物理学家普朗克在提出他的辐射公式和量子化假说时，不仅他的理论推导过程是相

---

① Williams M, *Problems of Knowledge: A Critical Introduction to Epistemology*, New York: Oxford University Press, 2001.

② Dreyfus H, Dreyfus S, *Mind Over Machine: The Power of Human Intuition and Expertise in the Era of the Computer*, New York: Free Press, 1986，p.36.

互矛盾的，而且他本人也没有意识到自己工作的深刻意义。他直觉地给出公式，然后，才寻找其物理意义。他自己承认，他提出的量子假设，是"在无可奈何的情况下，'孤注一掷'的行为"①。因为量子假设破坏了当时公认的物理学与数学中的"连续性原理"或"自然界无跳跃"的假设，以至于普朗克后来还试图多次放弃能量的量子假设。普朗克天才的"直觉"猜测，既不是纯粹依靠逻辑推理，也不是完全根据当时的实验事实，更不是毫无根据的突发奇想，而是无理性的。就像熟练的司机与他的车成为一体，体验到自己只是在驾驶，并能根据路况做出直觉判断和无意识的回应那样，普朗克也是在应对当时的黑体辐射问题时直觉地提出了连自己都无法相信的量子假设。

科学史的发展表明，科学家在这个过程中做出的判断是一种体知型的认知判断。我们既不能把它降低为是根据经验规则得出的结果，也不能把它简单地看成是非理性的东西。当科学家置身于实践的解题活动中时，对他们而言，既没有理论与实践的对立，也没有主体与客体、理性与非理性的二分，他们的一切判断都是在自然"流畅"的状态下情境化地做出的应然反应，是一种"得心应手"的直觉判断。从这个意义上来说，称职的科学家是嵌入他们思考的对象性世界中的体知型的认知者。

这种体知认识论认为，科学家的认知是通过身体的亲历而获得的，是身心融合的产物。正如梅洛-庞蒂所言，认知者的身体是经验的永久性条件，知觉的第一性意味着体验的第一性，知觉成为一种主动的建构维度。认知者与被认知的对象始终相互纠缠在一起，认知获得是认知者通过各种操作活动与认知对象交互作用的结果。这种认识论的两大优势是：其一，它以强调身心融合为基点，内在地摆脱了传统认识论面临的各种困境，把对人与世界的关系问题的抽象讨论，转化为对人与世界的嵌入关系或域境关系的具体讨论，从而使科学家对科学问题的直觉解答具有了客观的意义；其二，它以阐述技能性知识的获得为目标，把认识论问题的讨论从关注知识的来源与真理性问题，转化为通过规则的内化与超越而获得的认知能力问题，从而使得规范性概念由原来哲学家追求的一个无限目标，转化为与科学家的创造性活动相伴随的一个不断地打破旧规范和建立新规范的动态过程。

但是，如果站在传统科学哲学的立场上，那么，人们通常会认为，这种体知认识论也面临着两大问题。

其一是道格拉斯·沃尔顿（Douglas Walton）所说的"不可接近性论点"

① 潘永祥、王绵光主编：《物理学简史》，武汉：湖北教育出版社，1990年，第467页。

（inaccessibility thesis）的问题。意思是说，由于专家很难以命题性知识的形式描述出他们得出认知判断的步骤与规则，因此，对于非专家来说，专家的判断是不可接近的。①当我们把这种观点推广应用到理解科学时，可以认为，科学家得出的认知判断结果，很难被明确地追溯到他们做出判断时依据的一组前提和推理原则，普朗克就从来没有明确地阐述过他是如何提出量子假设的。因此，科学家的判断总是与个人的创造能力相关，甚至会打上文化的烙印。这种情况使得下列要求成为不适当的，即我们要求科学家能够明确地表述出他们基于"直觉"做出认知判断的过程，或者说，对科学认知的理性重建有可能滤掉科学家富有创造性地体现其认知能力的知识。因此而导致了"知识损失"的问题。

其二是如何避免陷入自然化认识论的困境。体知认识论表明，科学家并不总是处于反思状态。在类似于库恩范式的常规时期，他们通常规范性地解答问题，只有当他们的所作所为不能有效地进行时，或者，用库恩的话来说，只有到了科学革命时期，他们才对自己付诸实践的方式做出反思。只有这种实践反思，才能使科学家从实践推理上升到理论推理，即才能使他们回过头来检点自己的行为活动。新的规则与规范通常是在这个反思过程中提出的。在这种意义上，如果我们全盘接受现象学家讨论的体知型的观点，只强调向身体和经验的回归，把认知、思维看成是根植于感觉神经系统并归结为是一种生物现象，就会从"有心无身"的一个极端走向"有身无心"的另一个极端，从而再次陷入自然化认识论的困境。因此，如何超越现象学家过分强调身体的立场，成为阐述体知认识论之关键。

第七节 结 语

体知认识论强调的是熟练应对的觉知模式，建立在以身体意向为核心的实践理解的基础上，相当于达到了中国功夫所体验到的"动身不动心"的境界。应对者只有在遇到应对困难时，才会从主客体融合的直觉行动状态，切换到主客体二分的慎思行动状态。体知认识论不是强调身体的存在、否定心灵的存在，而是否定应对者在进行熟练应对时需要在身体与心灵之间有一种界面或转换的观点，以及应对者需要通过心灵中介物来理解世界的观点。体知认识论用"寓居于世"的本体论的主客体关系，替代了传统

① Walton D, *Appeal to Expert Opinion: Arguments From Authority*, University Park: Pennsylvania State University Press, 1997, p.109.

认识论的主客体关系。这种本体论观点不是否认人类具有指向对象的心理状态，而是断言心理状态预设了一种使对象呈现出来并富有意义的域境。这种域境是由社会实践提供的，是学习者在社会化的过程中共享的实践背景，它既打开了对象，也限制了对象。在熟练应对活动中，应对者是以全息的方式来理解实践的，这种理解所得到的不是被分开的部分，而是小的整体，并且，过去、现在和未来始终共存于这个小的整体之中。

总之，体知认识论不同于基于反思的认识论，它不是抽象地论证命题或理论如何与世界或域境相符合的问题，而是揭示了当行动者全身心地嵌入世界或域境之中，深化和扩展他们与世界或域境的嵌入关系或域境关系时，获得一种基于技能的认知。这种认知过程把认识论研究的视域从重视知识来源问题的抽象研究，转向重视科学家如何获得其认知能力的过程研究；从只重视命题性知识的理论研究，转向重视技能性知识的实践研究；从只限于辩护语境的逻辑研究，转向重视科学家如何做出认知判断的现象学研究。这些研究转向不仅使得长期争论不休的各种二元对立失去了存在的土壤，为重新理解普朗克、爱因斯坦、海森伯、玻恩、玻尔、薛定谔等，在追求量子化过程和发展量子力学的道路上，彰显出的直觉判断和富有创造性预见，提供了一个新的视角，而且更加重要的是，有可能为 21 世纪的科学哲学研究开辟一个新的维度。

第十章　关注技能与实践理解

本书以量子力学的产生与发展为背景，对量子纠缠所带来的哲学观念转变的思考，只集中在量子力学发展的早期阶段，还没有涉及量子信息理论提出之后新的量子特征。比如，量子不可克隆和量子失谐及其演化等带来的哲学问题，都是非常值得讨论的。目前，关于量子纠缠的动力学研究，已经成为一个新的量子物理学方向，受到物理学界和量子信息技术研究者的关注。量子纠缠虽然有了技术应用前景，但物理学家还没有提出具有机理性的理解。关于量子纠缠机理的研究本身是物理学问题，只有以量子纠缠概念的产生发展为案例，上升到一般的科学哲学层面，考量由此带来的观念变革和如何理解科学的问题，才是哲学问题。

从本书所讨论的问题来看，量子力学的产生，特别是量子纠缠概念从提出到技术应用几十年的历程，印证了量子物理学家的科学认知技能与直觉判断的高超性和客观性。本书对这段历史及其带来的观念转变的考量，把我们理解科学的视域，从关注科学结论和科学理论的发展史，转向了关注科学家的认知技能与直觉判断具有的认知价值。这种认知视域的转换，一方面说明，科学哲学家对科学的理解不能忽视鲜活的科学创造主体的作用；另一方面也说明，不仅科学本身是不断发展变化的，而且科学家对科学的理解也是不断发展变化的。科学家的认知技能在达到顶峰之后，如果不能自我超越，通常就会固化，形成一种隐性的哲学价值或实践背景，然后，反过来制约对新生事物的理解。这也在一定程度上印证了梅洛-庞蒂所讲的意向弧的存在。

就量子纠缠的案例来说，以爱因斯坦为代表人物的物理学家，希望恪守经典自然科学的本体论的思维方式来看待量子力学，因此，才有了 EPR 论文的发表和几十年后贝尔不等式的提出；才有了阿斯派克特等的实验证明与后来的技术发展。经典自然科学的思维方式是本体论化的思维方式，这种思维方式源于日常思维；量子力学的思维方式是认识论的思维方式，这种思维方式则源于数学思维。从数学思维方式来看，科学既不是纯粹理性的产物，也不是完全直觉判断的结果，而是科学家在各种因素的交织中，在应对与解决实际问题的过程中，从较低层次的问题域上升到较高层次的问题域，从具体的三维时空到抽象的多维时空，从可观察的宏观客体到不可观察的微观客体，从日常语言到数学语言，从可存在的量（beable）到可观察的量（observable），从本体论的追求到认识论的追求，是科学家对物理世界的嵌入程度的不断深入的过程。事实上，在具体的科学研究过程中，物理学家通常在主观上，追求解决新的实验事实与已有理论之间的矛盾，追求一致性地解答现象世界涌现出的新问题，但在客观上却实现了获得真理的目标。

从重视技能性知识的科学哲学的实践观点来看，对于物理学家而言，哲学的作用就像空气对人的作用和海水对于鱼儿的作用一样是无形的，只有当空气或海水污染严重，威胁到人类或鱼儿的生存时，人们才会意识到清新的空气对人类的重要性和清洁的海水对鱼儿的重要性。同样，只有当量子力学的发展揭示出经典物理学隐含的哲学基础的局限性时，物理学家才会就量子力学的基础问题展开激烈的争论。因此，对于科学家而言，当他们的哲学固化为一种思维定式时，就会成为他们接受新观念的阻碍，就像爱因斯坦从量子力学的推动者成为批判者一样。这也表明，科学哲学家要实现全面理解科学的目标，必须深入科学发现的实践活动中，揭示科学家的直觉认知能力的认识论意义，把哲学研究的视域从对理论知识的哲学探讨，拓展到对科学家具有的探索未知能力的哲学探讨，这种视域的转换将会把科学哲学研究的视域从关注实验与理论理解转向关注技能与实践理解。

附录一 尼尔斯·玻尔的语言观[①]

〔丹〕大卫·法沃霍尔特

一、导论

尼尔斯·玻尔因对物理学的开创性工作而闻名于世。他在 1913 年提出的原子论导致了一场物理学的革命。他在 1927 年阐述的互补原理引发了关于量子力学地位问题的延续至今的争论。在许多场合，他坚持认为，量子力学的认识论教益通常具有哲学意义，并为研究生物学、心理学和文化科学中的基本问题提供了新的视域。在这种关联中，他经常对语言和描述的地位发表评论，但他的评价方式总是过于随意。

下面，我将试图对玻尔关于语言和描述的观点给出一个全面的解释。请让我一开始先指出，我的阐述将比玻尔曾经的阐述更有力和更切实际。他通常避免对他所谓的"深层真理"做出绝对的陈述，尽管他拿此开玩笑，但他确实相信，就这些陈述而言，"真理"和"清晰度"是互补的。即使如此，我认为，我们只要摆出玻尔在许多论文中关于语言的观点，就能够理解他的语言观，尽管这些论文并不能抓住他的所有观点，但仍然会为我们提供关于这些观点的大概看法。

在从 1927 年提出互补原理到 1962 年去世这一段时间内，玻尔的语言观没有发生很大的改变。因而，下面的引文是随意从他这个时期的著作和手稿中挑选出的。由于他的观点通常受到物理学的启迪，因此，为了使没有物理学背景的那些读者能够理解我的论点，我不得不说明一些物理学事实。

---

① 大卫·法沃霍尔特是丹麦欧登塞大学（现南丹麦大学欧登塞校区）哲学教授，担任《尼尔斯·玻尔文集》哲学卷主编。2012 年，在国家留学基金的资助下，笔者在哥本哈根大学玻尔档案馆进行了为期三个月的学术访问，在此期间，笔者在档案馆管理员丽斯小姐的安排下，前往欧登塞（也是丹麦著名童话作家安徒生的故乡）拜访了法沃霍尔特先生，他允许将本文翻译为中文发表，英文版来自玻尔档案馆，本译文由笔者和刘默翻译，曾分上下篇发表在《哲学分析》2013 年第 1 期和第 2 期。令人遗憾的是，作者没能看到中文版的发表，就于 2012 年底不幸因癌症去世。这篇译文的发表，也算是对他的纪念。法沃霍尔特与戈革先生是好朋友，他们俩都是玻尔思想的忠实宣传者与捍卫者。原文脚注中标出的 MSS 是指在哥本哈根大学玻尔档案馆里馆藏的玻尔手稿。MSS 后面的数字是指微缩胶卷的卷数。

　　所有的原子物理学都是建立在间接观察或借助中介观察的基础之上的。没有人曾经看到过原子或基本粒子。我们对于原子实在的知识是通过放大装置而获得的，比如，能够看到粒子径迹的云室、盖革计数器、电子显微镜、感光板等。此外，这些测量仪器和原子对象以原则上无法控制的方式进行相互作用。就此而言有两种理由：①每一种观察都需要进行能量交换；②产生的能量总是所谓的普朗克常数的倍数，这个常数的值为 $6.626×10^{-34}$ 焦耳·秒。换言之，能量有一个呈现不连续性的"颗粒"结构，并且，能量的"颗粒"与原子和基本粒子具有相同的数量级。

　　光和物质具有"二重性"：在一些实验中，它们体现出"波动特征"；在另一些实验中，它们体现出"粒子特征"。例如，电子在一些实验中可能表现为粒子，而在另一些实验的安排下，它们表现为波。现在，"波"和"粒子"是矛盾的概念。粒子有一个确定的位置，波却没有。两个粒子不能占据同一空间，而两个或多个波可以轻易地彼此交叉、结合以及不受任何影响地再次分开。在 1927 年，尼尔斯·玻尔指出，这种矛盾的情况只有一个解决办法：我们不可能同时做允许我们能测量一个电子的粒子特征（它的位置和动量，动量等于速度乘以质量）和波动特征（它的波长、频率和振幅）的实验。在一种类型的实验安排中，电子表现为粒子；在另一种类型的实验安排中，电子表现为波。这两类实验相互排斥，但它们对于确立量子力学来说都是必要的，而且，它们在概念上互为前提。玻尔称这两类实验的安排是互补的。

　　同年，海森伯证明，我们不可能无限精确地同时测量一个基本粒子（如电子）的位置和动量。如果我们获得位置的精确值，那么，动量就很不确定，反之亦然。这种知识用所谓的不确定性关系来表达：位置的不确定性和动量的不确定性之积的大小约等于普朗克常数。

　　位置或动量的这种不确定性是事实性的，像许多人相信的那样，并不是因为我们对粒子的知识有限。如果我们能想象粒子"本身"有一个确定的位置和一个确定的动量，那么，它仅仅是一个粒子，所有的波动特征都是无法解释的。既然决定论的描述和定律预先假定我们马上就能精确地知道位置和动量，那么量子力学就不是决定论的。与经典物理学不同，量子力学是以概率的定律为基础，而不是以因果性的定律为基础的。

　　从经典物理学的观点来看，量子力学是一个悖论，因为它不仅有不连续性和不确定性的特征，而且还是完全不能形象化的——它研究的世界对我们而言是隐藏的。我们无法谈论本身作为自在之物的原子现象。我们只能谈论当一个宏观测量仪器干扰原子级的某物时发生了什么。这里，我们总是研究直到测量结束之后才知道其结果的观察。

任何读尼尔斯·玻尔著作的人都会很快注意到，他重复强调的事实是，所有的量子力学实验都必定借助于由日常语言表达的经典物理学概念来描述。对于那些对量子力学知之甚少的人来说，这似乎是自然结果，因此问题是，为什么玻尔认为这个事实是重要的。下面，我将试图对他为什么从1929年开始一直强调这一点的疑问给予回答，例如，他在题为"与爱因斯坦讨论原子物理学中的认识论问题"的著名文章中指出，

> 为此，无论现象超出经典物理学说明的范围有多远，所有证据的解释必须用经典术语来表达，承认这一点是决定性的。这个论证只是说，我们所说的"实验"这个词是指我们能告诉别人做了什么和学到什么这样一种情况，因此，对实验安排和观察结果的解释必须用与经典物理学术语的适当应用相一致的无歧义的语言来表达。[①]

这里，玻尔声明，我们必须使用由经典物理学术语提供的无歧义的语言。他在别处声明，我们必须使用由日常语言表达的经典物理学；而在有些地方，他只声明，要点是我们必须只使用日常语言。

无论如何，在这一点上没有什么不一致。我们将看到，玻尔认为，经典物理学是运用日常语言和概念进行的描述。我们在运用日常语言和经典物理学描述时，共同要素是，在这两种情况下，都把我们的描述建立在能够在主体和客体之间划出一条明确的分界线这一事实的基础之上。

二、主体与客体的关系

我们来举一个简单的例子。在我日常工作的一个特定情境和域境中，一位同事可能问我电话簿在哪里。在这种特殊情境和域境中，我回答说，"电话簿在桌子上"，这可能是一个模糊的回答，因而是对实际情况如何的一种模糊描述。

现在的问题是：这样一种描述是如何可能的呢？需要满足的条件之一是，有可能在物理环境（桌子、电话簿等）和我对这些事情的经验之间划出一条"分界线"。我能够谈论这些事情，而用不着涉及我对它们的经验或

---

① Bohr N, *Essays 1932-1957 on Atomic Physics and Human Knowledge: Volume II, The Philosophical Writings of Niels Bohr,* Woodbridge, CT: Ox Bow Press, 1987, p.39.

我感受它们的方式。我能确定电话簿在桌子上。我的同事也能确定这个事实。我对桌子和电话簿的感受可能不同于他的感受。例如，他可能是色盲或近视眼，而我不是。这个电话簿可能使我想起童年的某件事，而使他想起他自己昨天的一次谈话。然而，"电话簿在桌子上"这个陈述既不指我对童年的回忆，也不指任何其他的心理事件。我陈述的这个事实，任何人都能替我讲。在客体和主体（这里是我）之间划出"分界线"的可能性意味着，任何主体都能够取代我，并做出和我一样的陈述。

玻尔对这个问题有些评论。他对心理学中的非常不同的观察情形进行了评论之后写道：

> 与此相反，描绘所谓精密科学的特征，一般情况下，是试图通过避免提到任何感知主体来获得唯一性。①
>
> 我们所说的日常语言是指在能够保持明确分离主体与客体的地方才能这样运用词语。一定不能把最后这一点和任何描述（实质上的主观性）的整体相对性相混淆。②
>
> 物理学的特殊教益是只证明，如何在不直接涉及心灵问题的前提下，分别看待一个知识的领域。③

三、含糊的语言

我们通过考虑我们不能在主体和客体之间划出明确的分离线的某些情形，可以更好地理解这些问题。例如，我看塞尚的一幅画并发现它很美，而我的同事却发现它又难看又无趣。在这种情况下，我们可能会不停地讨论，因为我没法向我的同事说明我感受这幅画的方式，反之亦然。在这种情形下，我将努力说明我个人的感受。然而，在这里，我无法在主体和客体之间划出一条清楚的分离线，因此，我无法把我的感受描绘到我同事能替代我的地步。在谈论审美经验时，我们是在讨论在某些方面（比如，我们对这幅画的形式与色彩有同样的看法）能够被无歧义描述的部分，而且也是在讨论在其他方面绝不可能无歧义地进行交流的经验内容。玻尔在下面的评论中暗示了这一点：

---

① Bohr N, *Atomic Theory and the Description of Nature: Volume I, The Philosophical Writings of Niels Bohr,* Woodbridge, CT: Ox Bow Press, 1987, pp.96-97.

② *Analysis and Synthesis,* MSS No.16 [1939—1942]，日期为 1941 年 10 月 17 日。

③ Bohr N, *University of Knowledge,* MSS No.21，1954 年 7 月 15 日。

　　这种游戏位于什么能用语言交流和什么不能用这样一种方式解释之间（或许，这里已经把旋律之美比作意识到每个音符的音高和强度以及结局）。①

　　在玻尔的著作中，我发现有许多对心灵问题的反思。首先，他声明，所有的知识都预先假定了一个主体、一个有意识的目击者。无论我们对周围环境的描述是多么得无歧义，这种描述一定是由有意识的生物确立的。只有有意识的生物，才能根据逻辑规则使用符号。

　　其次，有意识意味着这个人有一种"内心生活"。他有时一定会意识到自己的思考、观念、记忆、图像、情感、心情等。至于意识流，玻尔在年轻时就意识到，它不能被称为是一系列观念（像大卫·休谟哲学中所做的那样）。②相反，它是与"我"或自我相互作用的某种东西。我们或多或少地可以根据我们的目的和愿望有意地指导我们的思想。因此，"自由意志"的概念在我们的日常语言中已经是必要的，而且，它实际上是一种直观形式（anschauungsform），就像因果性是描述我们周围环境的一种直觉形式那样。

　　正如意志自由是我们精神生活的一个经验范畴那样，因果性可以被看成是我们使感觉印象变得有序的一种知觉模式。然而同时，在这两种情况下，我们都关注理想化，这些理想化的自然限制人人都可以研究，而且，对因果性的需求和意愿感同样在形成知识问题核心的主体与客体关系中是不可或缺的元素，在这种意义上，这两种理想化是相互依赖的。③

　　玻尔对意志自由的"本质"只字未提。他仅希望指出，在我们的日常生活中，我们不能没有"自由意志"概念。与此相关联的事实是，当我们剖析自己时，我们能够改变主客体之间的分离线。在我们做出决定之前，我们可能会检查一下我们的理由和动机。这里，我们可以在主体与客体之间明确划出分离线。但是，在我们做决定的那一刻，根本没有这条线。可以说，主体和行为本身交织在一起。

① *Philosophical Lesson*, MSS No.23，1958 年 1 月 11 日。
② Favrholdt D, *Niels Bohr's Philosophical Background* (=Historisk-filosofiske Meddelelser 63，The Royal Danish Academy of Science and Letters), Copenhagen: Munksgaard, 1992, p.95.
③ Bohr N, *Atomic Theory and the Description of Nature: Volume I, The Philosophical Writings of Niels Bohr*, Woodbridge, CT: Ox Bow Press, 1987, pp.116-117.

在这个关联中，令人感兴趣的是注意到，尽管在物理学的早期阶段，人们能够直接依赖于允许做出简单因果解释的日常生活事件的这些特征，但是，自从语言诞生以来，人们就一直使用对我们心灵内容的本质上的互补描述。事实上，适合于这种交流的丰富的用语并不指向一系列连续事件，而是指向通过在所关注的内容和我们自己这个词所表明的背景之间做出不同分离所描绘的相互排斥的经验……我们思考自己的行为动机的情形和我们感受意愿感的情形之间的相互关系提供了一个特别显著的例子。[①]

因此，我们必须经常在处理互补情形（即相互排斥但仍然设法相互关联的心理状态）的一种语言中涉及我们自己的意识活动。

我们在社会交往中用来表达自己心态的语言确实与物理学中常用的语言截然不同。因此，自从语言诞生以来，人们一直以典型互补的方式使用关系到相互排斥但同样能描绘意识生活这种情形的像沉思和意愿之类的词语。[②]

四、作为物理学基础的日常语言

在主体和客体之间划出边界的可能性是确立日常语言的描述用法的一个必不可少的条件。根据玻尔的观点，这也是建立物理学和假定无歧义描述的所有社会制度与法律的一个必不可少的条件。因为量子力学中的情形是一个不同的类型，在那里，无法以明确的方式在"原子对象"和测量仪器之间划出分离线，因此，这种情形的可理解性一定取决于经典物理学和日常语言。成为其基础的经典物理学和日常语言的描述用法是我们在物理学中用来进行无歧义交流的唯一形式。由于在科学中，无歧义是一个基本主张，因此通过无歧义地使用日常语言，再加上我们在经典物理学和其他学科中发现的对日常语言的适当提炼，这种情形的所有结果一定是可交流的。用玻尔的话说：

① Bohr N, *Essays 1932-1957 on Atomic Physics and Human Knowledge: Volume II, The Philosophical Writings of Niels Bohr*, Woodbridge, CT: Ox Bow Press, 1987, pp.76-77.
② Bohr N, *Essays 1958-1962 on Atomic Physics and Human Knowledge: Volume III, The Philosophical Writings of Niels Bohr*, Woodbridge, CT: Ox Bow Press, 1987, pp.21-22.

尽管术语的提炼归因于实验证据的累积和理论概念的提出，但是，对所有物理学实验的解释，当然最终还是以日常语言为基础，适应我们周围环境的定位，以及追溯原因和结果之间的相互关系。[①]

当玻尔强调我们一定能够告诉他人我们取得的成就与吸取的教训时，这并不意味着，他认为一位隐士就不能获得物理学的知识。玻尔的意图纯粹是强调科学的无歧义性。一位隐居于荒岛的物理学家可以通过写下后来显示的实验结果等与自己交流。关键点并非交流的情形，而是无歧义。因此，在玻尔写"无歧义地交流"或"描述"的地方，我们不妨写下"无歧义地思考"。而且，当玻尔说"描述的条件"时，他也可能是说"无歧义地思考的条件"或"理解的条件"。下面的引文表明，他完全知道，从一种认识论的观点来看，所有明确的语言和思考都有相同的基础：

> 任何一个词语的直接用法与对这个词语的意义分析都是互补的……我们最终只是不得不求助于用词语来描绘，就像是这样的情况：人们用彩笔绘画，艺术家用颜料绘画，只是设法使用色彩，这样，能够彼此提供协调某些关系的一种印象。当然，我们只是一直不停地需要协调我们称为内容和形式的事实，承认我们如果不进行思考，就无法谈论任何内容，即任何事物的任何经验。描述更简单的经验，也是徒劳的。我们必须做好准备，任何思想都会被发现太狭隘以至于不能理解广阔的经验领域。[②]

的确，假如我们能够对一个物理事实有明确的理解，但却不能用词语加以表达，这是非常奇怪的。我们为了描述新的见识，不得不发明新的词语，但是，能够无歧义地考虑清楚的东西，也能够被无歧义地、清楚地说出来。同样，很奇怪的是设想，向他人能说能讲的东西，但却不能被任何一个人加以思考。对于玻尔来说，我们是否谈到"语言"或"思想"是次要的。然而，由于实践的原因，最好谈到描述和交流。

---

① Bohr N, Quantum physics and biology, In *Models and Analogues in Biology: Symposia of the Society for Experimental Biology, Number XIV,* 1-5. Cambridge: Cambridge University Press, 1960, p.1.

② Bohr N, Hitchcock Lectures, March 1937. Unpublished manuscript, The Niels Bohr Archive, Copenhagen, 1937.

五、日常语言

什么是日常语言呢？尼尔斯·玻尔的答案是，能够以无数方式使用的语言。我们可以用它来描述我们周围环境中的事实；但我们也可以用它来表达情感和心情、发出指令、表达愿望和希望、创作小说等，可以含糊地、反讽地、荒谬地应用它。然而，根据玻尔的观点，为了科学的目的，只有无歧义描述的用法，才行得通。在运用与有关物理学的认识论考虑相联系的"日常语言"的表达中，玻尔总是思考日常语言的描述的肯定用法。比如，"碗里有五个橙子""这个杯子比那个杯子重""这里的雨下了好久""这个盘子破了，因为彼德把它掉到地板上了"，我们在这样的陈述中发现的用法就是如此。此外，为了避免误解，这样的句子只有在具体情境中才有明确的意义，而且，它们的意义是由这些情境共同决定的。比如，"女王陷入困境"这个陈述具有与下棋相关联的一个意义，如果是由白金汉宫的一位女服务员说出来，它的意义就完全不同了。

海森伯记得玻尔大约是以这种方式来陈述问题的：

> 当然，语言具有这种奇怪易变的特点。我们从不知道一个词的准确意义。我们的词的意义依赖于我们用它们组成一个句子的方法，依赖于我们阐述出它们的情境，以及依赖于不计其数的次要因素。如果你读美国哲学家威廉·詹姆斯的著作，你将发现，他最准确地描述了日常语言。他说，尽管我们的心灵似乎仅能抓住我们听到说出的一个词的最重要的意义，但其他的意义却深藏不露，与不同的概念相关联，弥漫在潜意识里。这种情况发生在日常会话中，诗歌的语言就更不用说了。在较小的程度上，这也会应用于科学的语言中。[1]

我们不能抽象地决定一个句子是不是无歧义的。只有当把这个句子应用于一种确定的情境时，我们才能这么做。可是，话说回来，什么是无歧义呢？根据玻尔的观点，这个问题根本没有答案。然而，我们所能说的是，我们必须满足某些条件，才能明确地思考和说话，以及以无歧义的方式进行交流。

我们已经看到，必要条件之一是，我们能明确地在主体和客体之间划

---

[1] Heisenberg W, *Physics and Beyond: Encounters and Conversations,* London: Allen and Unwin, 1971，pp.134-135.

出界线。另一个必要条件是，我们必须遵守二值逻辑的规则。尼尔斯·玻尔当然知道特别是与对量子力学形式体系的逻辑地位讨论相关的三值逻辑和多值逻辑。他也很熟悉哥德尔的证明和数理逻辑中的其他新发现。然而，他似乎不认为它们与认识论相关。在量子力学的形式体系中，乘法交换原理（a×b=b×a）被搁置一旁。我已经提到，在量子力学中，我们不能在给定的时间地点准确地测量出一个电子的位置和动量。一个值的准确确定使得另一个值不确定。这种结果是，它们的乘积不遵守交换原理。在这个关系中，玻尔写道：

> 事实上，在量子形式体系中，用符号来表示这些变量，符号的受限制的可交换性对应于实验安排的互相排斥，而这些实验安排是无歧义地定义符号所需要的……在这个关联中，甚至提出了这样的问题：为了更适当地表征这种情境，是否需要求助于多值逻辑。然而，从前面的论证来看似乎是，要想完全避免对普通语言和日常逻辑的所有背离，必须保留"现象"这个词专指无歧义地交流的信息。在叙述这些信息时，"测量"一词在其标准化比较的明显意义上来使用。①

有人会说，玻尔认为，普通的布尔代数对于我们交流经验来说是充分的，简单的理由是，量子力学的现象和相对论的现象（即与相对论相关）都是以用日常语言和经典物理学概念描述的测量装置与测量结果为基础的。我们必须在量子力学中放弃乘法交换原理这一事实，这一点也不比我们不得不应用从形式的观点来看与初等逻辑原理相矛盾的虚数和复数这一事实更特殊。

在逻辑学的教科书中，逻辑原理常以符号的形式呈现。无矛盾律常被写作 $\neg(p \wedge \neg p)$。排中律常被写作 $p \vee \neg p$。从认识论的观点来看，这样的呈现实际上是这些原理的一张 X 光照片。这一点能够从传统陈述同一性（A=A）原理的方法中清楚地看出。很明显，第一个 A 和第二个 A 并不是数值上的同一。直到我们把 A 理解为表示或象征某种东西时，我们才能够声明，等式左边的 A 和等式右边的 A 表示同样的东西。但是，这意味着，只有当我们把这个原理看作是描述性语言所必需的一部分时，我们才能完全理解它。而且，通过语言在具体情境中的应用，我们才能意识到语言是什么。

---

① Bohr N, *Essays 1958-1962 on Atomic Physics and Human Knowledge: Volume III, The Philosophical Writings of Niels Bohr*, Woodbridge, CT: Ox Bow Press, 1987, pp.5-6.

我们完全可以说，无矛盾原理断言，一种东西不能既存在又不存在，或者，不能在某一时刻既有特定的属性又没有特定的属性，抑或，一个命题不可能同时既为真又为假。但是，我们必须把一种东西看成是在特定的时间地点存在于某个地方，以便我们可以谈论它，这个事实完全表明，独立于描述性语言的其他基本概念，不可能描绘这些逻辑原理。我们也必须注意到，在对逻辑原理的所有阐述中，我们必须声明限制性条件："在相同的时间地点。"

对玻尔来说，"无歧义"是既不需要也不可能进一步说明的一个基本概念。在一个特定的情境中，一个信息项，比如"电话簿在桌子上"，是无歧义的。这意味着，我们能够理解它，不像这样一个陈述："就在此刻，同一个电话簿既在哥本哈根的桌子上，也在纽约的一个办公室里的桌子上。"当然，我们在某种程度上可以理解后面的这个陈述，因为我们可以声明，显然，它是关于一个电话簿，而非关于农业或战争的。但是，我们不能把它设想为是无歧义的，就像当我们听到"立即关门，但别靠近它"的命令时不知道该做什么一样。

此外，玻尔的观点显然意味着，在形式逻辑和所谓的非形式逻辑之间没有明确的区别。例如，他写道：

> 当提到一个概念框架时，我们仅指对经验之间的关系进行无歧义的逻辑表达。这个态度在形式逻辑不再与语义学乃至哲学的句法研究明确地区分开来的历史发展中清晰可见。[1]

很难准确地说他这里是在想什么。然而，我确实记得，那时通过他的助手奥格·彼德森的介绍，他很熟悉吉尔伯特·赖尔的《心灵的概念》一书。在 1953 年，我参加了由哲学和心理学学会在哥本哈根主办的会议，在这次会议上，尼尔斯·玻尔和吉尔伯特·赖尔讨论了非形式逻辑。玻尔的观点是，像"木已成舟""一个物体不可能同时在两个地方""没有两个人能有相同数量的同一经验"这样的准则，与形式逻辑的原理一样，是无歧义描述的必要条件。有意避免赖尔在《心灵的概念》中所讨论的那种范畴错误的规则，也是这样。

无歧义的进一步条件是，我们能够识别空间和时间中的对象，并能够把它们整理成因果链条。在 1929 年的手稿中，玻尔写道：

---

[1] Bohr N, *Essays 1932-1957 on Atomic Physics and Human Knowledge: Volume II, The Philosophical Writings of Niels Bohr*, Woodbridge, CT: Ox Bow Press, 1987, p.68.

　　知识的基础是追随可辨认的个体（individuals）。因果性[形成了一个]关于规律性的经验的概括[力学的（erhaltungssätze）]……原子论的起源是努力把其他定律追溯到追随时空中的个体……（心理起源的）不可缺少的力的概念导致了众所周知的超距作用的困境。①

他进一步写道：

　　为了澄清所讨论的情境，记住使用感觉形式是有用的，这些感觉形式是对自然界的传统描述的基础。因此，我们所说的感觉形式只是指在我们对感官印象的习惯整理中和语言的习惯用法中预先假定的概念框架。这种整理的基础诚然是有可能进行辨认和比较的，据此，对自然界的通常描述是由努力表达物体相对于用杆和时钟的传统方式定义的坐标系的位置与位置随时间变化的所有经验来刻画的。②

　　整体的观念只是，识别时空中的对象是无歧义的必要条件。我们不可能谈论这些对象，除非我们假定，它们在某一时间位于某个地方，而且，我们有可能识别一个对象，从而确定在另一个时空点我们研究的是同一个对象。玻尔再三回到这一点。在 1952 年，他写道：

　　关于日常生活和经典物理学的信息依赖于假定运用空间和时间概念的知识……"因果性"概念来源于在实践生活中努力寻找事件的前因后果。③

接着在 1953 年，他写道：

　　空间和时间以及原因与结果的基本概念都包含在日常语言中。④

这里所强调的是，拥有空间、时间和因果概念是无歧义使用语言的一

① *Kausalität und Objektivität*, MSS No.12, 1929.
② *Kausalität und Objektivität*, MSS No.12, 1929.
③ *Objektivitet, Kausalitet og Komplementaritet*, MSS No.20, 1952.
④ *Physical Science and the Study of Religions*, MSS No. 20, 1953 年 10 月 10 日。

个必要条件，这一事实使得玻尔的思想在许多方面类似于伊曼努尔·康德的哲学。[1]康德把空间和时间说成是感觉形式，把因果性说成是范畴。在康德哲学中，它们是综合的先天形式。如果我们把康德理解为是坚持认为，凡是不能在（欧几里得的）时空中和因果性范畴内加以描述的东西，都是不可能存在的，那么，玻尔就不是一位康德主义者。他自己的主张是：

> 我们通过使用时间、空间和因果性原理已经认识到，我们不能以满足康德哲学的简单方式或满足休谟哲学的怀疑方式来设想这些[概念]……[2]

然而，如果我们把康德读作是坚持认为，空间、时间和形式是描述的条件，就像我们在斯特劳森的《个体》一书中所看到的那样，那么，在康德的观点和玻尔的观点之间就有一种相似性。当玻尔谈论描述的条件时，他总是用认识论的术语，而不是用本体论的术语来思考。他说的"空间"的意思只是一个简明的概念，涵盖了这样的事实：我们能够有意义地应用像"这里"和"那里"、"上"和"下"、"到右边"和"到左边"之类的词。这同样也适用于"时间"。在我们的无歧义的日常语言中，我们能够而且必须应用像"在前"、"现在"和"在后"之类的词。这是有价值的。他没有兴趣试图回答什么是"时间"或"空间"的问题。因此，他写道：

> 日常语言。空间和时间（距离和时间间隔）……右和左，是为了在周围环境中确定自己的方位以及向他人提供信息……指向因果说明的词，比如，原因和结果……此外，在有关社会交流的语言中，词被用于告知由用法律规则和伦理价值之类的概念所表达的心态、良知和社会问题。[3]
>
> 至于空间和时间概念在词的原始用法中显示为这里和那里、之前和之后……[4]

---

① Favrholdt D, *Niels Bohr's Philosophical Background* (=Historisk-filosofiske Meddelelser 63, The Royal Danish Academy of Science and Letters), Copenhagen: Munksgaard, 1992, p.124.

② *Analysis and Synthesis*, MSS No.16 [1939-1942]，1941 年 12 月 6 日。

③ 卡尔·康普顿讲座，MIT, MSS No.22，1957 年 8 月 26 日。

④ Bohr N, *Essays 1958-1962 on Atomic Physics and Human Knowledge: Volume III, The Philosophical Writings of Niels Bohr*, Woodbridge, CT: Ox Bow Press, 1987, p.10.

玻尔把"因果性"与"空间""时间"相联合，并且，把"因果性"说成是一种感觉形式，这显然不是康德主义的。"感觉形式"是康德的 anschauungsform 的传统译法。玻尔总是用当前在日常语言中使用的 anskuelsesform 这个丹麦语。他的想法是，为了无歧义地描述我们的周围环境，我们必须能够把某些事件说成是原因，而把另一些事件说成是结果。在量子力学中，并非如此。但是，就此而言，我们一定不能得出结论说，量子力学迫使我们完全放弃因果性概念。相反，我们只有提供因果描述，才能描述或理解用来确立量子力学事实的测量工具的功能。

六、语言和方言

尼尔斯·玻尔的语言观还包含另一个非常重要的方面。在谈论对我们周围环境的无歧义描述时（比如，像前面讨论过的电话簿的例子），我们只有一种语言来使用——也就是玻尔所说的"日常语言"。日常语言的描述性用法是无法替代的。

这里，有必要区分"语言"和"方言"。这里我理解的"方言"的意思是指法语、英语、德语、俄语、日语等，即我们通常所说的语言。"方言"在词汇、语法和句法方面各不相同。然而，就形式逻辑和非形式逻辑以及像空间、时间和因果性之类的感觉形式而言，方言之间没有概念上的区别。坚持认为一个人同时既是 20 岁又是 85 岁实在荒唐（假定这些概念的明确定义是现在的），这一事实并不是英语方言独有的特点。在汉语、意大利语等其他方言中，坚持这样一件事，也是荒唐的。在英语中，坚持认为埃菲尔铁塔（由一个名叫埃菲尔的人在 1889 年为世界博览会所建造而得名）位于伦敦和巴黎两地是可笑的。但是，这并不是英语方言的特点，它是所有方言的特点。当然，这就是语法或句法书中都未提到一个对象不能同时位于两个或多个地方的原因。

在谈论像电话簿、苹果和铅笔之类的对象时，我们必定意味着在一段时期或某个时间点位于某地的那些实体。"对象"这个概念是所有的方言都共同的。或者换句话说，"时间"、"空间"和"对象"之间的非形式逻辑的关系是普遍的。这适用于所有的方言。对于许多其他关系也是一样，而且，由于同样的原因，在日常语言和物理学中的描述可以翻译成各种方言。

然而，请注意，我们仍然只是在谈论语言的描述用法。例如，如果我们把诗歌从一种方言翻译为另一种方言，我们肯定会遇到很多困难。不同情感之间的划界随着方言的变化而变化。此外，情感的名称从一种方言到另一种方言可以有非常不同的内涵。

我们用"不一致"的概念来指这些变化。作为两种方言之间不一致的例子，可以考虑丹麦语和威尔士语之间在颜色分类上的不同。例如，威尔士语glas 不仅指称"蓝色"，而且部分地指丹麦语中的"绿色"和"灰色"。[①]这种不一致的数量不计其数。因此，许多人认为，我们能够想象两种完全不一致的方言。例如，萨丕尔（Sapair）和沃尔夫（Whorf）已经提出了这种可能性。[②]

然而，稍微反思一下就会明白，要陈述两种方言之间的不一致的一个必要条件是，它们是一致的，即它们在基本的描述性概念和规则方面是相互重叠的。为了找出两种方言之间的不一致，语言学家一定不得不与说母语的人一起辨别时空中的对象。例如，我们只能通过识别花或其他彩色物体或纸、木头等的彩色部分，来发现在使用颜色谓词时的不同。只有当说母语的人和语言学家能够就这些事情无歧义地交流时，才能做到这一点。

可能有人会问，为什么所有的方言都有一个共同逻辑的和认识论的基本结构，使我们能够在它们之间明确地翻译数学、天文学、物理学等自然科学呢？像许多语言学家可能认为的那样，这个共同的结构并不是主要建立在全人类共有的心理结构和脑生理结构的基础之上。我经常会碰到这种观点，而且，这种观点的重要意义是，如果我们大脑的结构稍有不同，我们就会拥有与现在的二值逻辑截然不同的一种逻辑。

玻尔对这个问题的回答是，全人类都接受同样的描述条件，无论他们生活在地球的什么地方。无论你住在英国、日本、澳大利亚，还是巴西，如果你希望和你的同胞以无歧义的方式进行交流，你都必须遵守鉴别对象的逻辑原理和规则。

对于玻尔来说，所有这些都是如此得自明，以至于他几乎没有提到它。但是，你可以在下列笔记的字里行间领会到这一点：

> 客观性概念预先假定了这样一种语言：其中，每个掌握这种语言的人都能清楚地解释经验的交流。就我们正在讨论的用来在实践中调整语言本身的定位的经验范围而言，我们自动地履行了客观性的需求……所有无歧义的经验交流都预先假定了一种语言的用法。其中，每个掌握这种语言的人都能无歧义地解释这种交

---

① Hjelmslev L, *Omkring Sprogteoriens Grundlæggelse,* Copenhagen: Akademisk Forlag, 1966, p.49.

② Whorf B L, *Language, Thought, and Reality: Selected Writings,* Carroll J B (Eds.), New York: Wiley, 1956, p.134.

流……旨在排除经验交流解释中的个体差异的客观性概念预先假定了一种语言的用法，其中，任何掌握这种语言的人都能无歧义地解释这样一种交流。①

这里清楚地表明，在所有的方言中，都能够确立无歧义的描述。客观描述属于语言本身，并不依赖于方言：

由于客观性，我们必须借助于大家共同的[完全排除国家之间的语言（即方言）方面的差异]语言来理解一个描述，而且，在所讨论的这个领域内，人们可以用这种语言相互交流。②

海森伯在他的自传中回忆了他与尼尔斯·玻尔对语言的讨论。海森伯问，是否有可能想象，不同的智力形式和语言形式能够出现在世界各地。

此外，实际上，不同语言的语法是完全不同的，而且，也许语法的不同可能导致逻辑的不同。对于这点，尼尔斯·玻尔答道："很自然，拥有不同的言语和思考形式是可能的，就像有不同的人种或一个有机体的不同部分那样。但是，很像所有有生命的有机体都是根据同样的自然律和主要来自大致相同的化合物构成的一样，各种可能的逻辑大概也是建立在既不是人造的也不依赖于人的基本形式的基础之上。这些形式一定在语言的选择发展中起决定性作用；它们不可能只是语言的结果。"③

这里，玻尔强调的要点是，逻辑——他这样说的意思是指普通的二值逻辑——并不是由人创造的，而是"属于实在"。我们这样说的意思是指，实在的真相是这样构成的：如果我们希望描述它，我们就必定遵守逻辑原理。在人类的进化中，这或许已经形成了我们的思维方式和行为方式。也许，玻尔支持乔姆斯基的天赋假说，但他依然认为，全人类都共有一逻辑的深层结构，这一事实归因于实在的本性和我们描述它的条件。

此外，玻尔表明，逻辑原理和其他描述条件不属于语言史。在语言史

① *Objektivitet, Kausalitet og Komplementaritet*, MSS No. 20, 1952.

② *Unity of Knowledge*, MSS No.21, 1953 年 9 月 24 日。

③ Heisenberg W, *Physics and Beyond: Encounters and Conversations*, London: Allen and Unwin, 1971, p.138.

上，我们可以研究词汇和语法形式的发展。但是，这使得质问无矛盾原理何时出现在语言中的问题成为无意义的。既然它是无歧义地使用语言的一个必要条件，那么它就没有历史。根据玻尔的观点，这同样适用于描述的其他条件，甚至也适用于"自由意志"概念的用法。

七、描述条件是无法替代的

"逻辑的各种可能性或许是基于既非人造甚至与人无关的基本形式。这些形式一定在语言的选择发展中起到了决定性的作用；它们不可能只是语言的结果。"在这段阐述中，玻尔表明，当二值逻辑成为描述条件时，其是无法被替代的。我们会把什么看成一种替代呢？哲学史为我们提供了一些建议。例如，约翰·斯图尔特·密尔坚持认为，逻辑和数学是以归纳（即经验概括）为基础的。我们相信 2+2=4，因为我们在日常生活中已经体验了几千遍。每次我们在空碗里放两个苹果，然后，再放两个苹果，结果，碗里有四个苹果。但是，密尔说这是一个经验主义的问题，并且，假设我们在某天做了一个小手术后数出碗里有五个苹果时，也并不矛盾。

其他哲学家（如恩斯特·马赫）坚持认为，我们的逻辑与狮子的脚爪和长颈鹿的脖子一样是进化的产物。如果人类的生存斗争采纳了另一条路径，而非实际路径的话，我们今天就可能拥有一个完全不同于二元逻辑的逻辑。或者，换言之，如果有思想的生物能存在于宇宙的其他地方，那么，他们可能拥有一个与我们的逻辑完全不同的逻辑。玻尔把这种幻想看成是完全荒谬的：

> 对我们而言，舍弃逻辑的同一性，是不可能的。[1]
> 关于数学和自然科学的关系，我同意你的看法，对于另一星球的居民来说，2 加 2 可能等于 5，斯图尔特·密尔的这个考虑是一个无关紧要的命名问题。我们确实必须无条件地遵守逻辑。[2]

我们当然绝不可能讲述，这些假想的有智力的外星人是如何被塑造的，他们可能有何种感觉器官，或只是，他们如何体验他们周围的环境。他们可能有与我们完全不同的感觉器官。尽管这样，我们也无法使下列假设有

---

[1] *Kommntarer til filosofisk afhandling [Huxleys Kontrapunkt]*, MSS No.16 [1939？-1942？]。

[2] 玻尔在 1938 年 9 月 8 日写给汉森的个人通信。所提到的私人通信可以在哥本哈根大学的尼尔斯·玻尔档案馆找到。

任何意义：这些外星人可能声明，他们有三五百个感觉器官，或者，他们可能声明，他们既存在又不存在，或者，他们的星球属于我们的太阳系和属于半人马座的阿尔法系。无论他们的感觉经验与我们的感觉经验有多么不同，他们都必须被迫接受和我们一样的描述条件，仅因为这些条件"属于实在"，因而不是人为的。当然，玻尔会坚持认为，如果其他星球上的有智力的生物曾获得关于量子力学的知识，那么，他们将不得不接受量子力学。我们坚持认为，在其他星球上能量不是量化的，这到底是什么意思呢？

从认识论的观点来看，无歧义描述是无法替代的。我们可以说，电话簿在桌子上没有参照我们如何感受这一事实。我们可以很好地想象，一位来自外层空间的有智力的生物，用我们不知道的感觉器官，不是看到而是"听见"电话簿的位置。这里并没有任何矛盾。但是，假如有一种情境与我们的情境一样真实和适当，同时，这种情境没有翻译为我们的情境，那么，说他可能有能力确立对这种情境的一种替代描述，是无意义的。如果他的陈述是对非主观的实在的一种描述，那么，其就可以被翻译成我们的陈述。如果是这样，那么，他就不是在说另一种语言，而只是在说另一种方言。如果我们假定，他的陈述是对这种情境的一种描述，但是，原则上，它没法被翻译成我们的语言，那么，可以推断出，我们关于电话簿在桌子上的陈述，就不是对这种情境的描述——而且，在那种情况下，我们甚至不能说，我们觉得这个外星人正在描述的事态是什么。

在20世纪30年代，尼尔斯·玻尔接触到由所谓的逻辑经验主义者所引导的科学的运动。与这些哲学家——特别是卡尔纳普、纽拉特和约尔根·约尔根森（Jørgen Jørgensrn）——相遇令玻尔很失望。他完全不同意他们在分析陈述和综合陈述之间做出明确的划分。例如，根据逻辑经验主义者的观点，一个客体真的不能同时位于两个地方。但是，他们会说，这不是研究实在的真理，只是从我们对"客体"的定义得出的一个分析真理。玻尔当然不会否认，我们可能以许多不同的方式定义"客体"。然而，他会坚持认为，如果我们希望无歧义地描述像电话簿在桌子上这样的事实，那么，我们一定像平常一样——也就是说，像某物不可能同时在两个地方那样——使用"客体"概念。

八、准确性和清晰性

我已经说过，他们在主体与客体之间假定和建立一条明显的分离线，正是日常语言的描述用法和经典物理学的共同特征。但是，根据玻尔的观点，这两者之间依然存在着更深的联系。经典物理学是精确的日常语言的描述用法，即经典物理学的基本概念来自我们在日常生活中描述周围环境时所使用的概念，或者，是从我们在日常生活中描述周围环境时所使用的概念发展而来的。玻尔写道：

> 所谓的经典物理学的宏伟大厦真的……取决于这样一些原则：它们代表了我们对适应周围环境定位的日常语言所体现出来的基本概念的澄清与提炼。[①]

而且，

> 尽管术语的提炼归因于经验证据的积累和理论概念的发展，但是，对所有物理经验的说明当然最终建立在适应我们周围环境定位和追溯因果关系的普通语言的基础之上。[②]

在日常语言的描述用法中，我们已经有像"速度""距离""力矩""时间间隔""加速度"这样的概念。但是，直到伽利略和牛顿出现，我们才精确地了解到，这些概念是如何相互联系的。像"力"和"质量"之类的概念，也是如此，"质量"概念是日常生活中的"重量"概念的产物。另一个例子是"温度"，"温度"是对我们日常概念"热"和"冷"的提炼。

物理学家在最初做精确的物理学实验时，设计这些实验来解决用日常语言阐述的问题。通过这些实验，物理学家能够表明，如何为日常语言的一些概念提供更加精确的定义（例如，我们在伽利略关于自由落体定律的实验中，或者，在他之前的阿基米德关于比重的实验中能够看出这一点）。然而，已经明显的是，物理学家为了清楚明白地说明这些实验的结果，不得不提出新的概念。这样，就提出了像"惯性""质点""场"（如引力和电磁场）之类的概念。它们当然不是日常语言概念的精确化，但是，它们是借助于仍然能用日常语言解释的实验来提出的。

根据玻尔的观点，数学在本质上也只是日常语言的提炼。例如，他写道：

---

① Philosophical Lesson, MSS No. 23，1958 年 1 月 23 日。

② Bohr N, *Essays 1958-1962 on Atomic Physics and Human Knowledge: Volume III, The Philosophical Writings of Niels Bohr*. Woodbridge, CT: Ox Bow Press, 1987, p.1.

　　重要的是意识到，数学符号和运算的定义是建立在简单的日常语言的逻辑用法之基础上的。数学因此不被看成是基于经验积累的知识的一个特殊分支，而被看成是对一般语言的一种提炼，再加上是用适当的方法表示日常语言不能精确表达或很不方便表达的那些关系。[①]

　　详细地表明数学为何是日常语言的精确化，当然是一件苦差事。数学的领域之一是数论，数论的基础是基数。基数原本就是日常语言中的简单概念。由于数学家发现，以前的数概念是有局限性的，所以，这迫使他们提出分数、零、负数、无理数等。玻尔喜欢的一个例子是无理数的提出。毕达哥拉斯学派发现，正方形的边长和对角线是不可通约的，为了避免悖论并获得无歧义的描述，他们提出了无理数。同样，几何能被看作是对日常描述语言中的圆、多边形、直线和点这些模糊概念的精确化。

　　玻尔认为，有必要强调，应该把相对论和量子力学看作是经典物理学的概括，在很大程度上，正像实数（即有理数和无理数）是有理数的概括一样。经典物理学是在人类实验的广泛范围内很有用的一个概念框架。但是，新的实验表明，它的可应用性是有限的。相对论向我们表明，当我们处理接近或等于光速的速度时，经典物理学不再是适当的；但当运动物体的速度低于光速时，经典物理学能很合理地发挥作用。因此，经典物理学可以被认为是相对论的一种临界情况。

　　同理，量子力学能被认为是对经典物理学的一种概括。反过来，经典物理学是量子力学的一种临界情况。相对论和量子力学都以各自的方式扩展了构成经典物理学的概念框架。

　　从1954年起，玻尔在《知识的统一》一文中写道：

　　意识到的要点是，所有的知识都出现在一个适合解释先前经验的概念框架中，而任何一个这样的框架可能都很有限，不能理解新的经验。许多知识领域的科学研究确实一再证明，有些观点由于它们很有效并且似乎能无限制地加以应用，而被看成是合理说明所必不可少的，放弃或改变这些观点是必要的……实际上，扩展概念框架不仅用来恢复知识的各个分支领域内的秩序，而且

① Bohr N, *Essays 1958-1962 on Atomic Physics and Human Knowledge: Volume III, The Philosophical Writings of Niels Bohr*. Woodbridge, CT: Ox Bow Press, 1987, p.9.

揭示了我们在分析与综合明显分离的知识领域内的经验时所持的立场的相似性，表明有可能拥有更加客观的描述……当谈到概念框架时，我们仅指对经验之间关系的无歧义的逻辑表达。[①]

玻尔的观点是，只要我们无歧义地描述某物，我们就是在一个概念框架，即一个相互依赖的概念集合内进行描述。例如，电话簿在桌子上的描述不可能是一个无歧义的描述，除非我们已经拥有"位置"（"空间"）、"时间点"、"客体"和"时空中的运动"等明确的概念。对其中任何一个概念的说明都必定包含了所有这些概念；它们不可能被相互独立地加以理解。但是，像物理学已经向我们表明的那样，这样一个概念框架可能太有限，不能描述和说明新的意想不到的经验。然而，通过扩展概念框架（即增加新的规则和限制），在这些新领域内恢复无歧义性，似乎总是可能的。

对相对论和量子力学的任何介绍都一定是用日常语言和经典物理学语言给出的。这一点是重要的，绝不能忽视。针对经典物理学和相对论之间的关系，玻尔写道：

的确，从我们现在的观点来看，与其说物理学是研究先天给定的某物，不如说是发展了整理和审视人类经验的方法。在这方面，我们的任务一定是以独立于个人主观判断因而在用通常的人类语言能够无歧义地交流的意义上是客观的方式解释这样的经验……在像这里和那里、之前和之后这些词的原始用法中表达的空间和时间概念方面，要记住，与我们周边的物体的速度相比，光传播的巨大速度，对于我们的日常定位来说，是多么得重要……尽管[相对][②]论的方便阐述涉及作为四维非欧几何学的数学抽象，但是，对它的物理学解释从根本上取决于每个观察者坚持把时间和空间明显分开的可能性以及审查任何一位别的观察者如何在他的框架内用日常语言描述和协调经验。[③]

---

① Bohr N, *Essays 1932-1957 on Atomic Physics and Human Knowledge: Volume II, The Philosophical Writings of Niels Bohr*. Woodbridge, CT: Ox Bow Press, 1987, pp.67-68.

② 括号中的内容为法沃尔特所加。

③ Bohr N, *Essays 1958-1962 on Atomic Physics and Human Knowledge: Volume III, The Philosophical Writings of Niels Bohr*, Woodbridge, CT: Ox Bow Press, 1987, p.10.

九、玻尔的反相对主义

当我们谈到量子力学时，客观性再一次与主体和客体的区分联系在一起。测量仪器总是与原则上无法控制的量子系统发生相互作用；但在测量仪器及其显示的结果与主体（即做实验的物理学家）之间，可以划出一条明确的分离线。量子力学从一开始就是以宏观观察和实验为基础的，这些观察和实验应用的所有概念都是在它们的经典物理学意义上被理解的。我们所说的频率、质量、速度、波长、动量、振幅等概念的意思，完全是指经典物理学中的意思，所谓的量子物理学的所有实验，都是在空间、时间、因果性和二值逻辑的框架内来描述的。

量子力学和相对论（还有核物理学、高能物理学等）只能借助于日常语言和无歧义使用经典物理学概念才能得到理解与说明，因而是对日常语言的描述用法的一种拓展，玻尔对这一事实的强调意味着，他关于日常语言的描述用法是无法替代的观点显然是反相对主义的，也包含所有的物理学理论在内。

当 1935 年在玻尔与爱因斯坦、波多尔斯基和罗森之间的著名讨论中把量子力学说成在认识论意义上是无法替代的时，就我们拥有的量子力学而言，它的描述是完备的。我们假设，外星人可以有一个可操作的量子力学，这个量子力学与我们知道的量子力学截然不同，这种假设是无意义的。我们应该能够通过重新定义日常语言中的基本概念，比如，像戴维·玻姆建议用他的 rheomodus（一种新语言方式）概念那样[1]，创造出对现有量子力学的一种替代，我们的这种想法也是无意义的。

> 相信用新的概念形式最终取代传统物理学概念可以规避原子论的困难可能是一种误解。[2]

同样，只要这是通用的或抓住了数学及其概括的基本原理，那么，相对论在认识论上也是无法替代的。

我用"反相对主义"这个术语来表达玻尔的观点，是经过深思熟虑的。通常，我们会说，相对主义的对立面是绝对主义，但把玻尔称为是一位绝对主义者，会使人产生误解，因为这个称呼在传统意义上意味着相信"先

---

① Bohm D, *Wholeness and the Implicate Order*, London: Routledge and Kegan Paul, 1980.

② Bohr N, *Atomic Theory and the Description of Nature: Volume 1, The Philosophical Writings of Niels Bohr,* Woodbridge, CT: Ox Bow Press, 1987, p.16.

天"原理和在所有层面上都不可动摇的理论。玻尔并不喜欢"先天"哲学。他认为，证明逻辑原理或其他描述条件的有效性，是根本不可能的。但他不断地强调这样一个事实：无论我们在科学中做什么，都有确定的观察条件（像他开始说的那样①）或者确定的描述条件（像他后来表达的那样②）。

十、"逻辑的"顺序

经典物理学和相对论之间的联系与经典物理学和量子力学之间的概念联系是截然不同的，但经典物理学形成了人们理解和辩护相对论与量子力学的基础。而且，既然经典物理学不得不借助于日常语言来提出，那么，在这些问题中，就存在一种逻辑启发顺序（logical-didactic sequence）。玻尔经常强调的观点是，不可能撰写一本物理学教科书是从基本粒子和根本的力开始的，然后，继续说明它们如何构成原子和分子，接着说明如何根据原子级层次的东西来说明宏观世界。从表面上看，这个计划听起来是合理的，就像是在"本体论意义上"从简单的问题扩展到更加复杂的问题。但是，正如玻尔反复说的那样，物理学的问题不是凭直觉理解存在的本性，而是了解我们对本性能够说些什么。

> 在物理学中，我们处理的事态比心理学中的那些事态更加简单，而且，我们反复地了解到，我们的任务不是探究事物的本质——我们根本不知道这意味着什么——而是提出允许我们以卓有成效的方式相互谈论自然界的事件的那些概念。③

物理学与概念的学习和使用有关。因为我们是宏观生物，我们的语言适应于宏观世界。因此，日常语言是唯一可能的出发点。我们通过对语言的描述用法的精确化，建立了经典物理学，而且，凭借经典物理学，有可能拓展概念框架，这样，能够把超越经典物理学范围的物理学领域合并到物理学的描述中。此外，玻尔这样写道：

---

① Bohr N, *Essays 1932-1957 on Atomic Physics and Human Knowledge: Volume II, The Philosophical Writings of Niels Bohr,* Woodbridge, CT: Ox Bow Press, 1987, p.20.

② Bohr N, *Essays 1958-1962 on Atomic Physics and Human Knowledge: Volume III, The Philosophical Writings of Niels Bohr,* Woodbridge, CT: Ox Bow Press, 1987, p.24.

③ 个人交流，玻尔与 H. P. E. 汉森，1935 年 7 月 20 日。

确实，正如已经强调的那样，认识到我们知觉形式的局限性绝不意味着，我们在把感官印象归纳为规则时能够摒弃我们的传统观念或对它们的直接的言语表达。更不可能使用经典理论的基本概念描述物理学实验变成是多余的。对作用量子的个体性的认可及其大小的确定，不仅依赖于对建立在经典概念基础上的测量的分析，而且正是只有继续应用这些概念，才有可能把量子理论的符号体系与实验数据联系起来。①

对量子力学一无所知的哲学家常以为，我们能够设想，有一种很小的生物可以生活在原子核的表面，因而会看到原子世界中"到底发生了什么"。当你向他们说明，由于这种生物一定是由原子构成的，所以，这样的设想是没有意义的时，他们的回答是，不管怎样，在原子世界里，人们都能够设想这样一种观点，即设想一个不同于我们所知道的知识的起点。根据玻尔的观点，这样的设想是无意义的。我们的知识在日常生活中有它的起点，这并不是一个偶然的事实，而且，我们必须学会描绘这个事实的后果。

第一，我们能够指称客体和我们的周围环境，而不涉及对它们的主观表征，如果我们不能以这样的方式在主体与客体之间划出一条分离线，那么，根本就不可能进行无歧义的描述。因为这个原因，我们不能设想，在作用量子或普朗克常数影响它们对周围环境的感知的层次上，获得知识的生物。下面是支持这一点的几段引文：

> 完全从心理学的经验来看，坚持认为，就其本质而言，空间和时间概念之所以获得意义，只是因为忽略了与测量工具的相互作用，是毫不夸张的。②
>
> 所有的经典描述的基础是，这样一种[从量子力学知道的]相互作用之所以能够被忽略，是因为感官的敏感性。③
>
> 我们的感官的敏感性允许我们感知事物并认为事物具有属性，经典物理学就是基于这一事实的一种理想化，因为被考察的客体

① Bohr N, *Atomic Theory and the Description of Nature: Volume 1, The Philosophical Writings of Niels Bohr*, Woodbridge, CT: Ox Bow Press, 1987, p.16.

② Bohr N, *Atomic Theory and the Description of Nature: Volume 1, The Philosophical Writings of Niels Bohr*, Woodbridge, CT: Ox Bow Press, 1987, p.99.

③ 《物理科学和人的位置》，MSS No. 21，1955 年 7 月 21 日。

和我们自己之间的相互作用好像是很弱的。①

　　然而，我们同时必须牢记，无歧义地使用这些基本概念的可能性完全依赖于经典理论本身的一致性，因为这些基本概念是从经典理论中产生的，因此，对应用这些概念所强调的限制自然取决于我们在描述现象时可以在多大程度上忽视由作用量子表示的与经典理论无关的要素。②

　　第二，所有的物理观察和实验任务都需要稳定的刚性物体，比如棒、指针、时钟、感光板等，或简而言之，在由经典物理学概念提供的日常语言中可描述的宏观客体。玻尔写道：

　　在卷入消除所有主观判断的原子物理学中，这种发展已经从根本上澄清了客观描述的条件。关键的要点是，尽管我们不得不处理不受决定论的图像描述控制的现象，但是，我们必须用经过经典物理学的术语适当提炼过的日常语言来交流我们做了什么和我们在以实验的形式向自然界的发问中了解到什么。在实际的物理学实验中，我们把测量仪器用作刚体（比如光栏、透镜和感光板）来满足这种要求，这些仪器的大小和重量足以允许在不考虑它们的原子构成中固有的任何量子特征的前提下描述它们的形状、相对位置和位移。③

　　第三，所有知识都预先假定存在有意识的生物或主体。尼尔斯·玻尔相信，意识与生命联系在一起，因此，有意识的生物必然是宏观的生物。当然，他们到底必须有多么大，还是一个尚未解决的问题。但是，他们必定拥有使他们能够在不受作用量子干扰的前提下观察周围环境的感觉器官。此外，他们一定具有理性思考的能力，而且，有能力操纵刚性的宏观客体。因此，他们一定是非常复杂的宏观生物体，而且必定被置于这样的观察情境中：与被观察客体的运动速度相比，光速是巨大的，这样，允许把空间与时间分离开来，而且，作用量子几乎是零，这样，允许把主体与

① 《物理科学和人的位置》，MSS No. 21，1955 年 7 月 26 日。
② Bohr N, *Atomic Theory and the Description of Nature: Volume 1, The Philosophical Writings of Niels Bohr*, Woodbridge, CT: Ox Bow Press, 1987, p.16.
③ Bohr N, *Essays 1958-1962 on Atomic Physics and Human Knowledge: Volume III, The Philosophical Writings of Niels Bohr*, Woodbridge, CT: Ox Bow Press, 1987, p.24.

客体明显地区分开来，进行决定论的描述。这一切与玻尔对下列问题的不断讨论相一致，即认为空间、时间和因果性是人类知识中敏感的必要形式。然而，正如我们将要看到的那样，说我们借此发现了人类知识特有结构的原因，是误导人的。我们还需要考虑玻尔哲学观点的一个重要主题。

玻尔一再强调，作为人类和认识主体，我们是自己所探索的世界的组成部分。在生活的伟大戏剧中，我们既是观众又是演员，我们的大多数科学工作就在于试图使这两种立场协调一致起来。

> 就类似于这些惯常理想化的有限应用的原子理论的教益而言，当我们试图协调我们在生活的伟大戏剧中既是观众又是演员的立场时，我们事实上必须转向完全不同的科学分支，比如心理学，或者甚至像佛陀和老子之类的思想家所面对的那种认识论问题。[①]

我们"在"世界之中，因此，我们无法从"外部"观看它——不但如此，我们甚至无法为这个词赋予意义。因此，我们必须遵守已经叙述过的那些特定的描述条件。我们不能超越它们，也不能表达替代条件的任何想法。正如玻尔喜欢说的那样，我们可谓悬置在语言之中。

> 玻尔会说："我们人类最终依赖什么？我们依赖我们的言语。我们悬置在语言中。我们的任务是与他人交流经验和想法。我们必须不断地努力扩展我们的描述范围，但这样做，我们的信息不能因此而失去它们的客观和无歧义的特征。"[②]

十一、"上帝之眼"的观点是不可能的

我们通过将玻尔的观点与超验观点是可能的这个普通的哲学假设相对比，可以对玻尔的观点有更深的了解。在讨论量子力学的认识论地位时，我们经常假定，尽管不确定关系不能使我们认为，比如说，一个电子同时具有位置和动量，但是，我们有充分的理由可以认为，这个电子本身既有一个确定的位置，也有一个确定的动量。或换言之，如果全知全能的上帝

[①] Bohr N, *Essays 1932-1957 on Atomic Physics and Human Knowledge: Volume II, The Philosophical Writings of Niels Bohr,* Woodbridge, CT: Ox Bow Press, 1987，pp.19-20.

[②] Petersen A, "The Philosophy of Niels Bohr"，*Bulletin of the Atomic Scientists*, Vol.19，No.7, 1963，pp.8-14, p.10.

存在，那么，他可以知道电子在任何时刻的准确的位置和动量。然而，我们不能获得这种知识。

问题是，不管怎样，我们能否使这样一种"上帝之眼"的观点具有任何意义呢？玻尔在他离世的前一天对此问题进行了评论。在所谓的"最后的访谈"中，玻尔提到，马克斯·普朗克在讨论中提出了这样一个观点：上帝能从他神圣的观察点陈述电子的准确位置和动量。普朗克信奉宗教，坚信上帝；玻尔不信奉宗教，但他对普朗克观点的反对并没有反宗教的动机。在这次访谈中，玻尔所言如下：

> 普朗克确实是信奉宗教的……他说，一只如上帝般的眼睛肯定能知道什么是能量和动能[位置是已知的]①。然而，你要知道，那是非常难的。后来，当我们返回来时，我对他说……你谈到这样一只眼睛，但这不是一只眼睛能看到什么的问题；而是你说的知道意味着什么的问题。②

这种观点是，我们是世界的组成部分，我们总是在由这个事实确定的条件下观察我们周围的环境。这意味着，我们为了无歧义地思考和言说，必须以明确的方式应用我们的概念。即使（根本不可能）我们尝试想象一种不同于我们的描述语言，这种语言以相当新的方式应用所有的概念，我们也不能理解这种"语言"。正如我们已经看到的那样，它不能被译为我们的语言，因此，我们不能把它描绘成语言。

如果普朗克是对的，那么，量子力学就是一个不完备的理论。另外，电子是一个粒子，结果，认为电子具有波动性，是荒谬的；所有的波动实验都不得不被归类为是虚假的。根本没有量子力学，只有一个充满悖论的对原子世界的经典物理学描述。

在玻尔的术语学中，"上帝之眼"的观点的想法有时被称为"最后主体"的想法。无论我们为这种观点赋予什么样的形式，根据玻尔的观点，这都是无法想象的。我将试图用两个相当简单的例子来说明玻尔的观点。

第一个例子是由拉普拉斯提出的著名的"普遍智力"。拉普拉斯在1820年写道，如果我们想象一个有无限数学能力的智能生物，他知道宇宙中每

---

① 括号中的内容为法沃霍尔特所加。

② Bohr N, Last Interview, Interview with Niels Bohr conducted by Kuhn T S, Petersen A, Rudinger E, November 17, 1962. The Niels Bohr Archive, Copenhagen, 1962.

一个粒子在特定时间地点的准确位置和准确动量，那么，这个智能生物将能预测宇宙在任何特定时间地点的未来状态——也能够计算宇宙在过去的任何时间地点的状态。[①]

这个思想实验是完全可理解的吗？一种选择是，如果这个智能生物收集宇宙中每一个粒子的信息，那么，他必须以各种不同的形式，最有可能的是光波的形式，接受信息。但是，要是那样的话，这个生物将是宇宙的组成部分，并且，不能预测他自己的状态——无论我们如何反复考虑这个问题。要是那样的话，这一思想实验可以说是反驳了自身。

另一种选择是，我们想象这个智能生物与宇宙没有丝毫联系。在这种情况下，我们无法理解关于这个生物"看到"宇宙的陈述或"获得宇宙的知识"的陈述。我们也许不得不在完全不同于我们知道的意义上使用"看到"和"获得知识"的表达。这样，这种选择使这个思想实验成为不可理解的。因此，正如玻尔所说的那样，这最终是一个所谓知道是指什么的问题。关于拉普拉斯的智能生物，玻尔的评论如下：

> 除了这样[一个外部的智能物]不能和我们交流这一事实以及除了这样一个观察者如何能够在不干扰（非常有问题的）现象过程之前提下保持说明之外，我们必须坚持认为，我们所说的科学——特别是像物理学的发展教导我们的那样——是指收集人类观察的可能性和我们整理这些观察的可能性。[②]

我的第二个例子来自相对论。根据狭义相对论，一个客体（比如说一根棒）的长度是相对于测量它的那个惯性系而言的。这根棒从惯性系 A 测量到的长度是 80 厘米，从惯性系 B 测量到的长度是 60 厘米。测量到的长度依赖于惯性系相对于棒的速度。许多人自然而然地相信，这根棒的"真实"长度是我们从一个相对于棒静止的惯性系中测量到的长度。然而，这也是一个相对长度，而且，相对论的观点恰好是没有绝对长度。但是，许多哲学家认为，谈论绝对长度、自在长度、本体论长度是可能的，下列论证支持这个说法：如果有上帝，相信他一定知道任何客体的正确的尺寸和长度。从"上帝之眼"的观点来看，一切都有绝对长度。

同样，这种想法也是不可理解的。如果我们假定有上帝存在，他知道

---

① Pierre Simon de Laplace, *Theorie analytique des probabilitiés*. Paris, 1820.

② Steno-Forelœsning I Medicinsk Selskab, MSS No.22, 1957 年 2 月 20 日。

我们所说的棒的"真实"长度，那么，他不能与我们交流他的知识。如果他说，这根棒的真实长度比如说是 70 厘米，这个长度与任何惯性系都无关，那么，我们并不理解他在说什么。另外，如果他把"真实"长度和一个惯性系联系起来，那么，我们不得不处理相对长度，而非"真实的"绝对长度。在这两种情况下，排除了和不需要"上帝之眼"的观点，因为这些概念没有得到正确的应用。

根据玻尔的观点，"上帝之眼"的观点的论证是一个常见的哲学错误。唯心主义和唯物主义都是由有能力从外部观察世界的"最后主体"的误导想法导致的。在坚持认为"一切都是精神的"或"一切都是物质的"时，我们忽视了我们是世界的组成部分这一事实。

> 既然在哲学文献中有时提到不同层次的客观性或主观性乃至不同层次的实在，所以，可以强调的是，在我们所定义的客观描述中，没有为终极主体的观念以及实在论和唯心主义的概念等留下余地；但这种情况当然并不意味着限制我们所关心的探索范围。[①]

尼尔斯·玻尔的演员/观众格言强调了这样的事实：我们不能从"外部"观察世界，因为这种想法没有意义。因此，我们不能获得作为整体的世界的完备知识。普遍知识不得不对认知主体提供说明，因为这是世界的组成部分。但是，这像是尝试描绘一幅把自身作为一个元素包括在内的世界的大地图。而且，一切完备知识都包含对我们应该作为"世界的组成部分"的描述条件的说明。但是，我们究竟如何能够掌握对说明本身必须接受的那些描述条件的说明，以便我们能够理解它呢？

如上所述，玻尔的观点大约形成于 1927～1928 年以及从他花几个小时把这些伟大的联系告诉了同事和新的学生之后。1928 年，内维尔·莫特（Nevil Mott）爵士访问了尼尔斯·玻尔研究所，并在 1928 年 10 月 6 日给他母亲的一封信中写道：

> 因此，玻尔开始讨论量子理论哲学和它如何与人们认识自己的不可能性密切相关，而且，他的不能完全认识外部世界，是因

---

① Bohr N, *Essays 1932-1957 on Atomic Physics and Human Knowledge: Volume II, The Philosophical Writings of Niels Bohr,* Woodbridge, CT: Ox Bow Press, 1987, p.79.

为他自己是外部世界的一部分。①

正如前面提到的，从认识论的观点来看，我们选择讨论"无歧义地描述"还是"无歧义地思考"都是无关紧要的。描述的条件当然也是思考的条件。根据玻尔的观点，无论思想是什么，我们都不能指望对它进行说明。他清楚地陈述了这一点：

> 在没有进入形而上学思辨的前提下，我或许可以补充说，对说明这个概念的分析自然开始于和结束于放弃关于我们自己的意识活动的说明。②

尼尔斯·玻尔的语言观与他的物理学、生物学、心理学和文化问题的观点是完全一致的。不幸的是，他就这一主题著述太少。或许，他觉得，绝大部分是理所当然的事，有一些需要由他经常听说但从来没有时间详细研究过的很重要的语言哲学来解决。我完全同意奥格·彼德森在这些问题上对玻尔的态度的描述：

> 据我所知，从哲学上来说，我们被悬置在语言中；我们依赖于无歧义交流的概念框架，并且，这个框架的范围通过数学说明方式的概括得到扩展，这些学说是玻尔哲学形成的一般基础。在他的著作中，他从没有对这种观点给出详细的阐明。他也没有讨论它与语言的哲学地位的其他概念的联系。他把这种观点完全看成是显而易见的，而且，他对别人觉得理解起来是如此困难感到吃惊。③

在玻尔的一生中，他强调下列事实：我们被悬置在语言中，科学的任务是澄清关于自然界我们能够说些什么，而不是凭直觉理解"自然界本身是什么"。我们只能把自然界说成是感受（experienced）——也就是说，是在我们应该作为世界的组成部分的那些描述（也是思考）的条件之基础上

---

① Sir Mott N, *A Life in Science*, London: Taylor and Francis, 1986.

② Bohr N, *Essays 1932-1957 on Atomic Physics and Human Knowledge: Volume II, The Philosophical Writings of Niels Bohr*, Woodbridge, CT: Ox Bow Press, 1987, p.11.

③ Petersen A, "The Philosophy of Niels Bohr"，*Bulletin of the Atomic Scientists*, Vol.19, No.7, 1963, pp.10-11.

构建的。任何一位哲学家都会说，他知道"自然界本身是什么"，但是，只有当他能与别人交流他的知识时，我们才能把他当回事。然而，在试图这么做时，他必须使用语言，必须使自己接受进行无歧义交流所需要的描述条件。无论他打算说什么，他的信息一定与他讨论的自然界或实在有关——甚至在他尝试告诉我们实在或自然界本身是什么时。因此，在某种程度上，说我们被悬置在语言中是一个同义反复。任何人都会说"不，我没有被悬置在语言中"，但是，他为了这么说，必定要使用语言。"实在""存在""存在的本质""自在之物"等所有这些词语都是表征我们试图学会如何正确地应用的概念。甚至在说实在独立于语言和思想而存在（当然，玻尔从未否定过的事实）时，我们是在语言的范围内陈述这一点。我们绝不能超越我们自己关于实在的思想和对实在的描述。

附录二　哲学的当前任务^①

〔德〕莫里兹·石里克

　　当前，似乎依然有些人很怀疑，在我们这个时代，哲学是否还有工作要做。因为人们经常听说——有时甚至是哲学工作者的说法——哲学，就其本身而论，现在已经不再被需要了，而且，所有合理的科学疑问，也包括曾经习惯于归类为哲学领域的那些疑问，如今开始由具体学科来回答。具体学科被视为大致相当于这项工作；并且，诸如根本没有办法解答的那些问题，都是无意义的、不合理的，而且，根本没有答案。因此，并不存在只要求哲学来解决的问题。

　　当具体学科，尤其是自然科学，必须抵御像在费希特、谢林、黑格尔及其追随者的观念论体系中所呈现出的那种哲学家的自负时，对哲学的这种敌视态度，从心理上看，可以解释为是 19 世纪那个时期的残留物。在这些体系中，思辨精神事实上鄙视地瞧不起详细的研究工作和发现，所以，科学家一定很快转而做出反抗，从骨子里蔑视如此漫无边际的臆想，然后，转向对一般哲学的蔑视。

　　尽管对待哲学的这种怀疑态度，在某种程度上，能得到如此说明，但是，目前还缺乏真正的辩护，因为造成愤恨并致使哲学精神丧失信誉的这种观念论思想的傲慢结构早就瓦解了，似乎哲学之树上盛开得如此灿烂之花已经凋零，不过，完全不用担心，它们的零星之果还能使充满同样精神的体系发展成为一种名副其实的生活。如今，只要这些体系还会出现，对哲学的这些怀疑就只能是基于草率的判断、对科学最终问题的故意忽视，简而言之，缺乏明确性。因为如果我们发问这些怀疑者，他们有什么理由做出苛刻的判断，我们就会发现，这些理由本身已经是哲学理由，而且，

---

　　① 本文是石里克 1911 年在罗斯托克大学的哲学讲师就职演讲，从未公开发表，原文为德文，1979 年由皮特·希斯（Peter Heath）翻译为英文。本文译自 Schlick M, "The Present Task of Philosophy", Heath P (trans.), In Mulder H L, van de Velde-Schlick BFB (Eds.) *Moritz Schlick, Philosophical Papers, Volume I (1909-1922)*, Dordrecht, Holland: D. Reidel Publishing Company, 1979, pp. 104-118. 本译文由笔者和林青松翻译，曾发表于《哲学分析》2015 年第 1 期。

在他们给出拒绝的定论时，怀疑者的做法恰好是：他们寻找所禁止的东西，也就是说，他们寻找哲学化的东西。据说，亚里士多德本人在他遗失的著作中曾指出，所有抛弃哲学的那些人都以这种方式自相矛盾；要不然，他们的抛弃确实是不认真的。一个进行科学思维的人，只要他没有搞清楚哲学的真正目标和意义，他就只能拒绝哲学，因此，不会理解哲学思想的本性。

因此，如果我们希望审视当代生活赋予哲学的任务，那么，我们必须首先对哲学的本性有一个明确的看法。限于篇幅，自然不可能精确而详实地阐明哲学思想的最深邃的真实本质，即哲学的真正本性最终是由什么构成的；在这里，对哲学努力在人类生活中能够和应该达到什么目标，足以获得一种明确的观念。

正如这些迹象已经呈现的那样，哲学绝不是一门具体学科。它不是与具体学科并驾齐驱的，而是在特定的意义上高于它们，可以说，包括了它们。我们这么说，自然不是规定一个次序表或功绩顺序，只是陈述一种逻辑关系。哲学的主题内容是整个世界，而不是世界的某个部分，否则，它就根本没有主题。无论如何，简述这种关系的演变将会表明，哲学不能与科学只有外在关系，更确切地说，哲学与科学形成了一个有机整体，科学的完成仍然依赖于哲学本身的控制。

在萌芽时期，当科学的问题和思想首先在少数人心中产生时，当人们独立于宗教推测——因为宗教推测过程不同于哲学，不是来自理解，而只是来自感情、希望和恐惧——开始反思宇宙的秩序时，那些时候，哲学就是科学本身，或者，如果我们愿意的话，哲学至少是力求走向科学。对于科学精神觉醒之后的几个世纪来说，根本不存在具有不同探索领域的特殊科学，只存在着独一无二的哲学。如果有人追求较高的或理论的观念，或者，钻研远离充满日常世界的为生存而斗争的利益问题，他就是一位智者、一位爱智慧之人、一位哲学家。所以，哲学家与众不同的标志是不同于其他人，他不仅用他的才智服务生活的实践目的；更确切地说，他的目标是研究问题，借助理解，获得自然界中联系的知识。哲学意味着努力引导心智趋向更完善的知识，因而它的最高任务和最终目标是获得人在智力上的成就感。但在这一点上，我们必须强调，哲学不仅仅是科学，同时也不只是如此；正像传统的例子所表明的那样，智者不仅通过他的知识，而且通过他的生活方式，与凡夫俗子隔离开来，因为可以说除了纯粹的技能之外，在生活的各个方面，精神（spirit）总能发挥作用。聪明人的行为被相当特殊的性格所引导和感染。因此，哲学实际上意指不只是追求纯粹智力的完整性；它是以智力完善为手段追求一般的精神满足。

随着知识的不断丰富，知识的范围也不断扩大，因此，即使限于一个特殊而狭窄的有限领域，也能为毕生的事业提供充分的资料；这在后亚里士多德时期尤为明显，而且，随着各门具体学科的彼此分离以及与一般哲学的分离，结果，现在出现了（例如）只在各自的特殊领域内实践而不会主动提出一般哲学见解的医生、天文学家和数学家。

但不同思想领域内的这种学科划分，根本不是真正的分离（如果我可以这么说的话），而只是受个人研究的不同天赋所支配的人为的分离，这种天赋迫使每个人进入最适合其思维模式的领域。就具体学科事实上只服务于理论兴趣而论，它们是真哲学推动的结果，并且，只有当完全排除实践目标而追求研究时，如同在医生和法官中间可能容易发生的那样，我们才会面临着依赖于基础截然不同的人类心智努力的各个分支。尽管这些具体学科也可能最终起源于哲学的推动，但的确不能由此推出，它们也有能力全部满足那种推动的条件。如果哲学等同于所有学科知识的总和，那么，当今，就不可能有任何真正的哲学家，因为对于哲学家来说，这些知识领域数量太多而且纷繁复杂，以至于更不可能共同集中于一个方面；没有人能成就哲学的满足。科学不能剥夺哲学的任务，只能为哲学铺平道路；因为科学本来就是针对部分和具体领域的，而哲学的目标则是整体。今天哲学的最终目标是通过智力完善的过程，达到和谐的精神生活，这并不亚于古代。具体学科促进完善智力，但完整性，即最终的完成，超出了具体学科的权力范围，因为这意味着一种整体的和谐。科学在各个具体领域创造知识，而哲学旨在知识的完整性，从而把科学的结果充实到一个闭合的世界图像之中，并使其纳入人类整个精神生活的框架内。

因此，哲学真正的任务总是相同的：它的目标在于实现和谐的精神生活，就此而言，是通过智力手段可达到的。因此，如果哲学总是有相同的任务要完成，那么，"它的当前任务是什么"这一问题似乎将会得到解决。但是，各种哲学努力必须提出的这些特殊任务，不仅依赖于它们试图达到的这些终极目标，而且当然还很特殊地依赖于在这个时代的精神生活中它们所面临的各种情况，它们的使命就在于坚决完成这些特殊任务。因为这种使命必须利用某些手段，才能接近它的目标，而这些情况决定了这样的手段。

正如我们开始所做的那样，当我们继续沉思哲学与具体学科的关系时，只要科学被考虑为是哲学思想的基础和刺激物，我们因此就必须关注今天科学的发展特征。现在，当前科学实践的最显著特征是其广泛的专业化程度。把事实领域划分成不同的学科，在古代就已经开始，只是今天进展到惊人的地步。劳动分工是如此惊人，以至于个体研究者通常必须把他的全部精力都只投入与所讨论的整个具体学科相比几乎觉察不到的一个小领域。因此在这里，哲学面临一种貌似自相矛盾的趋势。因为当具体学科把所有的领域都划分为具体的小领域、把所有大的一般问题都分解为更容易解答的具体小问题时，哲学事业则驶向完全相反的航线，走向一般和综合，旨在使个别统一起来，并从中寻求似乎能使所有分支和边界都消失的观点。

　　然而，哲学和具体探究的趋势只是貌似相反，因为无论在哪里，只要真正的科学精神能在研究中起主导作用，对当代科学处处如此热情从事的具体问题的研究，就完全代替了对最困扰思考者内心的和使思考者的内心深感焦虑的许多一般问题的关注。对细节的谨慎研究是唯一所追求的，因为这是洞察下列回答的唯一手段：这些回答必须来自大系统的哲学大厦中的构成要素。

　　因此，哲学当今最重要的任务之一是阐释和探索这种模式，凭此，所有的特殊研究最终都从属于真哲学推动的目标。从前，哲学直接绘制朴素的世界图像，呈现给没有受过科学教育的人去感知；现在，哲学能够阐述科学为它提供的世界图像。科学因此剥夺了哲学本身冒险从事的但却不能完成的部分任务。甚至今天，确实肯定仍然有一些人有时沦落为哲学初期的智者，他们忽视科学工作，试图直接绘制朴素的世界图像，借此，他们只从自身发展自己的观念。这样一项事业，在19世纪初还能给人留下印象，当今，已经没有成功的希望；这不是从朴素的人的观念世界里发现的，而是科学提供的现象之间联系的知识，它们是哲学必须研究的资料。因此，一方面，当代哲学家面临着早期时代不了解的首先掌握这些资料的困难任务，不幸的是，这项任务几乎不能以确实适当的方式来完成，因为哲学的最高目标不是要求略知皮毛，而是要求得到某些确实领悟到终极奥妙的科学原理的知识；然而，另一方面，他也能够更有信心地开始行动，因为他在掌握这些资料时要确保他的结论比其他可能的结论有更高程度的可靠性和确定性。

　　现在，在完成科学图像时，哲学不得不以两种方式来进行：如果我可以使用这些术语的话，那就是向下完成（completion downwards）和向上完成（completion upwards）。前者关注的是获得具体学科依赖的基础。因为每一门学科都从某些原始事实和作为基础的假设开始，然后，检验这些假设，研究不同学科相互支持的关系，把假设打造成一个可靠的基础，简而言之，建构基础总是哲学的任务，而关注这一点的哲学学科是知识论。

在现代哲学中，知识论是一个尤为重要的领域，不仅职业哲学家，而且许多科学专家，都活跃在这一领域，因为其成果对于他们具有伟大意义。这些努力由于反对很多观念论体系的夸张陈述导致的哲学推测而长期受到压制之后，在后康德初期已经被遗忘了，这些努力的复兴，在很大程度上，导致了19世纪下半叶开始的哲学的再生。五湖四海的探索者怀着令人振奋的热忱，试图促进哲学的认识论努力，因为在他们中间激发了哲学的需要，迫使他们追求更加完备的基础。有人会说，这里已经获得了伟大的成功，几乎在所有头脑清醒的思考者中间，关于许多观点已经达到一定程度的统一。以前经常拥护的某些极端观点，比如，那些名字熟悉的激进的经验论和唯理论，今天认为已经完全被抛弃了，并且，大体上采纳了更加温和的观点。诚然，在今天认识论思想的学派中，仍然有许多混乱，在某些问题上，还存在着激烈的争论；但使这些有争议的见解统一起来，并排除那些站不住脚的见解，是当代哲学最迫切的任务之一。我认为这项任务是：我们可以公正地希望，在不久的将来会提供更接近的解决方案。因为现在到处都提出了越来越精确的不同立场和问题，所以，其结果会更加追求逻辑的严密性，而且，这些观点及其结果被辨别得越清晰，决定最终落在哪个方向上好像也就越明显，于是，各种观点将会在完全自然而然的那些方向上得到促进。当然，我不能详述这种观点，但我只喜欢举一个有关数学哲学基础研究现状的事例。关于数学基础的公理与假设的意义和起源，的确有非常多的争论。但近年来，由于受认识论动机的诱导，这个争论进入新阶段，人们开始以极大的耐心和精妙的逻辑首先确定先验假设的总集实际上是什么，这是数学真正要做的或有义务要做的事情。找出无意间出错的公理，把它们全部收集起来，进行整理，最终使这种最初模糊的情境变得非常清晰，逻辑之光如此明亮地照亮了所争论的问题，对某些很重要的观点达成一致意见，就对知识论最富有意义的一个问题有了接近的解决方案，然后，使对所讨论的问题只有一种正确理解的那些人相信这一方案。

诚然，在一些领域内，关于学科基础见解的分歧更多，而且在这里，完善基础，使科学大厦的根基似乎与哲学必然要求的根基一样可靠，完成这项哲学任务存在的困难更多。无论如何，哲学将在这种向下完成时自信地努力研究，可能由此希望为科学赋予它的第二项任务创建基础：向上完成，或者，习惯上所谓的形而上学的任务。

我们需要简要地说明这项任务是什么。这就是调整和协调具体学科的成果，能从中产生出一个闭合的融会贯通的世界观的问题。形而上学是这些世界观的理论。人们很清楚，近来，这种形而上学的可能性经常遭到质疑和否定，因为哲学家在构造一个全面的总的世界观时，不得不脱离严格的经验基础，多少要依靠某些不确定的推测。但就此而言，必须做出的回应是，形而上学绝不要求运用比其余学科的方法更具有推测性的其他方法。它们都始于经验，但在某种意义上，甚至精密科学也一定会超越这一点；此外，这得到了其主要倡导者的认同。归根结底，他们不可能在没有对世界观的某些问题提出很确定的清晰立场之前提下，就简单前行。扩展到超越直接经验的外推不仅是可接受的，而且甚至是科学方法的直接要求，只需要形而上学沿着已经开拓的道路谨慎地前进一小步，由此填平鸿沟，弥补错失的联系，赋予世界图像需要去完善的圆满而统一的特征。

我们试图在世界观中掌握事物本性，科学的方向性思路开始于接近这种本性的个人经验和观点。因此，形而上学沿着这些研究思路稍微更进一步，直到不同的趋势好像汇聚在一起为止。它们必须最终达成一致，因为它们指出的事物本性确实是完全一样的，因为只有一个（而不是几个）世界观能够被认为是真正唯一令人满意的世界观。很自然，必须极其谨慎地追求这些方向性的思路，因为既然继续这种隐喻，这些思路的运行就不很清楚，所以，不能全部确定性地评价它们进一步的进程。然而，最重要的是，我们不应该错误地认为，简单地沿着特殊学科的道路前进，不太留意提醒者立下的路标，就有可能坚持一种完美无瑕的世界观，而不是平等地考虑所有这些思路。

当代哲学充满了引以为戒的事例，教导我们在没有评价所考虑的所有学科的基础与成果，以及没有完全掌握科学为哲学处理提供的资料之前提下，不可能成功地建构一个统一的世界观。今天，个别学科的倡导者经常会提出自己的形而上学体系，而且，这个体系几乎总是能轻易地从作为结果的世界图像（即原创者开始的那个知识分支）中推导出来，因为他们是片面的，事实上没有公平地对待丰富的现象。比如，如果我们看一下海克尔（Haeckel）的世界观，很快就会发现，诸如此类的世界观提供了对世界的反思，这只能是在脑海中产生的，完全只定向于方法、定律和所谓描述性学科的思维习惯，而不太熟悉其他学科的原理，对于创造一种世界观来说，这些原理同等重要或更加重要。诸如此类的问题实际上能通过动物学方法来确定，海克尔的判断总是值得听取的，但在其解决方案的问题上，其他领域详细的基本知识是非常必不可少的，因此，他马上就误入歧途。例如，他在谈到物理学问题的地方，明显经常没有正确了解这门学科的原理，结果，随后的形而上学没有达到必须从物理学的观点利用世界图像的要求；并且，当自然哲学家的表达大意是说所谓的一元宇宙学证明了时空实在性的见解时，同样显示出对认识论原理的误构，这对他依据的形而上学陈述的有效性来说，也具有致命的后果。

很类似的缺点体现在其他自然科学家的形而上学体系中，例如，赖因克（Reinke）的形而上学体系，他的学说要点在其他方面与海克尔的正好相反。当植物学家植根于植物生理学概念时，他把整个宇宙过程解释为类似于发生在植物身上的那些过程。正如对他来说后者似乎是由某些目的论的力量所决定的一样，他也假定，在这个世界上，宇宙运行的原因被认为，在很大程度上，与他称为"显性性状"（dominants）的那些目的论的力量一样。根据这种类比，他创建了一种世界观，但当我们试图沿着其他学科采取的思路讨论时，这种世界观好像成为片面的和站不住脚的。同样在赖因克的例子中，当他坚持认为，我们的观念都只是对事物本身的相对正确的复制时，我们也发现需要关注认识论，因为否定这一命题实际上是科学哲学的第一步之一。

如同海克尔一样，我们也在这位自然哲学家的身上发现了没有充分掌握物理学原理的许多迹象，这自然不能说支持了他的体系的完整性。许多哲学家或哲学化的科学家试图通过把自然或精神生活的每一个领域都说成是服从一个无所不包的原理，寻找达到一种统一的世界观。这样，对于斯宾塞来说，进化观念是唯一可取的原理，尽管就其本质而言，实际上它只能被成功地应用于某些生命现象；无机界只能以完全被迫的方式服从它。对于奥斯特瓦尔德来说，能量守恒原理起到了同样的作用。现在，这的确是一个全面的普遍原理，但是，这种能量的形而上学——当作奥斯特瓦尔德真正关注形而上学的视角——无法提供一个能真正符合真理探索精神的全面完整的世界观。因为他从化学家的角度片面地理解世界，用能量看待万物的本质，把世界里的所有过程都解释为纯粹的能量转换，由此，他不考虑他的世界观必定依然没有解决的一系列问题。然而，世界既不能根据植物的类比来被彻底理解，如同赖因克无意中试图做的那样，也不只是能量转换时所涉及的一个化学系统。

由自然科学家逐渐形成的这些世界观与（比如说）哲学家奥伊肯（Eucken）的体系相比，是多么迥然不同！他的出发点是人文科学，而且，细心观察他的哲学的人，很快会发现这一点。他不是反对自然科学的世界图像，而是很少留意，因此，他的形而上学只令人满意地叙述了实在的某些方面，不是全部，因而不能被认为是一个完整的回答，不比费希特的观念论更完整，奥伊肯的观念论与费希特的观念论有某种相似性，或不比刚才提到的片面的科学体系更完整。然而，如今还有一些世界观，它们的作者出色地掌握了迥然不同的科学原理，必须从这些科学原理开始建构一般体系。不过，即使在这里，也有片面的观念阻碍得到真正的完整性。例如，这体现在爱德华·冯·哈特曼（Eduard von Hartmann）的哲学中，他的无意识的形而上学只能被非常人为地调整到貌似包括了所有实在的多样性。

形而上学，几乎与爱和客观性一样，追求根据各门学科提供的基础达到共同目标，对于这种形而上学来说，我们可以看一下冯特（Wundt）的体系：它呈现了一种大体上片面维持的完整性，尽管有人一定会说，在许多观点上，它希望达到最终的深刻性，舍此，形而上学就不能满足好问精神。

但我希望结束这种批判性评论。毕竟指出缺陷是很容易的，我们的时代通常在批评方面很有成效。但是哲学史告诫我们，当诸神构造自己的体系时，能贯穿尖锐批评的那些思想，通常好像被它们所抛弃。我只希望以这种否定的方式证明，今天仍然面临形而上学事业的任务是何其之多，通过把现存体系中为真的元素和有用的元素结合起来，是否能完成这些任务，或者，是否需要还无人能提出的相当新的观念，或者，是否必须首先发现完全新颖的和令人吃惊的事实，没有事实的知识，最终的解决方案是不可能的——这件事没有人能说清楚。但这在很大程度上是确定的：即使最初的希望不大，哲学也不能停止坚持不懈地从事完成科学的世界图像的工作。

而且不只是科学的图像。因为一般的世界观必须不仅包含科学的推动力、人类精神的智力因素，而且包含借助于它们的情感因素；除了存在领域外，这也必须包含价值领域。简而言之，哲学开始不仅与科学，而且还与文化，有着最密切的关系。正是与文化的这种紧密关系，使得今天哲学的作用如此格外地重要，而且如此一般地参与其中，结果不仅对于学者而言，而且对于受过教育的普通人来说，哲学成为人们极其感兴趣的一个话题。像在古代一样，今天的哲学又一次不只是一门学科，而同时多于此；它与生活有密切关系，并在许多观点上，形成了它与科学之间的纽带。

大约 10 年前，我曾说，柏林哲学家狄尔泰表达了在对哲学兴趣极增时他的喜悦，这件事发生在 19 世纪和 20 世纪之交，体现为参加哲学讲座的人数骤增。现在，最重要的是，在狄尔泰的见解中，这种渴望哲学启蒙的可喜热潮可追溯为两个原因，并且，这两个原因被贴上了社会主义和尼采的标签。在这里，我们不会探讨，在重新激起人们对哲学问题感兴趣的大量措施中，其他因素所起的作用是否相同——我已经指出，科学已经看到了新哲学精神的爆发，这再一次全力以赴地逼近许多问题——但是当一位有如此非凡历史才能的思想家，特别强调这两种因素的重要性时，肯定事出有因。

事实上，正是总被贴上社会主义和尼采标签之类的这些现象，最明确地激发了大众的自我意识，大众由此而对哲学感到好奇。它们是与人类生活条件建立了最密切关系的文化现象，它们的分歧最终也对个人生活产生了有力的影响。它们涉及人人都能思考的价值问题：关乎自身，与具体的科学问题完全不同，就其本身而言，实际上，只能强烈地唤醒少数人。甚至对于科学家来说，这是一个实践问题，也就是说，与精神和文化生活相关的那些问题，最终是最重要的，因为它们无论在哪里都是首要问题；毕竟，因为人即使在他思考的范围内，也是能动的存在者，而且，在评价时，不是在理解时，行动总是有它的最终依据，理论在这里只起到次要的作用。因此，在价值领域，在其最重要的诸方面，一定会有精神满足，精神满足是所有哲学的最终目标。总的来说，在这些方面，它是人类的事情，不只是学者的事情。确实，从事文化工作所用的手段总是以智力为特征；在这方面，哲学不同于艺术和宗教，艺术和宗教一定存在于情感领域，而且，如果它们试图转移到理解的领域，那只会自取灭亡。

于是，哲学如果在价值领域（即文化领域）内进行，这项工作又会如何呢？像尼采和社会主义之类的词语是为文化福利而战的呐喊，并吸引大众聚集在哲学的自我意识的旗帜下，如果真有其事，那么，我们只有弄清楚这种呐喊的意义，才能获得对很多生活问题采取积极态度的哲学方式的标志。在我们这个时代的志向中，这两个词语表达了两种完全相反的趋势。对于社会主义而言，一句话，社会是至高无上的，在其主要方式中，它倾向于民主理想；对于尼采而言，个人是至高无上的，他热情地捍卫贵族的理想。两者都涉及生活观，谨慎的人可能会认为它们是片面的和错误的；但两者都赞同，它们在面对生活现实和理想时，都在提供指导思想，尽管两者也从相当不同的几乎是相反的方向想象自由。

然而，在纯粹精神的意义上，自由意味着对所有已接受的价值持有完全无偏见的态度，即独立于所有的权威。这也是一切哲学的前提条件。可以正确地说，在我们这个时代，哲学开始于敬意终止的地方。除了理由之外，哲学精神确信没有别的权威；不管是大多数人的见解，还是最出色之人的见解，它一定同意没有什么因此而得到调整。只是因为这个缘故，从《圣经》和亚里士多德的著作中理解至高权威的中世纪思想家根本不是真正的哲学家。

因此，力争精神自由本身已经是通向哲学的重要一步，也是进入哲学的一种好方式。我们能够看到，表达这种奋斗的文化趋势一定非常有利于哲学兴趣的猛增。但文化和一般的精神与道德生活需要这种精神自由，才能得到发展，因为这是所有先进文化和生活质量与设想所依赖的伟大过程的必要条件：自尼采以来，这个过程最好被描述为是对价值的重估。现在，这个术语的原创者肯定误以为，这样一种重估好像是突发现象，即一个人尽可能独自介绍和付诸实施的现象；实际上，历史告诉我们，这是一个很缓慢的必然会发生的不断进步的过程，这个过程由于相当例外的个性和诸事件，只能偶尔承受速度或方向的轻微变化，通过一种变化，文化史或一般历史的特殊阶段就会彼此分离开来。因此——即使许多人不愿承认它——构成我们现代世界基础的价值领域，完全不同于孕育了古典文化的那个领域；我们通过整个系列的价值重估，使我们与这个阶段分离开来，比如，只提到几个例子，基督教的传播、文艺复兴、宗教改革和科学世界观的曙光，等等。

但在价值领域，沿着精神完整（spiritual completeness）的道路每前进一步，都有特定的精神自由作为必要条件；因为只有当我们不受价值的支配时，我们才能目标明确地有创新地面对价值，如果这些价值构不成绝对权威，如果我们在价值方面是自由的，那么结果是，在某种程度上，我们为了权衡价值，就会摆脱价值。因此，如同我所表明的那样，哲学，就其本性而言，意味着自由、解放和独立，正是只有从这种哲学立场出发，我们才能在这种情况下采取最有利的立场想象生活和文化的很多事情，这些事情的解决方案落在了我们这一代人的身上。

但主要问题就产生了：哲学在这些价值重估的过程中能够吸收哪个积极的、主动的部分呢？如果我们回想起最初对哲学的定义，就会明白，哲学在本质上是领悟力的问题；它必须在每一种情况下都借助于理解，才能对评价产生影响，不同于艺术和宗教，因为艺术和宗教直接有利于人类精神的情感面。因此，哲学在这个领域内的首要任务在于把文化发展和价值重估的过程转变为有意识的过程，在于辨别其本质和各种动机。所以，如果没有人能够完全清楚在他们的文化中发生了什么，以及实际上真正发生的发展方向和最终目标是什么，一般而言，这就或多或少是本能地或盲目地进行的。然而，哲学意识也马上试图确定这个目标和方向本身。伟大的思想家不甘于只是理论思辨，他们的哲学也不断地力求成为塑造生活的向导；而且，历史向我们表明了如何能做到这一点。古典哲学学派，比如，毕达哥拉斯学派、伊壁鸠鲁学派和斯多葛学派，事实上，与生活行为的定向联系和与科学探索的定向联系，起码是一样的，而且，苏格拉底的个性提供了一个重新评价哲学家的最杰出的事例。古代这样的例子很多，在现代，不会如此轻易地找到类似的现象，这是一个值得思考的原因，而且，显示了当今生活哲学的困难任务。

现在，如果哲学家试图与他那个时代已接受的主流文化相反，任意提出新发明的价值，将是徒劳的——毕竟，这是尼采所犯的错误之一；哲学家只能表明新的价值，并揭示它们同生活的联系，他不能创造新价值。哲学只能阐明已经嵌入人性之中的价值，并为它们确定必要的适当的发展路径。在真正意义上，新价值的创造既不受哲学家本人即思想家的影响，也不受伟大的诗人、艺术家、宗教领袖乃至发现者的影响，通常所有这些人都被看成是创造文化的真正力量。他们只是唤醒沉睡的价值，把隐藏的价值置于能够被理解的地方，或者，指出通向它们的新道路。然而，哲学家通过探索作为仲裁者的价值和作为评判员的文化来主张权利；艺术家、宗教领袖或其他空想家的那些创造，不仅起源于智慧的迸发，还必须在理解的裁决面前能够证明它们的合法性。

毋庸置疑，当前在很多领域内发生的价值重估，特别需要面向最一般的哲学观。这也与今天的精神和物质生活的碎片化及专业化相联系。只不过，我们的纵横交错且多种多样的文化，为了滋养它的存在和坚持它的内在联系，需要具备人类花费大量精力才能创造和维系的许多途径，并且，成为无数人甚至是整个人类的毕生事业。通过这种方式，文化途径变成了这样一个人的生活目标：他的视域狭隘，他失去了开阔的眼界，他对目标和存在意义的设想必定是混乱的，他的生活价值观是虚伪的和扭曲的。在评价我们的现代文化时，人们通常习惯于谈到它的伟大技术成就，谈到无线电报、飞机等；但是，人们经常忘记，所有这些东西只是工具，显然不是最终目标，目标在本质上总是精神的，它们位于人类的灵魂深处，因为所有物质上的改善，对他们而言，只具有重要性，最终，被认为是他们的主观精神状态的前提条件。对最终目标的反思，对当代文化中途径、目标和价值之间真正内在关系的考虑，是如此盘根错节——这是我们这个时代的实际需求，可惜人们甚至经常意识不到这一需求，这是名副其实的哲学任务。

这不可能通过源于预先形成的形而上学观点的简单方案如此轻易地加以完成，正如叔本华在他终于完全否定了生活的绝对价值时，仍然试图做的那样。这样一种悲观的生活观不可能长久地占据人心。它可能让我们着迷一时，但不可能使我们满意地作为解决很多问题的实际方案。如今的生活观不能立刻以异想天开的方式加以创造；它们只有基于严格的检验，最终意味着基于科学的基础，才能获得长期的赞同。但是，在价值领域内，这样可靠的基础只能由心理学提供，因为心理学的主题在于研究精神生活，也包括价值在内，情感的流露和别的什么都可以最终决定人的思想与行动。基于这种心理学的基础，就产生了真正的价值科学：艺术和审美的哲学，或者美学；以及行为和道德的哲学，或者伦理学。

这些学科处理的几乎所有问题都是在个人的日常生活中起主要作用的问题。现在，伦理学和美学研究长期以来一直在热情地追求心理学基础，因而人们假设，在这里，哲学应该继续对生活产生极其强大的直接影响。但实际上情况并非如此。美学迄今不能对本领域的人所追求的伟大目标做出非常直接的贡献：让美感充满整个生活，以至人们对有损大雅的文化零容忍。

但更确切地说，高雅教育似乎同时完全是实践艺术的工作，而不是理论工作。甚至到目前为止，哲学的伦理学为了能够令人欣慰而满意地表明这种影响，真的能够使这些强烈的动机直接展现在共同体的实践生活中。大多数人在某种意义上甚至敌视科学的伦理学，因为乍看起来，它的结果好像不符合人性的需要。当然，似乎情况只能这样，因为哲学从来不会剥夺人们伟大的高尚理想，而且，在表面上摧毁了这些理想的地方，实际上，反而只能建立更高级和更出色的理想。

但是，由于生活条件极其复杂，伦理学和美学对实际形塑当代生活的直接影响越来越小，这是毫无疑问的，这使得有才智的人不能在这个领域内竭力追求需要对实际细节问题有直接可应用性的那种深邃的洞察力；这只达到了似乎远离实践的一般原则和观点，但不能立即实现。

不过，不应该忘记，无论如何，哲学关切对很多生活问题产生的间接文化影响可能是巨大的。实际上也的确如此。因为把上面的普通观点提升到哲学高度，导致了明确的精神格调，并提供了一种最终有益于所有文化事业，特别是，为完善人的审美和道德留有余地的自由展望。科学、道德和艺术，真、善和美，以这种方式，在它们的发展中，最大限度地间接地依赖于哲学。

今天的人类由于其浮躁繁杂的文化，比通常更需要一个主流的统一世界观和坚定明确的生活构想；在它提供这一点的程度上，哲学使它的最后和最高任务更接近解决方案——为现实人的精神和谐做出它的独特贡献。

附录三　塞尔与德雷福斯之争

第一节　现象学的局限性^①

〔美〕约翰·塞尔

本节主要评论德雷福斯（Hubert L. Dreyfus）对海德格尔的讨论。为了使讲英语的哲学家能够理解海德格尔的著作，德雷福斯所做的工作可能多于其他任何讲英语的评论者。大多数英美传统的哲学家似乎认为，往好里说，海德格尔是一位故弄玄虚的糊涂虫，或者，往坏里说，他是一位顽固的纳粹分子。德雷福斯试图以绝大多数讲英语的哲学家能够理解的语言，有用地陈述了海德格尔的许多观点。就此而言，我们大家都感谢他。

在他的关于海德格尔的书中，他运用的修辞策略之一是，不适宜地把我的观点与海德格尔的观点进行了对比。然而，他不断地误述我的观点，而且，我认为他的误解并非偶然。德雷福斯真的难以理解我的立场，因为他认为，我未能想办法去做现象学。他似乎认为，对意向性的分析在某种程度上必须是现象学的，并且，他也似乎认为，对于意向性而言，只存在两种可能的普遍进路：胡塞尔的和海德格尔的。既然我显然不喜欢海德格尔，所以，他设想我的观点一定类似于胡塞尔的观点。我确信他读过我的著作，但是，他似乎以为，他已经先验地理解了它，也许我应该更确切地说，他总是已经理解了它。他的讨论所揭示的一个问题是，我在一定程度上所从事的逻辑分析活动基本上不同于他所描述的现象学。在逻辑分析中，现象学充其量是第一步，但只能是第一步。在发展他所赞成的海德格尔的观点时，我认为，他无意中揭示了现象学方法在哲学中的局限性。对于现象学来说，就行动者而言，事情好像怎样，"让事情呈现自身"^②，是极其重要的；但是，对于逻辑分析来说，这只是第一步。

我必须马上说，我并没有阅读很多胡塞尔、海德格尔或一般现象学的

---

① 约翰·塞尔，美国加州大学伯克利分校哲学教授。本节由笔者和赵峰芳翻译，曾发表于《哲学分析》2015 年第 4 期。

② Dreyfus H L, *Being-in-the-World*: *A Commentary on Heidegger's Being and Time, Division 1*, Cambridge: The MIT Press, 1991, p. 32.

作品，以至于对其真实的内容没有形成一种可理解的看法。当我说"海德格尔"时，我意指"德雷福斯描述的海德格尔"，对于"胡塞尔"和"现象学"也是如此。

本节主要有四个部分。首先（最令人厌烦的一部分），我将纠正一些（并不是所有的）对我的著作的误解。其次，我将批评海德格尔—德雷福斯对于熟练应对（skillful coping）的说明，因为我认为，那是不一致的。再次，我将设法表明，他们所践行的现象学方法特有的那些弱点。最后，为了考察这些问题，我将尝试把我的方法与德雷福斯描述的现象学方法进行对比。

因为我的某些努力是纠正误解，所以，重要的是我不要误解德雷福斯。他已经欣然同意检查每个解释，以确保我没有误用或误传他的观点。他赞同，或者至少在最初发表时赞同，我归之于他的所有观点。

一

德雷福斯系统的误解的一个早期例子是他的这一主张：我把意向性认为是"具有精神内容的有自制力的主体（内在的）与独立客体（外在的）"之间的一种关系[1]。德雷福斯也称为是意向性的"主体—客体"概念。[2]应该令他担心的是，我从来没有使用过像"有自制力的主体"之类的表述（事实上，我很不确定它是什么意思）；我也没有把我自己的观点刻画为"主体—客体"概念。还应该令他进一步担心的是，我明确表示反对内在和外在的隐喻。他所描述的观点并不是我的观点，而且，确实与我的观点不一致。在我看来，理解意向性的关键是由意向状态的内容和使意向性起作用的能力背景（background of capacities）所决定的满足条件（conditions of satisfaction）。你从德雷福斯对我的观点的拙劣模仿中根本无法理解这些核心原理。你也得不到这样的观念：在我看来，现象学未必揭示了满足条件或背景。

在另一个误解中，当描述我的背景概念时，德雷福斯说：塞尔仅有的两个选择是"主观意向性"或"客观的肌肉的机理"[3]。但是，背景当然既不是主观意向性也不是客观的肌肉的机理。德雷福斯还继续说，我的两个

---

[1] Dreyfus H L, *Being-in-the-World: A Commentary on Heidegger's Being and Time, Division 1*, Cambridge: The MIT Press, 1991, p.5.

[2] Dreyfus H L, *Being-in-the-World: A Commentary on Heidegger's Being and Time, Division 1*, Cambridge: The MIT Press, 1991, p. 105.

[3] Dreyfus H L, *Being-in-the-World: A Commentary on Heidegger's Being and Time, Division 1*, Cambridge: The MIT Press, 1991, p. 103.

范畴是心灵和身体。这也是他做出的异常错误的断言，因为在我的生活中，我多年来一直在设法克服身心二元论。

继续列举，在另一个惊人的误解事例中，德雷福斯说，在我看来，只要我断定，我正看到一幢房子，或者，我正在拿盐，我就在履行一种心理解释。这与我的观点简直是南辕北辙。对我来说，按照本义去理解解释行为的情况相当少见，而且，这些情况不一定是拿盐或承认一幢房子的大致特征。不过，他说，"根据胡塞尔和塞尔的观点"，只要存在一种意向关系，就一定存在一种"进行接受的自我"。①我从来没有用过像"进行接受的自我"之类的表述，坦白地说，我并不知道德雷福斯指的是什么。他说"我一定会向我自己描绘，我的身体的活动注定会带来一种特殊的事态"，而且，他把这描述为是"主动赋义"（active meaning-giving）。②这些概念与我的思维方式无关，并且，正如我们在下面将会看到的那样，"向我自己描绘事物"真的完全不同于我具有的作为心理表征的意向状态的概念。

德雷福斯说，"根据塞尔的分析，所有的行为都伴随着一种行动体验"③，这更不对。首先，我明确否认，所有的行动都需要行动的体验。④但其次，当它们确实发生时，这些体验并不是一种"伴随物"。这一点很重要，稍后我会更详细地加以阐述。他再一次说，按照塞尔的观点，"当我们找不到引起行动的意识信念和愿望时，我们有理由假设，它们包含在我们的说明中"⑤。我没有做出过这样的断言，确实，我明确否认，先有意向状态，然后才有所有的行动。

还有，德雷福斯误解我的观点的另一个事例是：他说，"正如我们所看到的那样，海德格尔也会反对约翰·塞尔的这种主张：即使在没有愿望时，我们心中也一定会拥有满足条件"⑥。"心中拥有"完全是德雷

---

① Dreyfus H L, "Heidegger's Critique of the Husserl/Searle Account of Intentionality", *Social Research*, Vol. 60, No. 1, 1993, p.34.

② Dreyfus H L, "Heidegger's Critique of the Husserl/Searle Account of Intentionality", *Social Research*, Vol. 60, No. 1, 1993, p.33.

③ Dreyfus H L, *Being-in-the-World: A Commentary on Heidegger's Being and Time, Division 1*, Cambridge: The MIT Press, 1991, p. 56.

④ 参见 Searle J R, *Intentionality: An Essay in the Philosophy of Mind*, Cambridge: Cambridge University Press, 1983.

⑤ Dreyfus H L, *Being-in-the-World: A Commentary on Heidegger's Being and Time, Division 1*, Cambridge: The MIT Press, 1991, p. 86.

⑥ Dreyfus H L, *Being-in-the-World: A Commentary on Heidegger's Being and Time, Division 1*, Cambridge: The MIT Press, 1991, p. 93.

福斯的发明，而且，他没有提供引用页码，这并不令人惊奇。他继续说："现象学的考察确证，在各种广泛的情形中，表征状态的恒常伴随物（contant accompaniment）详细说明了行动所要达到的目的，在没有这种表征状态的恒常伴随物的前提下，人类是以有条理的目标方式与世界相联系的。"①所举的事例都是像滑雪或弹琴之类的技能性活动。

他基于对我的观点的彻底误解所进行的评论，暴露在这样的批评中："如果行动者的心中没有目的，那么，活动可能会是有目的的。"②确实如此。但是，为什么他会认为，在我看来，目的性必须是行动者"心中拥有"的东西呢？

关于"恒常伴随物"、"心中拥有"以及"心理表征"的这些误解都是重要的误解，而且，我确实相信，对于理解德雷福斯对我的观点的说明有什么错误和他自己的海德格尔理论有什么错误来说，这些误解都很关键。他认为，当我说一种意向状态表征了它的满足条件时，我把表征认为是一种"心中拥有"的东西：我的活动的一种"恒常伴随物"。他之所以这么认为，是因为他假设，如果存在表征，那么，它们必定是现象学意义上的存在。但这根本不是我的观点。对我来说，表征不是本体论的范畴，更不是现象学的范畴，而是一种功能的范畴。正如我在《意向性》一书的开头所说的那样，"我根本没有在本体论上使用'表征'概念。它只是从言语行为理论中借用的那些逻辑概念的简称"③。

当我正尝试做某事时，除了尝试之外，表征大概不是一种恒常伴随物，相反，这种尝试恰好是我所要达到的（在我的意义上的）表征，因为它确定了什么算作是成功、什么算作是失败。德雷福斯固执地声明，在我看来，行动中的意向引起了行动。但这不是我的观点。我认为，行动中的意向是行动的一部分。它是行动的意向部分，正是行动的这一事实使得行动成为意向的。稍后我会更详细地阐述这一点。

简而言之，德雷福斯试图把我解读为好像是一名现象学家，然后，给定现象学中的选择，他试图把我解读为好像是胡塞尔，进而他把胡塞尔的行动理论解读为是假定了一系列更高阶的心理表征，作为所有意向行为的

---

① Dreyfus H L, *Being-in-the-World: A Commentary on Heidegger's Being and Time, Division 1*, Cambridge: The MIT Press, 1991, p. 93.

② Dreyfus H L, *Being-in-the-World: A Commentary on Heidegger's Being and Time, Division 1*, Cambridge: The MIT Press, 1991, p. 93.

③ 参见 Searle J R, *Intentionality: An Essay in the Philosophy of Mind*, Cambridge: Cambridge University Press, 1983.

"恒常伴随物"。因为德雷福斯认为，我未能想办法做现象学，所以，他的误解是系统性的。当我说"表征"、"满足条件"、"因果的自指称性"和"行动意向"时，他认为，我是在谈论行动者的现象学。我不是。我是在讨论意向现象的逻辑结构，而且，逻辑结构通常不会浮现在表面，即只通过现象学，它通常不是可发现的。

顺便指出，德雷福斯时常批判胡塞尔的行动理论，并且说，它多么类似于我的行动理论。但是，他从来没有从胡塞尔所谓的行动理论的著作中引用过任何段落。如果能理解胡塞尔原创的行动理论，那么这是令人高兴的。我很无知，甚至不知道，胡塞尔有一套完善的一般行动理论。在他的许多著作中，他是怎样提出的这套理论呢？有时，德雷福斯谈道，好像胡塞尔会有或可能会有某些观点像是我的观点。这可能是他把（我的）行动理论打造成是归之于胡塞尔的吗？我不得不说，如果这是德雷福斯所主张的观点，那么，对我来说，这似乎不太负责任。人们不能说另一个作者他会说什么或可能说什么，人们应该只讨论他实际上说了些什么。

正如我提醒读者的那样，只列出对我的观点的误解名单，是令人厌烦的。有兴趣列出这个名单，来自这样的事实：它揭示了做哲学的两种方式之间的区别，并且，德雷福斯是如此执着于现象学以至于他简直不能明白我不是在做现象学。我在其他方面是在进行逻辑分析，而且，这项事业完全不同于现象学。他的误解是，好像有人认为，罗素的摹状词理论做出了这样的断言：说"法国总统是秃顶"的人，一定"心中拥有"作为一种"恒常伴随物"的存在量词。罗素分析了语句的真值条件，并且，在这项事业中，说话者的现象学在很大程度上（尽管不完全）是不相关的。我把超越语句与言语行为的逻辑分析方法扩展到分析信念、愿望、意向、感知经验和意向行动的满足条件；而且，扩展到与现象学在很大程度上（尽管不完全）是不相关的这项事业。但是，如果你不超越现象学，你将不会揭示这些现象的逻辑结构。正如我们在后面将会看到的那样，海德格尔派的现象学并不在于它如此之多的错误，而在于它的肤浅和不相关性。

正如我所说的那样，最后的这个误解——意向性是人们"心中拥有"的一种"恒常伴随物"，也许是德雷福斯整本书的关键所在，因此，我想用这本书来引出更重要的讨论部分。这本书的一个主要论题是，把我的理论与海德格尔的理论进行对比：按照我的理论，意向内容在引起身体活动和其他满足条件时起到了原因的作用；根据海德格尔的理论，除了极少数的异常情况之外，根本不存在这样的内容。简言之，德雷福斯反复对比"熟练应对"与意向行为。下面是有代表性的一段：

约翰·塞尔像布迪厄（Bourdieu）一样认为，在社会科学中形式的因果性描述一定是失败的，但是像胡塞尔一样坚持认为，问题在于，意向的心理状态在人类行为中起到了原因的作用，因此，必须被接受为是对任何人类科学的说明。但是，正如海德格尔和布迪厄所强调的那样，既然人类的许多行为，在不需要心理状态（也就是，信念、愿望、意向，等等）的前提下，也能够而且确实作为一种持续的熟练应对发生了，那么，为了在人类科学中寻找对预言的基本限制，意向的因果关系似乎并不是一个正确的出发点。关键在于，即使不包括意向状态，人类所挑选出的客体的特殊类型，也依赖于不是可表征的背景技能。①

我相信，这一段在许多方面是错误的。我没有主张，在社会科学中进行的因果分析一定是失败的。相反，我坚信，意向的因果关系，对于理解社会现象来说，是正确的分析工具。我没有拒绝形式的描述。相反，我把形式的数理经济学看成是 20 世纪社会科学的伟大智力成就之一。稍后我将更加详细地阐述这一点，但现在，我打算聚焦于它的核心断言。这一段和其他段落共同强调的是，在"持续的熟练应对"行为与"包含"心理状态的行为之间做出对比，并且，一般的断言是，正常的行为根本不包含任何心理状态。就此而言，一个明确的反对意见是：只在下列问题的意义上，持续的技能性行为"总是已经"包含了心理状态，这样的行为可能是成功的或失败的，并且，成败的条件是内在于所考虑的行为之中的。我现在转向探讨这种观念。

二

阅读德雷福斯著作的任何一个人都会有这样的印象：他一定花费大量的时间来打篮球和打网球，而且最重要的是，钉钉子。但是，作为伯克利大学的同事，我了解他，所以，我会说，他醒着的大部分时间是在阅读、写作、谈论和讲授哲学等问题。现在，这在某种程度上是重要的，因为对于德雷福斯来说，他的"持续的熟练应对"几乎全部是语言学的。确实，我刚才引用的那一段接下来的部分，是德雷福斯研究持续的熟练应对的一个典型事例。因此，让我们试着把德雷福斯对熟练应对的说明应用于这个

---

① Dreyfus H L, *Being-in-the-World: A Commentary on Heidegger's Being and Time, Division 1*, Cambridge: The MIT Press, 1991, p. 205.

范例：在那里，熟练应对体现在熟练应对理论的陈述中。按照德雷福斯的观点，我们应该接受，当他写这一段时，很可能也是在他改写、编辑和校对这一段时，他没有任何心理状态：没有"信念、愿望、意向，等等"。坦率地说，我发现这种观念是不值得讨论的。我相信，当德雷福斯写这一段时，他确实是有意这么做的，也就是说，他有意写了这一段。此外，我认为，他写出这一段时，"坚信"这是真的，而且，有一个"愿望"说出他所说的事情。在形成这一段时，如此"包含"了像信念、愿望和意向之类的心理状态，以至于要是他没有这些心理状态，他就根本写不出这一段来。然而更糟糕的是，我相信，所有的这种熟练应对都是有意识的。

难道他真的想让我们接受，在他写这一段的持续的技能性行为中，没有包含信念、愿望、意向，等等吗？对我来说，这看起来像是一个意向的心理行为的范例。在哲学史上，似乎很少有人如此自我否认地提出一种观点。绝不是对比熟练应对的行为和意向行为，而是他自己在语言方面的熟练应对的事例，举例说明了意向行为，并且，因为这个事例在于言语行为的完成，因此，他的熟练应对表达了信念、愿望和意向。

那么，这里发生了什么呢？为何德雷福斯的理论会与他的实践如此不相符呢？我认为，这种说明就是我以前所建议的说明。他认为，如果心理状态是被"包含的"，那么，它们一定是在现象学意义上作为一种"恒常伴随物"被包含的。他的图像是，熟练应对像是一位女高音歌手在唱歌，心理状态像是钢琴伴奏，而且，他在有生之年无法弄明白，为什么我似乎是在说，如果没有钢琴伴奏，就没有女高音歌手能够唱歌。这说明了他在试图陈述我的观点时为什么会用生硬的词汇。他说："我必须告诉自己，我的身体活动意味着导致了一种事态"①。如果这意味着什么的话，那一定是意味着，我有更高阶的思想，它们是我的意向行动的恒常伴随物。但是，这并不是我的观点。有时，女高音歌手只是（故意地）歌唱。

这样，有人可能会说，举语言的例子是不公平的。也许，德雷福斯并没有向我们意指，把言语行为考虑成是一种形式的熟练应对。也许，它们是一种例外的情况，他只是要用"熟练应对"来掩盖前语言的情况。这种出路的问题是，几乎所有的人类行为，当然包括他所列举的那类例子，都渗透着语言。如果没有负载语言的活动，那么，你就无法打篮球或打网球。首先，在这些活动中，球员们必须不断地相互履行言语行为，并且，还有

---

① Dreyfus H L, "Heidegger's Critique of the Husserl/Searle Account of Intentionality", *Social Research*, Vol.60, No.1, 1993, p.34 .

许多其他象征性的成分。例如，篮球运动员必须知道分数，他必须知道，他属于哪一个球队，他必须知道，进行哪一种游戏，他们是分区防御，还是一对一防御，进攻时间还剩多久，比赛进行了多长时间，还有几次暂停，等等。所有的这些知识都是球员"熟练应对"的一部分，而且，这全部是以不同方式的语言来表达的。

我自己关于意向性的工作，直接来源于我关于言语行为的工作，因此，我从未想到过这样的观念：你能考察意向性，而全然忽视语言。

牢记所有这些内容，让我们看一下，关于像打网球或打篮球之类的事情，德雷福斯说了些什么。下面就是德雷福斯所描述的网球运动员的样子："我们不仅觉得我们的运动是由知觉条件引起的，而且它是由这样一种方式所引起的：它限于减少对满意形态（satisfactory gestalt）的偏离感。现在，我们会补充说，那种满意形态的本质是无法被表征的。"[1]

我认为，任何一位临床医生都会说，德雷福斯描述了这样一位聋哑网球运动员：他似乎还在遭受海马体的双向病变的折磨，这使他没有比赛的全局感。考虑在德雷福斯描述的网球运动员与现实生活之间的对比。设想在现实生活情境中，网球运动员刚好搞砸了这场比赛，教练问他："到底发生了什么事？"那么，他会说什么呢？他会说："教练，这不是我的错。我没有闯祸，更确切地说，我的运动是由知觉条件引起的，而这些条件未能减少对某种满意形态的偏离感，在这里，满意形态的本质是无法被表征的吗？"

或者，难道他说类似于这样的话："教练，我正在唐突地击落地球，因为到第五局时我实在太累了。而且，当我的注意力开始不集中时，我无法获得我的第一次发球吗？"德雷福斯所举的例子存在的问题不在于它是错误的，而在于它是离题的，因为它未能达到这样的层次：当网球运动员（还有篮球运动员、木匠、哲学家）在进行"熟练应对"时，他们是在有意识地努力做事。网球运动员首先是努力赢球，并且，例如，他尽力通过击中有难度的发球，以及接打更接近于底线的落地球来获胜。所有这一切都是意向性的，全都包含"信念、愿望、意向等"，而且，所有这一切都被德雷福斯遗漏了。

既然这是我与德雷福斯之间的一个重要问题，让我来陈述一下，我所认为的一位通常参加锦标赛的网球运动员的心里在想什么。一位典型的竞

[1] Dreyfus H L, "Heidegger's Critique of the Husserl/Searle Account of Intentionality", *Social Research*, Vol.60, No.1, 1993, pp.28-29.

技网球运动员具有下列类型的意向内容：首先，他和他的教练必须共同决定，他应该参加哪几场比赛。这带来了无休止的讨论。没有意向的内容吗？最后，他们决定了某一场比赛，而且，他上场了，表现出更多的意向性。关于如何到达赛场，乘哪一辆车，谁开车，等等，也有无休止的争论。此外，比赛的网球运动员对他所对抗的对手更感兴趣，他和他的教练将会很认真地计划他的网球策略。所有这一切计划，从头到尾，都负载着意向性，直到他怀着极其紧张和焦虑的心情走进赛场。现在，我们实际上是在比赛中。德雷福斯描述了什么呢？根据他的描述，网球运动员的体验是这样的："我只是通过我在球场上体验到的紧张形态使我运动。"

下面是我所认为的很可能更像是他心中经历的那种事情："我应该能打败这个家伙，但现在，我在第二盘中落后两局。第二盘我发球，他以五比三领先于我，分数是40/30。我最好获得这次发球，因为我不希望在这一局打成平手。"所有这一切，我认为是"一闪而过"，没有想到每一个（乃至任何一个）字。①但是，当他接球时，有这类想法略过他的脑海。坦白地说，他被动地"使自己移动"，这种观念似乎对我而言不可能作为对任何一项严肃的竞技活动的真实情况的描述。一场严肃的竞技活动在一切方面都充满了意向性。

我认为，德雷福斯会坚信，即使这里存在着所有这些意向现象，但仍然一定有许多更加"原始的"微观实践。当谈到详细的阐述时，他向来是相当含糊的，不过，让我们来提到一些吧。网球运动员必须能够握住球拍，并在球场上移动。当他说话时，他必须能动嘴和舌头。除非他进行这些实践，否则，他就不能谈论网球和打网球。

我认为，这里有一个要点，但现象学的方法不能对此做出陈述。这个要点是：所有的意向活动都是靠能力背景进行的。这些能力使得实践成为可能，而且，实践在某种程度上不能与意向现象分离开来，更确切地说，它们是贯彻意向现象的方式。例如，为了能够更有力地击球，我必须能够握住并挥动球拍；为了写这篇文章，我必须能够在键盘上移动我的手指。两个关键点是：首先，那种意向性提升到了背景能力的层次；其次，它在训练中变成了那种能力的基础。例如，我在行动中的意向（我所努力去做的）是击中擦边球，但是，在这么做时，我也故意地做了我的附带动作，即使它们并不在我所要做的层面。所有这一切都在意向性中得到了详细的说明。德雷福斯除了无处答复这些论证之外，还拒绝这种分析。

---

① 参见我对意识流的阐述，Searle J R, *The Rediscovery of the Mind*, Cambridge: The MIT Press, 1992.

我相信，德雷福斯对熟练应对的论述是不充分的，并且，他在意向行为与熟练应对之间做出对比是错误的，因为熟练应对恰好完全是意向行为。如果我是正确的，错误就显而易见，那么，这是什么原因造成的呢？

有三个问题：这种错误的第一个根源是，正如我已经提到的那样，他认为，意向性（如果它存在于技能性行为之中的话）必须在现象学意义上作为一种伴随物，作为除了行动之外的思想过程的第二个层次而存在，比如，唱歌时的钢琴伴奏。但这是一个误解。我不是开车到办公室，并做一个报告，然后，还有关于开车和做报告的一系列第二层次的思想，而是开车和做报告正是我的意向性所采取的形式。他关于"心理表征"的所有讨论都是建立在这个错误的基础之上的。

除了身体动作之外，还存在着有意识的行为体验，作为行动的一部分，对这种观点的最简单的证明就是把正常情况（比如，我有意识地故意举起我的胳膊）与彭菲尔德（W. Penfield）的案例进行对比。彭菲尔德能够通过用微电极刺激大脑皮层的相关区域来使脑部受损的患者产生身体的动作。现在，在日常情况下和彭菲尔德的案例中，身体的动作是相同的。那么，差别在哪里呢？似乎对我来说，在做事的体验（我称为行为体验）与仅观察发生在一个人身上的同样的身体动作之间，存在着明显的差别。

引入意识导致了下一个要点。这种错误的第二个根源是，他未能接受"意识"这一术语。熟练应对根本上是有意识的吗？还是不是呢？在《在世存在》（*Being-in-the-World*）一书中，德雷福斯似乎是在说，此在（dasein）不需要是有意识的，意识对此在来说并不重要。但这是不对的。除了极少数奇怪的癫痫病例之外，所有的熟练应对都需要意识。如果你意识到你在做什么，你只能熟练地应对。在后来的著作中，他承认这一点。但是，这种让步具有极大的逻辑意义。假设他承认：为了能够做报告，开车到我的办公室，或者，我必须是有意识地打一场网球，并且，意识是这些活动的重要部分。但另外，只要有意识，就一定有某种意识的内容。在所有的这些案例中，内容决定了我所要做的事情的成败条件。也就是说，我没有做报告，而且，除此之外，我具有音乐背景的意识，更确切地说，有意识的意向性的内容决定了报告的内容。同样，可能存在许多不同层次的意识。当我正有意识地开车到我的办公室时，我也可以有意识地规划我的报告。一旦你承认，意识是熟练应对行为的关键，你就承认了，存在着一种行为的意向内容，因为意识是内容的载体。它不是一种"伴随物"，而是行动的一个关键组成部分。也就是说，有意识的内容决定了把什么算作是所考虑的行为的成败。它决定了我所说的满足条件。并且，这当然并不意味着，在有意识的状态下，满足条件在现象学意义上是明显的。例如，经过大量的分析，来获得某些有意识的心理现象的因果的自指称性。我现在转向这一点。

在一个主要的误解中，德雷福斯写道，"[在]日常的熟练应对中，存在着觉知（awareness），但没有自我觉知（self-awareness）。也就是说，没有行为的自指称体验，因为这是塞尔所理解的（而且，也将是胡塞尔所理解的）"①。这一段把自我觉知等同于自指称性，因而揭示了我号召关注的现象学和逻辑分析之间的混淆。行为体验的自指称性与自我觉知的现象学毫无关系。自指称性完全是逻辑的特征，与意向状态及其满足条件之间的相互关系有关。德雷福斯认为，自指称性意味着自我觉知，这一事实揭示了他完全误解了我所推进的理论。任何动物都有意向行动和感知的能力，这具有因果意义上的自指称的意向状态。但是，自我觉知非常复杂，也许只限于灵长类和其他高级的哺乳动物。自指称性与自我觉知之间当然没有关系。此外，这里对"觉知"这个术语的用法，以及在觉知与自指称性之间的对比，揭示了德雷福斯关于意识的问题。通常情况下，觉知意味着意识。但如果这样的话，那么，我们就要面对我号召关注的那些问题。正如德雷福斯所说的那样，如果熟练应对需要觉知，而觉知就是意识，并且，在这种情况下，意识总是具有意向内容，那么，德雷福斯关于熟练应对没有意向性的断言，就降低为是自相矛盾的。

错误的第三个根源是方法，至少被认为是由德雷福斯的胡塞尔和海德格尔的版本所践行的"现象学"的方法，是不充分的。它之所以丧失名誉，是因为它只能告诉我们，事情为何只停留在某一表面层次，而没有给出对现象的逻辑分析。下一部分我希望更详细地阐述这种观念。

我会把我对德雷福斯阐述的"熟练应对"的反对意见总结如下。

他对熟练应对提供的实际阐述是如此得模糊，以至于你不可能很好地讲出他到底在想什么。但只要你进行详细的阐述，你就会明白，它一定是错的。因此，让我们较为详细地做出阐述。假设我正在进行某种熟练应对，比如健身运动。我正在做俯卧撑、原地跑步等。请注意，对我来说，这是这样的熟练应对，以至于我在做这些事情的同时，思考哲学问题。与此同时，当我在进行这些锻炼时，它们不需要是我关注的核心。我之所以提到这一点，是因为它是德雷福斯关于你能做一件事的熟练应对的许多例子中的典型事例，而且，因为你是如此擅长做这件事，所以，你能够同时思考

---

① Dreyfus H L, *Being-in-the-World: A Commentary on Heidegger's Being and Time, Division 1*, Cambridge: The MIT Press, 1991, p. 67.

别的事情。

现在，让我们来质问在锻炼时的这种熟练应对。

（1）首先，它是有意向的吗？对这个问题的回答显然是肯定的。因此，我们就不得不提出下一个问题。

（2）关于它的什么事实，使它成为有意向的？在我们回答这个问题之前，让我们转向下一个要点。

（3）行动者在进行熟练应对时是有意识的吗？而且，对这个问题的回答显然是肯定的。但这导致了我们的第四步。

（4）只要有意识，就一定有某种意识内容。[①]

现在，这两条研究思路，关于意向性的第一点和第二点，以及关于意识的第三点和第四点，恰好在此时汇集到一起。意识的内容和对应于意向属性的事实恰好汇聚在一起，因为正是意识内容决定了我正在有意向地进行这些身体锻炼。例如，我有意识地努力做俯卧撑，我意向中的成败取决于我事实上是否做俯卧撑。而且，这相当于是说，我在某些条件下会成功，在别的条件下会失败，这是我的意识内容的一部分。但当我说这项活动有满足条件时，我恰好就是意指这一点。尝试或行动的意识体验决定或表征了满足条件。现在，德雷福斯运用"表征"概念会带来很多困难，因此，正如我在他批评的段落中所说的那样，允许我说，这个词对我的阐述来说是无关紧要的。表征并不是有意识应对的伴随物，它只是应对的意向部分。

坦率地说，我没有看到，有谁可以否定上面的任何一点。海德格尔和德雷福斯好像否定表征。但是，德雷福斯否定表征的方式是，首先，假设在他的意义上，这一观点赞成某类额外的"心理表征"，也就是说，作为活动的恒常伴随物。但正如我们已经看到的那样，这与我对这些事情的思维方式完全不相容。其次，他接着描述，对于行动者来说，事情好像怎样，在行动者的如此低的意识层次上，我们得不到实际的满足条件；我们搞不清楚行动者要做什么。这是因为这种描述是在如此低的层次上给出的，以至于我们得到了关于下列问题的那些所有令人困惑的评论：这个问题是，对于拉里·伯德（Larry Bird）等来说，事情好像是怎样的。我想说，那些绝大多数都是毫不相关的。在这个层次上，对于行动者来说，事情好像怎样，只是初级兴趣。我们唯一感兴趣的是，只要它能使我们搞清楚关键要点即可，即什么是满足条件呢？在什么条件下，行动者的意向内容，不管是

---

① 防止两种可能的误解：我并不是说所有的意识内容都是意向内容，也不是说所有意向内容都是有意识的。

有意识的，还是无意识的，会取得成功或遭受失败呢？

我上面说过，德雷福斯对熟练应对的阐述是不一致的。现在，我能准确地陈述所谓的不一致是指：一方面，他希望坚持认为，持续的技能性行为并不包含任何心理成分；但另一方面，只要我们试图对持续的技能性行为给出一种阐述，我们就会明白，这总是包含了一种心理成分，并且，这以各种方式出现在他对"觉知"的谈论中，或者，用我的术语来说，是在对"满足条件"的谈论中。他试图通过假设足以决定满足条件的任何一种觉知都将不得不是第二层次的，来掩饰这种不一致性。这种觉知将不得不是"自我觉知"。但这与事实和我对事实的阐述都不一致。

三

我认为，德雷福斯的著作戏剧性地举例说明了现象学方法的弱点，至少是由他和海德格尔所实践的现象学方法的弱点。只因为限于篇幅，我仅仅举三个例子。

（1）用这种方法，甚至无法阐明哲学和科学中的许多最重要的问题。例如，在语言学和语言哲学中，核心问题是关于声音与意义之间的关系。当我说出一个语句时，我发出了声音，这只是一个明显的事实（称为事实1）。我完成一次言语行为，这也是一个明显的事实（称为事实2）。事实1与事实2如何联系起来呢？我如何从物理学到达语义学呢？德雷福斯认为，因为我们在现象学意义上把声音体验为是有意义的，所以，不可能有问题。"因此，如果我们坚持接近现象，我们就解决了胡塞尔/塞尔提出的这一问题：如何为纯粹的噪音赋予意义。"[①]但是，现象学根本没有解决这个问题，它只是拒绝面对它。假如我们在现象学意义上把声音体验为一种言语行为，那么问题依然存在：声音与言语行为之间是什么关系呢？现象学不仅忽略了这一点，而且，在德雷福斯的例子中，也不可能明白这一点。他设想，这个问题是关于现象学的，因而认为，在没有现象学问题的地方，就不存在问题。但是，事实1和事实2，无论是不是现象学的事实，都依然被认为是明显的事实。这个例子只是现象学系统的视而不见的许多事例之一。这种无知扩展到所有的制度实在——金钱、财产、婚姻、政府，等等。

（2）在能够看到这些问题的地方，海德格尔派的现象学通常系统地给出了错误的回答。这根据下面的这类事例能够得到很好的阐明。当我早上

---

① Dreyfus H L, *Being-in-the-World: A Commentary on Heidegger's Being and Time, Division 1*, Cambridge: The MIT Press, 1991, p. 268.

开车上班时，我行驶在道路的右侧。为什么呢？对于我在（比如，被认为是与道路左边相对的）道路右边开车或者在道路中间开车的因果性说明是什么呢？这里有两个可能的答案：其一，我是在无意识地遵守规则，"在道路的右边开车"；其二，我的行为只是一种习惯的熟练应对情况。我已经成为一名有技能的司机，并且，作为美国的一名有技能的司机，我只是自动地靠右边开车。

现在，我断定，德雷福斯认为，在这两个答案中，第一个答案在现象学意义上是错误的，第二个答案在海德格尔意义上是正确的；并且，人们被迫二选一。我认为，稍加反思足以看出，这两个答案都是正确的。它们不是对相同问题的不一致的回答，而是对两个不同问题的一致的回答。通常似乎对我来说，无论如何站在"现象学"的立场上，第二个答案显然是正确的。当我开车去校园时，我几乎从来没有想到交通规则。除非路上遇到障碍，比如，路上有一个洞或停了一辆车，否则，我通常会不假思索地在道路右侧行驶。但是，第一个答案显然也是对的。我养成这种习惯的理由是，我为了遵守法律，接受了靠右侧行驶的一般政策。如果我不知道这些交通规则，或者，我生活在英国，我就不会养成这种特殊习惯。请注意，第一条称述满足因果归因为真的所有条件。考虑反事实条件：首先，如果法律根本不是这种方式，我也不会这样开车。如果法律变了，我也会改变我的行为。如果要求我说明我的行为，我就会诉诸交通法规。如果我不知道这种法规，我就没有这样的行为举止，等等。在别的著作中[①]，我已经指出，我的背景习惯、性格和能力是根据规则而养成的，即使当我训练这些能力时，我并没有考虑这些规则。行为是对规则敏感的，即使这些规定当时当地并不是我的意识的一部分。

因此，这可能是两种情况：我在形成自己的行为时，规则起到了原因的作用，我在这种意义上无意识地遵守规则；另外，当我开车去工作时，我根本没有有意识地考虑到规则。但是，现象学不可能得到这两种真相。我提出的这个观点是非常显而易见的，我之所以提出这种观点是为了阐明，德雷福斯的方法阻止他领会这一点。正如他所描述的那样，现象学只能在某种很低的（减少了形态失衡等）表面层次上描述，对我来说，事情好像怎样，但并不能得到所发生事情的逻辑结构。对开车而言是正确的，对大多数熟练应对的形式（我刷牙、纳税、打网球和做报告）而言，也是如此。在所有这些情况下，存在着不同层次的意向性，而且，在现象学意义上，

---

① 例如，Searle J R, *The Construction of Social Reality*, New York: Free Press, 1995.

对于行动者来说，事情好像怎样，对这个问题的最低层次的描述，并不能捕获到所有这些层次。如果你认为，我刷牙的行为只是减少形态失衡，而不是保护口腔，那么，你将永远不理解我刷牙的行为。

（3）海德格尔的哲学在现象学和本体论之间存在一种系统的模糊性，这造成了不一致。德雷福斯在与我的交谈中和在文本中都坚持认为，他和海德格尔都完全是关于作为科学和常识所描述的真实世界的实在论者，没有相对主义。但然后，他说事情好像是这样的："希腊人的实践表明，他们很敬畏神，而我们必须发现基本粒子——我们不是建构它们。"①但是，希腊人的实践并没有"揭示"任何神，因为根本就不存在任何神。当根本就没有什么可揭示时，希腊人的实践能揭示神是根本不可能的。有人也可能会说，小孩子在圣诞节的实践"揭示"了圣诞老人。希腊人认为，宙斯及诸神是存在的，就像小孩子相信存在圣诞老人一样，但是，真的不得不这么说吗？在这两种情况下，它们都被误解了。我曾经去过奥林匹斯山。我认为，德雷福斯会喜欢说，希腊诸神在它们的活动中得到了揭示——事实上，他的确是这么说的，但这是错误的，也与他的其他观点不一致。并且，这些"实践"根本无助于纠正这种错误和不一致性。你不可能两全其美。你不可能完全是关于科学和真实世界的实在论者，然后又说与这种实在论不一致的问题。正如他所做的那样②，你不可能说，"科学不可能是终极实在的一个理论"。物理学、化学、宇宙学等都是"终极"实在的精密学科。如果它们本身失败了，那么，到此为止，它们就是失败了。你不可能接受，它们成功了，然后，再否定这种成功。

德雷福斯试图根据如下的评论来掩盖这种不一致性："从海德格尔的阐述可以推出，几部不相容的词典可能都是真的，即揭示了事情本身。"③他甚至谈到了"不相容的实在"④。但严格说来，词典（更不用说实在）绝不是相容的或不相容的，为真或为假；只有根据词典提供的词汇所做出的陈述等，才可能是相容的或不相容的，为真或为假。并且，两个不相容的陈述不可能同时为真。他没有举例说明，两个不相容的陈述如何

① Dreyfus H L, *Being-in-the-World: A Commentary on Heidegger's Being and Time, Division 1*, Cambridge: The MIT Press, 1991, p. 264.
② Dreyfus H L, *Being-in-the-World: A Commentary on Heidegger's Being and Time, Division 1*, Cambridge: The MIT Press, 1991, p. 261.
③ Dreyfus H L, *Being-in-the-World: A Commentary on Heidegger's Being and Time, Division 1*, Cambridge: The MIT Press, 1991, p. 279.
④ Dreyfus H L, *Being-in-the-World: A Commentary on Heidegger's Being and Time, Division 1*, Cambridge: The MIT Press, 1991, p. 280.

可以同时为真，而是推测，亚里士多德的终极原因可能被证明更有"启示作用"。但这也无济于事。如果亚里士多德的终极原因是存在的，那么，说它们是不存在的理论恰好显然为假。再说一遍，你不可能两全其美。

四

我分析意向性的事业完全不同于胡塞尔和海德格尔的事业，并且，我希望通过说明这种差别来结束这个讨论，因为德雷福斯的许多误解都来自没有领会这一点。

从我的观点来看，胡塞尔和海德格尔都是致力于基础主义事业的传统的认识论者。胡塞尔试图寻找知识与确定性的条件，海德格尔则是努力寻找可理解性（intelligibility）的条件，并且他们两人都运用了现象学的方法。在我的意向性理论中，没有这样的目标，也没有运用这样的方法。我做了许多项目研究，在胡塞尔、塔尔斯基、弗雷格、奥斯丁的意义上，这些项目之一能够被合理地看成是逻辑分析，而且，我关于言语行为理论的早期著作例证了逻辑分析。我从确定的众所周知的事实出发：宇宙完全是由力场（终极实在）中的物理学的粒子所构成的，并且，它们通常会被有序化为各种系统。我们的某些小行星系统是由有机化合物组成的。那些碳基系统是生物进化过程中自然选择的产物。其中的某些系统是有生命的而且有神经系统。其中的某些神经系统具有意识和意向性。而且，至少有一个物种甚至还演化出了语言。

现在我的问题是，从逻辑的观点来看，语言和意向性如何运行，才能决定真值条件和其他满足条件呢？它们如何作为自然现象，首先是生物现象，来运行呢？明智的哲学以原子论和进化生物学为出发点，也以我们等同于鲜活的肉身这一事实为出发点，并且由此开始，而不是说只有"科学的"真理，更确切地说，它们恰好是明显的事实。说它们是科学真理，就是建议说，还可能存在另一类真理，与它们一样好，但不一致。但是，科学以方法为名义来发现真理，而且，真理一旦被发现，就只能明显地为真。例如，如果上帝存在，那么，这是一个事实，像其他事实一样。认为在某种本体论领域内这是一个事实、一个宗教事实，与科学事实相反，这是错误的。如果上帝和电子都存在，那么，那些只是现实世界中的事实。

你从这样的事实开始：我们有大脑，而且，在我们的肉体与其余的世界之间，有一个绝对的身体边界——我们的皮肤，我们等同于我们的肉身，并且，我们的意识和其他意向现象是位于我们的大脑内部的物理世界的具体特征。哲学以物理学、化学、生物学和神经生物学的事实为出发点。不可能超越这些事实，试图找到更"原始"的东西。现在，牢记这一点，关于胡塞尔和海德格尔，我们将说些什么呢？对了，就我从德雷福斯能够看出的观点而言，他们对神经生物学或化学或物理学根本说不出什么。他们似乎认为，重要的是，对于行动者来说，事情好像怎样。那么，从我的观点来看，他们之间的差别就变得微不足道。胡塞尔认为，意向性是超验主体与意向客体之间的一种主体/客体关系。海德格尔认为，根本没有这样的区别，只有对此在的熟练应对，根据现身情态（befindlichkeit）和被抛状态（geworfenheit）也能发现及卷入此在。但是，从我的观点来看，为了得到由生物肉体所包裹的生物大脑的意向性的逻辑结构的一个适当理论，这两者或多或少都是不相关的。

揭示这种逻辑结构，通过现象学是根本不可能做到的。例如，在批评我的观点时，德雷福斯喜欢引用篮球运动员拉里·伯德和登山运动员的单纯的内省报告。似乎对于拉里·伯德和登山运动员来说，他们只是对环境做出反应，他们甚至不能分辨自身与环境之间的差别。但是，那又怎样呢？这应该是对什么问题的回答呢？我们知道，他们的肉身（因而也是他们自己）确实与环境区别开来。在篮球上或大山中，根本没有神经轴突。我能想到的唯一问题（也是对这个问题的回答）是：当行动者从事某种平常持续的熟练应对活动时，对于他来说，在现象学意义上，情况好像是怎样呢？但现在，因为这些数据只在一开始研究时才有用，所以，为什么我们关心，对于行动者来说，情况好像怎样的问题吗？我认为，除了说德雷福斯根本没有研究超越这个问题的意向性项目之外，他无法回答这个问题。现象学在很大程度上恰好是关于这个问题的。一旦他回答了这个问题，他对现象的意向性就无话可说了。

20世纪哲学的伟大教训之一是，逻辑结构通常不会浮现在事情好像怎样的表面。描述理论、言语行为理论和意向性理论都是你如何以事情好像怎样为出发点的事例，但然后，必须深入挖掘出真正的潜在结构。

德雷福斯的一些评论几乎令人困惑不解。因此，例如，在我上面引用的一段话中，他说，"背景技能……不是可表征的"[1]。但是，可能意味着什么呢？任何事物都是可表征的。的确，他只通过把它们认为是"背景技能"来表征背景技能。他在这种情况下必须意指，背景技能并不在于表征。但那又怎样呢？在这个世界上只有极少的事情不在于表征，但这并不意味

① Dreyfus H L, *Being-in-the-World: A Commentary on Heidegger's Being and Time, Division 1*, Cambridge: The MIT Press, 1991, p. 205.

着它们是不可表征的。这个错误不只是出错。这不只是他注定会说"不在于表征"，却错误地补充说"是不可表征的"；而是我认为，关于我们的实践的可能性条件，存在着严重的混淆。我们的实践的可能性条件是，我们是有意识的神经-生物学意义上的动物。我们的物种是通过进化而发展的，我们现在在基因意义上和文化意义上被赋予某些应对能力。为什么我们不能研究这些应对能力及其神经-生物学基础？这根本没有任何理由。由德雷福斯所描述的现象学方法中的严重混淆是，它不能够以原子物理学和进化生物学的最基本的事实为出发点。他觉得，他必须以对此在的现有技能为出发点。"存在着独立的真实的东西，即客观的空间和时间，而且，论断能够与事物本身的方式相一致——但这些实在和他们由此揭示出来的超然立场并不能够说明我们所保留的富有意义的实践。"①但为什么不能呢？为什么对事实的考察不能说明"我们所保留的富有意义的实践"？这根本没有理由。德雷福斯和海德格尔认为，由于研究预设了实践，因此，实践不能被研究。但这是一个谬论。就像我们用眼睛来研究眼睛、用语言来学习语言、用大脑来研究大脑等一样，我们也能用实践来研究实践，而且，正如我所做的那样，我们能用背景来研究背景。

五

德雷福斯为哲学做出了许多有价值的贡献。例如，人们想到了他对传统人工智能的有力批评。在我看来，当他用自己的语态来演讲时，他的工作是最好的。我认为，我们应该感谢他试图阐述那些头脑不如他清晰、天赋不如他聪颖的哲学家们的工作，虽然我们看重这些说明性的努力，我还是希望未来他不要忽视自己的巨大天赋。②

第二节　对约翰·塞尔的回应③

〔美〕休伯特·德雷福斯

既然我总是把塞尔对意向性和背景的说明看成是当代对这些主题最重

---

① Dreyfus H L, *Being-in-the-World: A Commentary on Heidegger's Being and Time, Division 1*, Cambridge: The MIT Press, 1991, p. 281.
② 我十分感谢肖恩·凯利（Sean Kelly）、达格玛·塞尔（Dagmar Searle）和休伯特·德雷福斯对本文的评论。
③ 休伯特·德雷福斯，美国加州大学伯克利分校哲学教授。本节由笔者翻译，曾发表于《哲学分析》2015 年第 5 期。

要的和最圆满的说明，所以，我对海德格尔的许多解读是在回应这些主题的过程中发展起来的。那么，对我来说，最重要的是，正确理解塞尔的诸论证，以使我理解的海德格尔不是在对一个假想的对手提出异议。另外，尽管这对现象学的历史来说是富有启发性的，但如果塞尔的观点被证明是像胡塞尔的观点，那么，对我来说，这远不如他的观点是不是明确表达了海德格尔所反对的立场的最好版本更重要，因此，我会整理最好的海德格尔学者对它们的反对意见，然后看一下塞尔是否能够对这些反对意见做出成功的辩护。在这种持续不断的争论中，这是当前最新阶段的交流。

但在我能够进入使我们产生分歧的深层次问题之前，我必须澄清四个术语要点。

（1）对于我反驳塞尔对意向性说明的论证来说，用主体/客体术语或内在/外在术语陈述他的观点，从来都是不重要的。就我的目标而言，他的心灵/世界二分做得很好。在我看来，重要的是，塞尔认为，所有的意向内容乃至使满足条件成为可能的背景都在心灵/大脑之中，因此，原则上，无论世界是否存在，都能够在梦里或缸里得以维持。如果这使塞尔不高兴地呼吁说，在缸中所保留的是一个自足自立（self-sufficient）的主体，那么，我就放弃这个术语，但事实依然是，他的观点听起来像胡塞尔的笛卡儿主义，而且，塞尔自己说："许多哲学家试图运用像'方法论的唯我主义''超验的还原'，或者，只是'缸中之脑'的幻想之类的概念，得到意向性，我与他们的观点是一致的。"[①]

（2）同样，我对塞尔所说明的背景的异议并不取决于我们每个人所运用的术语。在我到达伯克利不久，他就与我开始讨论意向性，而且，我很快发现，他的观点是：背景提供了使意向性成为可能的非意向条件，非常接近于海德格尔所谓的"最初熟悉的背景不是故意的，而是以不明显的方式存在的"[②]观点。1980 年，还有 1992 年，我们联合举办了关于背景的讨论会，我发现这个讨论会非常有启发意义，但是，我越解读塞尔所说的背景，我就越不理解他的观点。

塞尔所说的背景是由技能和能力还有通常在一种情境中发生的某种准备构成的。我认为，至少有些对构成的背景做出回应的能力、技能和准备

---

① Searle J R, "Response: the Background of Intentionality and Action", In Lepore E, van Gulick R (Eds.), *John Searle and His Critics,* Cambridge: Basil Blackwell, 1991, p. 291.

② Heidegger M, *History of the Concept of Time,* Kisiel T (Trans.), Bloomington: Indiana University Press, 1962, p. 189.

是身体的，而不是心理的，的确，塞尔在讨论如何获得技能时说，"重复实践能使身体接手，而使规则不再重要"①。然而，塞尔也想说，背景是心理的，在这里，"心理的"意指，"我的所有背景能力都'在我的头部'"②。但既然头部和大脑都是身体的一部分，那么，使我难以理解的是，背景属于哪里。它是内心里的第一人称体验或身体中的第三人称机制吗？我深知，塞尔"对'心理的'和'身体的'传统词汇不会感到满意"③，他具有的其他本体论词汇是什么呢？梅洛-庞蒂说，鲜活的肉身既不是心理的，也不是身体的，而是"第三种存在"——"运动意向性"④（motor intentionality），或者，他有时称为"意向的组织"（tissue）。塞尔想说背景也是如此吗？我对此表示怀疑，尽管如果他这么想的话，我会很高兴。

（3）塞尔和我都同意，当人们在获得新技能的过程中遵守规则时，"重复实践能使身体接手，而使规则不再重要"⑤。但我不能接受塞尔的这种观点：当人们变得在行时，规则不再重要，而不是像辅助工具一样就没有用了。就拿他举的靠右开车的例子来说，我同意，如果我遵守"在右边开车"的规则来学习开车，那么，当我学习时，在我的行为中，这个规则就起到了直接原因的作用。我也同意，由于这种原因，我们能说，现在，这个规则在我的行为中正起着间接原因的作用，因为如果我从前没有遵守这个规则，我现在就不是靠右开车。但似乎对我来说显而易见的是，当我的技能性行为仍然符合规则时，我不再是以初学时的样子作为一个步骤来遵守规则。规则曾经一步一步地引导我的行为。在这么做时，它在我的大脑中产生一种结构。现在，正是这种结构，不再是规则本身，在支配我的行为。说我现在是"无意识地遵守规则"⑥，掩盖了这种重要的变化。由于同样的原因，如

---

① Searle J R, *Intentionality: An Essay in the Philosophy of Mind.* Cambridge: Cambridge University Press, 1983, p. 150. 塞尔在第 5 页指出，"意愿和意图只是其中的意向性形式之一……[p.50]……为保持明确的区分，我将在专业意义上利用'意向性的'（Intentional）和'意向性'（Intentionality）"。

② Searle J R, "Response: The Background of Intentionality and Action", In Lepore E, van Gulick R (Eds.), *John Searle and His Critics*, Cambridge: Basil Blackwell, 1991, p. 291.

③ Searle J R, "Response: The Background of Intentionality and Action", In Lepore E, van Gulick R (Eds.), *John Searle and His Critics*, Cambridge: Basil Blackwell, 1991, p. 291.

④ 参见 Kelly S D, "Grasping at Straws: Motor Intentionality and the Cognitive Science of Skilled Behavior", In Wrathall M and Malpas J (Eds.), *Heidegger, Coping, and Cognitive Science: Essays in Honor of Hubert L. Dreyfus, Volume 2*, Cambridge: The MIT Press, 2000, pp.161-177.

⑤ Searle J R, *Intentionality: An Essay in the Philosophy of Mind*, Cambridge: Cambridge University Press, 1983, p. 150.

⑥ Searle J R, *Intentionality: An Essay in the Philosophy of Mind*, Cambridge: Cambridge University Press, 1983, p. 87.

果这意指我当前的行为，那么，说"我的行为是'对规则敏感的'"①，似乎是一种误导。

因此，我同意，根据科学的断言，我的当前行为是由规则间接地引起的，而根据逻辑的断言，人们要理解行为，就必须间接提到规则（这说明了为什么当要求说明我正在做什么时，我要求助于规则）。但是，在我当前开车时，我"无意识地遵守规则"，或者，我现在对规则是"敏感的"，这些肤浅的现象学的断言，似乎对我来说，或者完全是以误导的方式做出上面的真的断言，或者，只是显然为假。我无法理解为什么塞尔既强调他不做现象学，然后又坚持运用这个令人困惑的现象学术语。

（4）我的确说过，塞尔坚持认为，当我们看到一幢房子或听到富有意义的词语时，我们是在"解释"基本的资料。我承认，这是用一种令人误导的方式描述他的观点，而且，我赞同他的这种观点：我们应该以正常的日常方式使用"解释"，在这种方式中，"本义的解释行为的情况是相当少见的"②。然而，令我担心的不是我们是否需要解释资料，而是塞尔坚持认为，为了看到一个像房子那样的功能客体，我们必须为宇宙的某种物质赋予一种功能。正如他指出的那样：

> 重要的问题是看到，功能绝不是内在于任何现象的物理成分，而是由有意识的观察者和使用者从外部赋予的。③

本义的赋予行为和强迫也是相当少见的，而且，塞尔不可能以日常方式使用这些术语。因此，例如，塞尔坚持认为，为了听到富有意义的语言，我们必须把意向性强加给从人们嘴里发出的响声。这里需要区分出几种可能的不同问题。对于神经科学来说，说明声波如何在大脑中得到处理，以使得它们对某些动作做出回应，肯定是一个合法的项目。正如塞尔所做的那样，有人也会质问，一连串声音的一种言语行为的逻辑要求是什么？然而，质问我们具有的从人们嘴里发出的无意义的噪音的体验，如何能够变成对言语行为的体验这样的问题，对我来说，似乎是执迷不悟的。这个问题基于这样的观念：我们通常体验过从人们嘴里发出的无意义的噪

---

① Searle J R, *Intentionality: An Essay in the Philosophy of Mind*, Cambridge:Cambridge University Press, 1983, p. 87.

② Searle J R, *Intentionality: An Essay in the Philosophy of Mind*, Cambridge:Cambridge University Press, 1983, p. 73.

③ Searle J R, *The Construction of Social Reality*, New York: Free Press, 1995, p. 14.

音，但我们却没有这种体验。当塞尔说"孩子……学习把从自己和其他人嘴里发出的声音看成是代表了或是有意义的某种东西"①时，这充其量是极大的误导，因为尽管孩子的大脑是逐渐地有条理地处理从人们嘴里发出的响声，以使孩子听到有意义的声音，但是，孩子根本没有学习把这些噪音看成是有意义的声音，因为从孩子的观点来看，工作总是已经完成了。

当我得知，通常描述心理活动的那些术语，比如，"赋予"或"强迫"，被用来说明行家本人如何获得意向性时，我必须认为，塞尔既不是在做脑科学，也不是在做逻辑分析，而是在从事坏的现象学。但在他关于社会实在的著作中，塞尔为他的方法辩护。他说，他不仅质问而且回答逻辑问题，一定不是在做现象学，而且，他补充说，"我将用第一人称意向性的词汇试图揭示社会实在的基本特征"②。我所不能理解的是，如果他不是在做现象学，为什么他使用第一人称词汇呢？确实正是这个词汇误导像我这样的某些人假设，既然强迫的活动不是有意识的，那就一定是无意识的。胡塞尔称如此假定的心理活动（即既不是有意识的，也不是无意识的）为"超验的"，而且，谈到了把资料本身"看成"是有意义的超验意识。这像是变戏法一样，把意义的赋予描述成第一人称的心理活动，但然后，取消这种心理影响。

现在，我们终于要讨论一些严肃的问题。塞尔和我在三个基本问题上有意见分歧：①什么是意向状态？②什么类型的意向状态——命题的或非命题的——引起动作，并把这些动作视为是行动？③塞尔是在进行逻辑分析，还是在做现象学？

1. 什么是意向状态

当我一开始写到意向性时，我断言，海德格尔和梅洛-庞蒂把日常持续的应对解释为是对既不需要意识也不需要意向性的情境诱惑做出的回应。③塞尔向我指出，即使熟练应对可能会成功或失败，因而有满足条件，同样也一定是一种意向性。在我早期的论文中，尽管我应该有更好的理解，但我还是错过了这一要点，因为海德格尔和梅洛-庞蒂确

① Searle J R, *The Construction of Social Reality*, New York: Free Press, 1995, p. 73.

② Searle J R, *The Construction of Social Reality*, New York: Free Press, 1995, p. 5.

③ 很久以前，我的确认为，塞尔正确地把我的观点称为僵尸观点，也就是，当一个人完全没有意识到他正在做的事情时，他可能是在熟练地做事。我感谢塞尔说服我远离了这种立场。我现在明白，即使在换挡踩离合器时，我也必须有一种最起码的感觉：事物像它们应该是的那样进展顺利。否则，我无法解释这样的事实：如果事情开始错，我的注意力会立即注意到这个问题。

认，他们是在研究一种更基本的意向性，但还是一种意向性。我感谢塞尔呼吁我注意到这种错误。①

塞尔认为，所有的意向状态一定有满足条件，我对他的这种最低限度的逻辑条件没有异议，但这证明是，塞尔也维护强的实质性断言（substantive claim）：这些满足条件一定是"心理表征"。这并不是术语"心理的"或"表征"问题，而是塞尔的这种有争议的断言：满足条件的内容一定是命题的。正如塞尔所指出的那样，他使用的"表征"能够被用来说明表征的所有概念所取代。比如这样的逻辑要求：行动有满足条件，而且，（我称为现象学的必要条件的）这些条件有"命题内容"。②追随海德格尔关于行动的观点和梅洛-庞蒂关于知觉的观点，我坚持认为，满足条件涉及知觉，而且，行动在通常意义上不需要是命题的。③

2. 什么类型的意向状态——命题的或非命题的——引起动作，并把这些动作视为行动

塞尔和我都同意这种逻辑的必要条件：对于身体动作是一种行动来说，它一定是由其满足条件引起的，在这里，这可能意味着，只是对成功运动的约束是敏感的。然而，对我来说，当塞尔补充说，对于一种意向状态说明了一种行动来说，表征行动的满足条件的命题内容一定伴随和引导适当的身体动作时，他似乎是在做现象学。塞尔看起来像是逻辑分析的东西，我看起来像是现象学，因为还有另外一种方式能够引起动作。梅洛-庞蒂断言，在持续熟练应对时，人们受到偏离满意形态的紧张感的引导，因此，在人们适应了满意形态之后，他才会在回顾中意识到，接下来做什么。这种最终形态，在人们达到之前乃至之后，都不可能被以命题形

---

① 我高兴纠正的另一个错误是，我对自指称性和自我意识的混淆。我现在认识到，根据塞尔的观点，动物具有自指称性的意向状态，尽管这些意向状态肯定不是反思的。但是，我仍然不太理解，狗，尽管它们没有语言，但怎么也会具有含有命题内容的意向状态。如果人们坚持认为，狗的行动是由梅洛-庞蒂所描述的形态的意向性（gestalt intentionality）所导致的，那么，人们就能避免这种不可靠的陈述。

② Searle J R, "Response: The Background of Intentionality and Action", In *John Searle and His Critics,* edited by Ernest Lepore and Robert van Gulick, Cambridge: Basil Blackwell, 1991, p. 295.

③ 所有的行动都要求对它们的满足条件做出一种命题表征，为了对这种必要条件做出辩护，塞尔需要强意义的"命题内容"和弱意义的"命题内容"。这样的内容，为了说明慎思的行动，必须是抽象的，即非情境的（non-situational），而为了说明全神贯注的应对，必须是具体的，即索引式的。参见我的文章 "The Primacy of Phenomenology over Logical Analysis", In *Philosophical Topics 27* (Fall 1999). 从现在开始，在这篇文章中，我将在强的意义上来使用"命题的"这一概念。

式来表征。^①这种弱逻辑条件，在塞尔和存在主义的现象学家（比如，海德格尔与梅洛-庞蒂）之间，没有争议；但存在主义的现象学家的确对塞尔的强现象学的必要条件表示异议。

我们存在主义的现象学家没有断言，塞尔的说明是坏的现象学，反而现象学是，只有充满努力的、谨慎的、深思熟虑的行动，比如，教哲学课或写哲学文章等，才不包括人们体验运动流程或只是寻找人们在世界中的方式这类熟练应对。因此，我同意塞尔的这种观点：做哲学是"意向的心理行为的一个范例"，但这并没有表明我的下列观点完全是"自我反驳"，这种观点是，许多时候，我们不是忙于塞尔所谓的心理行为。事实上，我认为，塞尔的现象学对我的观点是支持的。我的断言是，尽管我们通常从事我所谓的慎思的活动，但如此深思熟虑的活动不是我们与世界相联系的唯一方式，也不是最基本的方式。

正如塞尔在体育运动中所要弄清楚的那样，这个问题开始真相大白。在他对一位分数落后且不想失去注意力的疲倦的竞技型网球运动员的描述中，塞尔给出了一个有说服力的描述：迫使去赢球是什么滋味。我承认，这样一个人是在战斗，很难达到某些特殊的目标。我为此接受塞尔的话语，在某类"严肃的竞技型活动"中，努力尝试是比赛最主要的方面。但并不是所有的体育活动都需要如此有压力，也不是所有的锦标赛都需要二选一。如果添·高威（Timothy Gallway）（我曾听过他的网球课）是那位教练的话，他会劝告塞尔的那位有压力的网球运动员放松下来，只是对情境做出回应，就像禅宗大师那样。^②

塞尔如此深信，这位行动者总是在尝试，他举了我的拉里·伯德的报告的例子，他通常不知道他在球场上正在做什么，直到他在下列情况下把事情搞糟为止，这种情况是，"我们不能得到具体的满足条件；我们不能得到行动者正在试图（原文如此）要做的事情"^③。塞尔因此认为，我的像禅

①　参见我的文章，"The Primacy of Phenomenology over Logical Analysis", In *Philosophical Topics* 27 (Fall 1999).

②　参见添·高威对竞争性的网球比赛的批评和他对禅宗网球运动员的心智状态的讨论 In Gallwey W T, *Inner Tennis: Playing the Game,* New York: Random House, 1976；也可参见 Gsikszentmilalyi M, *Flow: the Psychology of Optimal Experience*, New York: Harper Collins, 1991。

③　Searle J R, *Intentionality: An Essay in the Philosophy of Mind,* Cambridge: Cambridge University Press, 1983, p. 85. 维特根斯坦也提出类似的观点，他在 *The Blue and Brown Books* 一书中说："我故意举起其中一个稍重的哑铃，做出决定之后，我就竭尽全力举起它……一个人从这种事例中接受了他关于意愿的观念，关于意愿的语言，而且认为，它们一定适用于——如果不是以如此明显的方式——他能恰当地称之为意志的所有情况。" 参见 Wittgenstein L，*The Blue and Brown Books*, Oxford: Basil Blackwell, 1958, p. 150.

宗那样流畅的描述恰好是不切题的，因为他得知这些描述被认为是断言，尝试是无意识的。但我们的断言是，在这些情况下，行动者根本不是在尝试。此外，一位运动员花百分之多少的时间进行轻松自如的应对，花百分之多少的时间进行慎思的尝试，这并不是问题。重要的问题是，存在着一种前语言的、非命题的应对，即在体育运动中持续进入最佳时刻。在这些情况下，行动者不是正在有意识地尝试做任何事情，而且也根本没有理由认为，他正在进行无意识的尝试。

海德格尔和我也希望断言，这种回应式的、非命题的持续应对，使塞尔很好地描述的那种慎思的、命题的尝试成为可能。但是，塞尔反对这种举措。他坚持认为，即使存在着我描述的这种回应式的应对，尝试也是更基本的，因为它在支配所有的技能性活动时起到了原因的作用，技能性活动最终完全是"意向行为"。①人们不可能只是对一种形态做出回应；人们一定是在他尝试要做的某种服务中做出回应。在许多行动类型的情况下，这是讲得通的。我通常不只是在熟练地活动我的舌头，而且我也在说出词语以使你理解我所说的话时，移动舌头，我通常为了赢球，或玩儿得更好，或得到训练，或其他原因，移动我的胳膊来击中网球。正如塞尔所断言的那样，在这些情况下，意向性总是提升到了技能的层次。

但是，正如我已经指出的那样，存在着另外一些活动，比如，当我们离开他人适当的距离而站立时，并没有注意到我们在这么做，还有，我们无意识地定位自己和寻找我们在世界中的方式，在这些方面，并不是为了达到特殊的目标，如赢得一场比赛或赢得一分。在这些情况下，根本不存在可表征的意向性，而我们会说，一直存在着背景技能。塞尔无疑回应说，当我站得离我的对话者很远时，即使我在靠近对方时有一种无意识的紧张感，这也只是发生的事情，因为我正在尝试进行一次会话或实现某种别的目标。我会回答说，即使当我根本没有试图与他人有任何关系时，我通常也会站得离开他们适当的距离，面对他们，等等。更一般地说，塞尔总是会说，我的所有活动，比如，我寻找我在世界中的方式——我的所有定位和应对实践，如我走路、穿衣、坐在椅子上、上下公交车等——都只是由我试图在世界中随意走动所引起的。但我不明白，根据这种空洞的断言，能得到什么。对我来说，似乎至少准确地说，如果我没有从事梅洛-庞蒂、海德格尔以及像杜威描述的其他人的那种前语言的、非命题的应对，那

① Searle J R, *Intentionality: An Essay in the Philosophy of Mind*, Cambridge: Cambridge University Press, 1983, p. 81.

么，我就不可能执行任何我的有意识的慎思的活动。我坚持认为，海德格尔的背景不是一种才能、能力或技能；它只是一种活动，活动的满足条件只是做感到适当的事情，没有详细阐述人们试图达到什么目标的任何命题内容。

总之，塞尔为成为一种行动的活动提出了逻辑的条件和现象学的条件。弱的逻辑条件是，活动是由行动者的满足条件引起的。强的现象学断言是，这种活动一定是由对这些条件的一种命题表征引起的。从极个别方面来说，意向行为表现的逻辑条件，在塞尔和我之间，没有分歧。即使在我所举的例子中，网球运动员不知道最理想的形态是什么，他也会意识到，他是走向还是远离这种形态，因此，满足条件在指导他的行为时确实起到了原因的作用。如果这就是意向内容的原因作用表示的所有意思，那么，谁会否认这种必要条件呢？但我确实想否认塞尔的强的现象学的必要条件：支配一项行动的意向内容（即对满足条件的表征）一定是心理的，也就是命题的。我是在断言，网球运动员在持续应对时，没有在命题意义上表征这种最理想的形态，虽然如此，这种最理想的形态也在指导他的身体动作。正如梅洛-庞蒂（我感谢他的这种描述）所指出的那样："对于一种'我认为'来说，一个运动或知觉力的系统，即我们的身体，是否是一个客体，这是一个经历过向着其平衡状态运动的意义的一种归类。"[1]

我不明白，为什么塞尔根据他的现象学的反诉（counter-claim）来反对这种现象学的断言，特别是，如果他只关注成为一种行动的活动的逻辑条件的话。我猜想，有两种理由让我觉得，他一定否认存在着一种支配形态的行为方式，而且，这是他描述的如此好的在命题意义上故意受支配的那种当时更基本的行动。首先，我私下以为，他希望在他对行动的逻辑分析中包括这样的断言：构成任何一种行动的动作都一定是由对行动的满足条件的一种命题表征引起的。其次，在塞尔的主体/客体本体论中，没有为身体意向性留下余地。

3. 塞尔是在进行逻辑分析，还是在做现象学

正如我们已经看到的那样，尽管塞尔以他自己的强现象学立场的名义花费了很多努力对我所理解的梅洛-庞蒂的现象学提出异议，但是，他的退

---

[1]　Merleau-Ponty M, *Phenomenology of Perception*, London: Routledge & Kegan Paul Ltd., 1963, p. 153.

路是他只进行逻辑分析。为了保护现象学不受塞尔的误导的和肤浅的指控，我需要表明，塞尔把他对现象学的说明偷换成他对逻辑说明的一部分，这种企图是不连贯的。

塞尔根据现象学的描述开始他的说明，这表明，行动的体验包括对行动者的意向和他的动作之间的因果联系的一种体验。他通过运用彭菲尔德的工作对此做出有说服力的论证。彭菲尔德断言，当他把一个电极放入患者的大脑中时，患者能举起胳膊，但当彭菲尔德把电极拔出之后，患者感觉到他不会动了。塞尔认为，所缺乏的是患者的努力感：正是他有意举起胳膊使他的胳膊举了起来的那种体验。塞尔总结说："现在，这种具有现象的和逻辑属性的体验我称为行动的体验……这种体验具有一种意向内容。"①行动体验具有这样的意向内容：适当的身体动作是由完成一种行动的意向所引起的。塞尔把这种意向称为行动中的意向，而且指出，在通常的日常行动中，"行动的体验只是行动中的意向"②。行动中的意向的内容、它的满足条件是，我通过履行行动中的这种意向引起了身体的这种动作。因此，塞尔说，"在行动的情况下，我的意向状态引起了我的身体的某种动作"③。对于成为一种行动的动作来说，这种动作一定是由一种行动中的意向引起的和不断引导的。正如塞尔所指出的那样，"意向性变成了自愿行动的基础，每个动作都是受这种连贯的意向性支配的"④。

已知上面的断言，我很自然地把行动中的一种意向认为是这样的体验：我的努力是由我的身体动作引起的。但塞尔说，我通过建议说意向状态或心理状态"是一回事"，歪曲了他的观点。他指出，他明确地同意，

---

① Searle J R, *Intentionality: An Essay in the Philosophy of Mind,* Cambridge: Cambridge University Press, 1983, p. 90.

② Searle J R, *Intentionality: An Essay in the Philosophy of Mind,* Cambridge: Cambridge University Press, 1983, p. 91.

③ Searle J R, *Intentionality: An Essay in the Philosophy of Mind,* Cambridge: Cambridge University Press, 1983, p. 119.

④ Searle J R, "Response: the Background of Intentionality and Action", In Lepore E, van Gulick R (Eds.), *John Searle and His Critics,* Cambridge: Basil Blackwell, 1991, p. 293. 尽管胡塞尔没有更多地说到行动，但似乎他的观点与塞尔的观点十分接近。根据凯文·穆里根（Kevin Mulligan）在"知觉"一文["Perception" in *The Cambridge Companion to Husserl*（Cambridge: Cambridge University Press, 1988, p.232）] 中的观点，胡塞尔"拒绝接受只是尝试开始和在动作之前的观点。更确切地说，尝试与动作同在并引起这种动作，即，通过下列事实有可能达到的一种成就，这种事实是：知觉与意愿是相互伴随和相互引导的"；cf. Husserliana XXVIII, A §§13-16. 我当然不想否认，有时情况就是这样。

在无意识行动的情况下，人们履行某种身体动作的意向能够致使他们完成这一动作，但却没有意识到这种意向。因此，他坚持认为，"表征……不是本体论的范畴，更不用说是现象学的范畴了，而是一种'功能的'范畴"①。

我现在认识到，塞尔坚持认为，当人们做出一种身体动作时，这通常是由人们的行为表现的体验引起的，因此，他能够在彭菲尔德让患者举胳膊的例子和使读者能理解成为一种行动的动作的逻辑条件的行动体验之间，运用现象学的对比。他的逻辑分析的结果是，对我正在尝试要做的事情的心理表征一定伴随和引起我的身体动作，不管我是否意识到我正在要做的事情。这种最低限度的逻辑要点是，一种行动的成功条件，一定在导致这种行动的成功条件时，起到一种原因的作用。因此，对于塞尔来说，行动中的意向一定在因果性的意义上是自指称的，而且，他写道，正如他做的那样，谈论因果性的自指称性，就是讨论"意向现象的逻辑结构"。因此，应该明确的是，我的行动体验的现象学只是一个必须被废弃的楔子、一个阶梯。塞尔坚持认为，在最后的分析中，这是意向内容本身，不是引起身体动作的行动体验。

我现在明白，我错误地以为，塞尔把因果力归属于心理条款，即行动体验，但我发现，塞尔对逻辑结构具有因果力的讨论是难以理解的。对于塞尔来说，"基本的因果关系概念是使某事发生的概念"②。这样，当我有举起我的胳膊的体验时，正是这种体验使我的胳膊举了起来。因此，只要我完成一次行动，甚至是一次无意识的行动，人们也会认为，一定有某种原因致使我产生了身体动作。的确，当塞尔说"正如我所做的那样，如果我相信，'原因'确定了真实世界中的真实关系，那么，我们就是因果实在论者"③时，他就强调了这一点。而且，他继续说，"根据我的理由，行动……是心灵与世界之间的因果交易和意向交易"④。但是，一种抽象结构如何能存在于真实的世界中并使某种事情发生呢？

① Searle J R, *Intentionality: An Essay in the Philosophy of Mind*, Cambridge: Cambridge University Press, 1983, p. 74.

② Searle J R, *Intentionality: An Essay in the Philosophy of Mind*, Cambridge: Cambridge University Press, 1983, p. 123.

③ Searle J R, *Intentionality: An Essay in the Philosophy of Mind*, Cambridge: Cambridge University Press, 1983, pp. 120-121.

④ Searle J R, *Intentionality: An Essay in the Philosophy of Mind*, Cambridge: Cambridge University Press, 1983, p. 130.

塞尔无疑会答复说，意向内容，即使只是一种逻辑结构，也能够通过被意识到在能够发挥原因作用的大脑状态中，起到原因的作用。①但即使我们同意塞尔的心/脑一元论，也没有解释当前的问题。塞尔认为，与意识体验不相符的大脑状态不可能有意向性。因此，即使我们同意一种形式的逻辑结构能够被意识到在大脑中，像在计算机中一样，因而具有因果力，也不能推出，一种意向结构，比如，一种行动的满足条件，能够被意识到在脱离意识的大脑中。在没有意识的前提下，充其量所能认识到的是了解意识意向状态的一种倾向性。正如塞尔所说的那样：

> 无意识的意向状态，例如，无意识的信念，真的只是大脑状态，但它们能够合法地被认为是心理状态，因为它们具有与大脑状态一样的神经结构，如果不以某种方式阻止的话，大脑状态是有意识的。它们没有意向性，只是作为大脑状态，但它们确实有潜在的意向性。②

这是对我们如何能谈到无意识信念的一种拟真的说明，但当这种观点被推广到无意识地激发的行动时，就会有一些奇怪的后果。行动中完全潜在的一种意向如何能够引起成为一种行动的身体动作呢？塞尔明白这个问题并回答说，

> 在我们当前的非二元论的实在概念中，没有一种感觉能够附属于这样的概念：体形（aspectual shape）能够既明确地被认为是体形，也还是完全无意识的。但既然具有体形的无意识意向状态是在无意识时存在的，并且，在无意识时引起了行为，那么，在这些情况下，我们把什么样的感觉附加给这种无意识的概念呢？我认为，我们在下列完全适当的意义上能够附加给它：把无意识意向性归因于神经生理学，就是把能力归因于以一种有意识的形式陈述的原因。如果没有引起一件有意识的心理事件，那么，不管这种无意识的意向性是否能引起一种无意识的行动，这种观点

---

① 参见 Searle J R, *Mind, Language, and Society*, New York: Basic Books, 1998.

② Searle J R, "Consciousness, Explanatory Inversion, and Cognitive Science", *Behavioral and Brain Sciences*, Vol.13, No. 4, 1990, pp. 603-604.

都成立。[①]

但这是不可行的。假设在家里吃晚饭时，比尔"意外地"把一杯水泼在他弟弟鲍勃的大腿上，因为正如比尔的治疗医师后来告诉他的那样，他有一种惹怒鲍勃的无意识的愿望。这种行为说明不只要求潜在的信念，比如比尔的长期信念是鲍勃窃取了他的母爱，而且还要求实际发生的信念，比如使鲍勃沮丧的愿望。这也要求塞尔所谓的一种"先验意向"——借助把水泼到他身上使他沮丧——和实际"支配"比尔的身体动作的一种"行动中的意向"，以便这些动作就是泼水的情况，而不是 H_2O 在周围运动。

按照塞尔的观点，无意识的大脑状态不可能决定体形，而且，我举的例子还要求，引起身体适当动作的行动中的意向有一种实际的、不只是潜在的体形。否则，人们不可能说，比尔正在做什么，或者，确实他正在做某一件事。这似乎是，因为构成一种行动的这些动作是由行动中的意向引起的，所以，行动中的意向不只是一种逻辑结构，它一定是一种心理状态。

在不久前发表在《国际哲学评论》（*La Revue Internationale de Philosophie*）上的《既不是现象学的描述，也不是理性重构：答复德雷福斯》一文中，塞尔说到了他自己的工作："我试图在不运用现象学方法的前提下分析意向性。这项工作没有预料到的一种后果是，我的分析所揭示的因果结构和逻辑结构的结合超越了现象学分析的范围。现象学的传统，不管是胡塞尔的超验形式，还是海德格尔的存在主义的形式，都不可能实现这些结果。"但是，对于现象学来说，我们所看到的只是，回答关于塞尔必须超越逻辑分析的产生身体动作的因果性问题。因此，对我来说，看起来，在塞尔的逻辑分析中，现象学的作用，一定不只是纯粹的教学法。不管他是否喜欢它，塞尔似乎都致力于这样的观点，即它是下列行动的动作的逻辑结构的一个组成部分：这种行动是，人们把他们的意向状态感受为是那种动作的原因。至少在行动的情况下，塞尔的最重要的洞见可能是，现象学不是一个肤浅的出发点，而是一个必要的终点；这种必要的逻辑分析导致了现象学。我猜想，这就是我们 30 年来一起讨论和上课的原因所在。

---

① Searle J R, "Consciousness, Explanatory Inversion, and Cognitive Science", *Behavioral and Brain Sciences*, Vol.13, No. 4, 1990, p. 634.

思考这一点的一种方式是注意到，塞尔在行动的分析中，在考虑到因果性的重要性方面，超越了胡塞尔。但似乎对我来说，在这么做时，他只是成功地表明，试图通过把知觉与行动的可能性追溯到心灵，来说明知觉和行动，而知觉和行动的固有的意向性是注定要失败的。基本的物理世界和个体心灵的固有意向性的笛卡儿/胡塞尔的本体论恰好没有丰富到足以说明我们如何能够采取行动。我们只是不得不咬紧牙关支持身体意向性和作为第三种存在方式的在世存在。

最后，为了理解塞尔所说的关于我的观点，我必须假设有两个塞尔，即现象学家和分析哲学家，其中每一个都持有一种有力的和一致的立场。现象学家接受的强有力的观点是，存在着称为意向状态的真正的实体，而且，因为有行动，所以这些状态一定是引起动作的有效原因，正如，因为在物理世界中存在着意义和功能，所以，人们必须把意义或功能强加于物质本身一样。

这种观点类似于胡塞尔的观点，而且，是对包括语言、尝试成功和建立新的社会制度在内的某些人类活动的真实描述。但是，作为对全人类的意向的行为表现和世界中所有有功能的东西的说明，它完全是错误的，因为它忽视了使意向性的命题形式成为可能的更基本的意向性形式——持续应对，以及能使人们寻找在世界中的方式的一种行为举止——背景应对。

对我来说，这似乎是，当对于塞尔的胡塞尔来说我扮演了海德格尔时，塞尔明白，他的现象学是无法得到辩护的。然后，他退回到较弱的立场并坚持认为，他只是在进行逻辑分析，因为现象学无论如何都是肤浅的。对于逻辑分析者来说，他指出，世界上存在着各种类型的实体，比如，行动、言语行为和像货币那样的社会实体，而且，每一个实体都有一种逻辑结构，这种逻辑结构包含着塞尔以巧妙而令人信服的细节所分析的意向内容。只要我批评现象学家，我就发现了逻辑分析家，但我很快找到了我悄然返回来不能接受的现象学断言。这就好像是，中性的逻辑分析家恳求这位分析家充实建立这种分析的因果断言，而且，塞尔无法阻止这种挑战。因此，他引入在因果性的意义上有效的心理表征，然后断言它们只需要逻辑结构。

我知道，塞尔并不欣赏恭维的话，但我发现，他的目的是，公平地对待逻辑的必要条件和现象学的必要条件（他的最显赫的成就），而且，我从读他的著作和与他的争论中学到了许多东西。他有对行动的说明，还有对胡塞尔缺乏的背景重要性的社会意义以及海德格尔意义的说明。而且，与海德格尔不同，他提出了对语言行为和更需要努力的意向状态的命题内容的令人信服的说明。他也列举了许多始终散见在他的书中的熟练应对现象的事例。我不明白，为什么他不利用这些，提出他自己对我们日常的非命题的在世存在（nonpropositional being-in-the-world）的看法，以便完善他的令人印象深刻的项目。当然，这意味着，他必须采纳一种比笛卡儿的客体本身和他捍卫的自足自立的主体（缸中之脑里的心灵）更丰富的本体论。①

---

① 我已经到了允许我做出回应的空间极限，但幸运的是，塞尔提出的其余的大多数问题，通过我以前的学生们，以我同意的方式，进行了处理。关于塞尔仍然接受笛卡儿的内在与外在区分的一种感觉，参见大卫·卡布恩（David Cerbone）在第一卷中的文章。关于奥林匹斯山诸神的实在性问题，参见 Spinosa C, "Heidegger on Living Gods" in *Heidegger, Coping, and Cognitive Science：Essays in Honor of Hubert L. Dreyfus, Volume 2*, Cambridge: The MIT Press, 2000, pp.209-228。关于背景不是以命题的（乃至概念的）术语可表征的一种重要的感觉，参见 Kelly S D, "Grasping at Straws: Motor Intentionality and the Cognitive Science of Skilled Behavior" in *Heidegger, Coping, and Cognitive Science：Essays in Honor of Hubert L. Dreyfus, Volume 2*, Cambridge: The MIT Press, 2000, pp.161-177。至于我对物理学中的实在论的观点和它如何与关于实在的无因果说明的实在论相融合，参见 Dreyfus H L, Spinosa C, "Coping with Things-in-Themselves", *Inquiry*, Vol. 42, 1999, pp.49-78。指出塞尔关于大脑现象只是心理现象的断言所引发的那些问题，参见 Collins C, "Searle on Consciousness and Dualism" in *International Journal of Philosophical Studies*, Vol. 5, No.1, 1997, pp. 1-33.

附录四　哲学与人工智能的交汇

——访休伯特·德雷福斯和斯图亚特·德雷福斯①

休伯特·德雷福斯教授从 1960 年到 1968 年在美国麻省理工学院从事哲学教学工作。1968 年之后，他在美国加州大学伯克利分校从事哲学与文学教学工作。他曾担任美国哲学学会会长，被誉为是对海德格尔工作的最精准和最完整的解释者。他从 20 世纪 60 年代开始，与弟弟斯图亚特·德雷福斯（美国计算机专家和神经科学家）合作，从现象学的观点出发批判传统的人工智能研究，之后，进一步把研究视域扩展到对一般人性问题的思考。2000 年麻省理工学院出版社同时出版了纪念德雷福斯的哲学研究的两本论文集：《海德格尔、真实性与现代性：纪念德雷福斯论文集 1》和《海德格尔、应对与认知科学：纪念德雷福斯论文集 2》。罗蒂在第一卷的导言中认为，德雷福斯的工作填平了分析哲学与大陆哲学之间的鸿沟。2005 年，德雷福斯荣获美国哲学学会的哲学与计算机委员会颁发的巴威斯奖（Barwise Prize）②。德雷福斯的工作生动地证明了，哲学家也能在科学技术问题上发挥作用。目前，80 多岁的德雷福斯仍然不知疲倦地工作在第一线。为了进一步理解他的哲学思想的发展脉络和他们围绕技能获得模型所折射出的哲学思想，我们邀请德雷福斯进行一次学术访谈。在访谈过程中，他的弟弟斯图亚特也在某些问题上发表了自己的看法。德雷福斯曾于 2009 年 6 月 23 日访问上海社会科学院哲学研究所，在他访问期间，我们曾就一些相关问题进行过交流。本访谈是先通过电子邮件然后进行电脑视频来完成的。

一、关于现象学的问题

问：休伯特·德雷福斯教授，您好，我们很高兴您乐意接受邮件和视

---

① 本文曾发表于《哲学动态》2013 年第 11 期，作者：成素梅、姚艳勤，收入本书时稍作修改。

② 巴威斯奖由美国哲学学会和下属的哲学与计算机委员会，基于国际计算与哲学学会的建议，在 2002 年共同设立，颁发给长期在哲学和计算相关领域内做出重要贡献的哲学家，也有助于促进与哲学的计算和信息转向相关的所有领域内的工作。巴威斯奖每年颁发一次。委员会感兴趣的候选人的领域包括：在哲学教学中使用计算机；人工智能的哲学问题；计算伦理。

频方式的访谈，这使我们有机会能更直接地理解您的哲学观点。我们首先想了解的是，您从现象学出发对人工智能提出的一些看法，是否起到了作用？

德雷福斯：我对哲学家能够充当科学技术的批判者这一角色很感兴趣。因此，我作为一名哲学家，曾受政府基金管理部门（比如美国国防部）人员的邀请做他们的投资顾问。他们问我，向符号化的人工智能提供资助，是否有价值。我说，"肯定没有价值"。于是，他们停止了对这个领域的资助，然后，人工智能就进入所谓的"寒冬期"。这意味着，没有人再从事这项工作。我不能说这是我造成的，我只能说，我的看法被当局采纳了，我赢了。

问：您认为您的哲学观点主要来源于海德格尔，那么，在您看来，海德格尔的名著《存在与时间》的关键要点是什么呢？

德雷福斯：海德格尔是一流的哲学家，他看到，应对技能是建立在所有的可理解性和理解之基础上的。但是，这并不是故事的全部。其他哲学家，特别是美国的实用主义者，也看到了这一点，但重要的是，海德格尔说的话，听起来像是斯图亚特的技能模型，也就是说，当你成为一名专家时，你完全融入情境当中，并且，以不再有"你"的方式，全身心地投入其中。当一名运动员在比赛中处于最佳状态时，他完全被比赛所吸引。这就是海德格尔的伟大思想，因为他试图拒斥 400 年来一直深受欢迎的他那个时代的观点，也就是在哲学中占有统治地位的重要的法国哲学家笛卡儿的观点。笛卡儿说，人是独立思考的个体；海德格尔说，不，人不是独立的个体，而是沉浸在世界之中。人是活动和工具的整个域境的一部分。海德格尔摧毁了笛卡儿的权威。现在，仍然有一些笛卡儿的信徒，但是，也有一些人知道，当我们是专家和表现出最佳状态时，我们并不是独立的人。我们被完全吸引到整个情境当中。我们的生存方式基本上是被卷入的（to be involved），海德格尔就是揭示了这一点的第一位哲学家。

斯图亚特：我来补充一些内容。学习开车的一位初学者把自己看成是操作一台机器的某个零部件。这被称为分离的立场。当一个人成为一名专家级的司机时，他感受到自己是要到达某个地方。在这一点上，他被卷入了世界。

问：那么，在您看来，海德格尔的现象学思想在现象学界和哲学发展中起到了什么样的作用呢？

德雷福斯：在所有的哲学发展中，海德格尔摆脱了笛卡儿的观点。他不相信，人是用心灵表征世界的主体，也就是说，人是独立的智者，心灵拥有所有的图像本身，这些图像属于外部世界。这只是斯图亚特描述的"初学者"的方式。海德格尔采用"在世存在"（being-in-the-world）这个概念，意指完全被世界所吸引。那就是"专家"。

斯图亚特： 就我们的五个阶段的技能获得模型（model of skill acquisition）[①]而言，前三个阶段是分离的。在第三阶段（胜任者阶段）和第四阶段（精通者阶段）之间有一个大的突变。在精通者阶段，人们有了对情境的卷入感，而不是与所处的情境分离开来做决定。这种感觉只能来自经验。然而，在第五阶段（专家阶段），需要做什么和如何去做都是被卷入世界的结果。人们完全沉浸在技能的世界（the world of the skill）中。

德雷福斯： 当你们摆脱了笛卡儿的思想时，你们也就摆脱了大约1650年以来完全相信笛卡儿的所有哲学家，比如，休谟、斯宾诺莎和康德等西方哲学史上的这些大人物。如果你们理解海德格尔的话，那么，海德格尔对他们所起的作用是相当深刻的。我们在心中拥有世界的图像，这显然是不正确的，而且还导致了对世界的那些表征是否符合实在的疑问。只有当我们达到理论反思的水平时，或者说，当我们开始获得一项技能时，这才会发生。

问： 您在阐述技能获得模型时，经常会引用梅洛-庞蒂的观点，那么，海德格尔的现象学和梅洛-庞蒂的现象学之间有什么异同呢？

德雷福斯： 在人与世界的关系问题上，他们两人的观点基本相同，当我们处于最佳状态时，我们完全被世界所吸引。但是，除了差不多三个句子之外，海德格尔从来没有谈到"人有身体"这样的事实。他在《存在与时间》中指出："这是一个大问题，但我们在这里不研究这一问题。"此外，他也没有谈到知觉，知觉是我们看事物的主要方式。他认为，我们有身体，但重要的是，我们抓住了身体；我们有知觉，但重要的是，我们抓住了知觉。但这恰好不是他想要谈论的话题。海德格尔承袭了哲学，但仍然有未完成的工作，那就是：说明如何把我们的身体纳入哲学的讨论当中，以及我们如何感知所融入的世界。梅洛-庞蒂在他的《知觉现象学》一书中接受了这一任务。

问： 在您所阐述的哲学观点中，熟练应对（skillful coping）似乎起到了非常重要的作用，是这样吗？

德雷福斯： 是的，你们说得很对，熟练应对是一切的基础。熟练应对

---

① 技能获得模型的五个阶段分别是：①初学者阶段；②高级初学者阶段；③胜任者阶段；④精通者阶段；⑤专家阶段。

就是我们处于最佳状态。这是成为大师所必需的。对于处理问题来说，熟练应对很流行。

二、现象学和人工智能

问：1964 年，您应兰德公司的邀请，来评价艾伦·纽厄尔（Alan Newell）和赫伯特·西蒙（Herbert Simon）的工作，他们开创了认知模拟（cognitive simulation）领域。您能告诉我们，兰德公司为什么会邀请您这位哲学家来评价似乎与哲学不相关的认知模拟领域内的工作吗？

德雷福斯：在人工智能的发展史上，把现象学和人工智能联系起来……那是一段令人着迷的插曲。分析哲学家和认知心理学家接受了笛卡儿看问题的分离方式，并把一切都看成是理性的、遵守规则的，等等。可我争辩说，如果是那样的话，他们不可能获得智能。于是，他们就设法整我，把我赶出了麻省理工学院（那时，我在麻省理工学院从事教学工作）。他们设法赶我走的原因是，他们说，我借麻省理工学院的名望，提出了这些疯狂的观点。

有趣的是，我是对的。现在，我赢得了老一代人工智能研究者的尊敬，因为他们已经明白，他们运用规则不可能获得智能。我花了许多时间讨论常识和框架问题。不管怎么说，以这种方式，人工智能是无望的，对于一些人来说，这是显而易见的。我认为，分离的遵守规则的思维方式并不是我们的行动和感知的基本方式。熟练的专家（skillful experts）是不遵守规则的。

斯图亚特：我 1955 年到兰德公司工作。我卷入了思考如何用数学模型帮助人们更好地做出决策的问题。我卷入的这个领域称为运筹学。1958 年，赫伯特·西蒙在我的领域内的《运筹学》期刊上发表了一篇文章。西蒙是人工智能领域的三大创始人之一。他是匹兹堡的卡耐基梅隆大学的一名教授，也是兰德公司的顾问。他经常到兰德公司来，而且，他和兰德公司的两个人做一些最初的人工智能的研究。直到那篇文章发表之后，我才知道他在做什么。在那篇文章中，他说，数学建模不能帮助人们做出决策。未来，运用人工智能能够做出比人做出的更好的决策。因此，他在本质上是说，我和兰德公司研究运筹学的每个人都是误入歧途的。就这样，我了解到，兰德公司卷入了人工智能的研究。西蒙的文章给出了人工智能在未来10 年内将会实现的四个预言，其中一个预言是，计算机能战胜国际象棋冠军。这惹怒了我，因为我是一名认真的棋手，而那时，西蒙并没有为他的断言提供证据。因此，我就把兰德公司当时所做的研究和西蒙的预言告诉了我的哥哥德雷福斯。德雷福斯研究了西蒙等的方法，然后很快告诉我，他所感兴趣的哲学使他相信，如果以他们的方式来做的话，人工智能将会失败。奇怪的是，碰巧我的一个小组成员同时也收到了来自他的兄长的一封信，信里说，人工智能将会失败，基本理由与德雷福斯所认为的一样。我把这个结果告诉了我的部门负责人的助理。他又告诉了这位负责人，后来，这位负责人就邀请德雷福斯访问兰德公司。我不知道，他是否告诉这位负责人说，德雷福斯对这个主题持有怀疑态度。当这位负责人后来为了让德雷福斯来到兰德公司，却遭到人工智能共同体的严厉批评时，他声称，他并不知道德雷福斯对这个主题有偏见。我不知道，这是不是真的，因为我不知道这位负责人的助理向他说了些什么。

德雷福斯：我们应该说明的一个问题是，计算机如何能够战胜象棋大师。

斯图亚特：正如你们可能知道的那样，大约在西蒙提出 10 年内计算机能战胜国际象棋冠军这一预言的 40 年之后，运用模拟人的思维方式，极大地提高了世界锦标赛的质量。做到这一点，是用计算机算出了未来比赛中所有的可能步骤。因此，西蒙的预言很不成熟，但他基于自己处理人工智能问题的方式有权做出这一预言。然而，他的这种信念从来就没有被证实过。

德雷福斯：我们需要为人工智能的新的研究方式起一个名称，这种新方式不是认知模拟——不是推理，不是遵守规则，而且，现在我认为，它是我不想用的那个词。当人们说符号化的人工智能时，那是人工智能领域的这类误解的另一个名称。当运用规则的人工智能在逐渐衰退时，我的一个学生，具有讽刺意味地把它称为"好的过时的人工智能"（GOFAI）。我告诉你们，在我写 GOFAI 错在哪里的文章时，它是与认知模拟具有的错误一样的主题，只是名称不同而已。这总是笛卡儿式的支配技能模型的较低层次的规则。

问：您运用现象学的理论与方法批判传统的以符号表征为基础的人工智能，这可以看成是对现象学的一种应用研究吗？

德雷福斯：是的，重要的是，在哲学中，"现象学"这个名字有两种不同的用法。朴素的现象学仍然是笛卡儿式的，那就是，它仍然相信，心灵是独立存在的，心灵通过图像、表征与世界相符合，但另外，还有一些人会说，我们恰好不是这样的。当我们确实处于熟练的最佳状态时，我们是沉醉在世界之中的。这种现象学并不能被称为"朴素的现象学"，而是被称为"存在主义的现象学"。这是一个重要的区别。这两类现象学是完全对立的。胡塞尔在一本他称为"笛卡儿的沉思"（*Cartesian Meditations*）的书中解答了朴素的现象学问题。朴素的现象学与存在主义的现象学相差甚远。

问：您在 1972 年出版的《计算机不能做什么：人工智能的极限》一书中运用海德格尔和维特根斯坦的观点，对认知模拟和人工智能的生物学假设、心理学假设、认识论假设和本体论假设进行了一一的反驳，最后您得出的结论是，当前人类面临的风险，不是超智能机器的降临，而是低智能人的出现。这种观点是否隐含了一种悖论呢？一方面，超智能机器的产生需要设计者是有更高智慧的人；但另一方面，智能机器的使用，又会降低人的智能。比如说，与过去凭经验诊断的医生相比，总是借助于各种机器检测结果进行诊断的医生，其凭经验诊断的医术水平就会降低，您如何看待这一问题呢？

德雷福斯：对这一问题我必须说些什么。那些认为技术将会排除技能的人提出一个令人感兴趣的问题，如果你有给某个患者做检查的心电图仪、核磁共振仪等所有的高科技仪器，难道你就对医生的医术没有要求了吗？这就是说，心电图仪和核磁共振仪将使医生的医术下降。我不是那么肯定。我认为，也许他们将会得到看懂心电图、X 光片等图像的技能。因此，我不认为高技术器械必定会使专业技能消失。高技术器械带来了一个不同的领域。

问：1949 年 10 月 27 日在曼彻斯特大学举行的"心灵与计算机"的学术会议上，波朗尼向会议提交了一篇论文，标题是"心灵能够用机器来表征吗？"，在这篇文章中，他根据哥德尔和塔斯基的观点，阐述了人的直觉与判断的运用不可能通过任何一种机械论来表征的观点，并且，他还与图林、纽曼等讨论了这个问题。您的观点似乎与波朗尼的观点很类似，您对波朗尼的观点有何评价？

德雷福斯：波朗尼是一位令人敬佩的人。他的《个人知识》和《意会的维度》是非常令人感兴趣的两本书。他是一位不断钻研哲学的化学家，他向会议提交的文章很重要，他给出了否定的回答：心灵不能用机器来表征。但这并不意味着，而且，他的意思也并不是说，当你在全神贯注地做某事时——他以盲人的拐杖为例——你的心灵好像不是分离出来看看这根木头的属性，然后，为它提供一种解释。事情不是这么发生的。你已经与这根拐杖融合为一体，你在感觉着拐杖末端的世界。对于这一点来说，波朗尼是对的。但在一个有趣的方面，他是错误的。我曾遇到过波朗尼，我们还就他的《个人知识》一书中的一段进行过讨论。他在这一段描述了现象学，然后指出："但是，我们当然是遵守规则的。"接着，他举一个例子，当你在骑自行车时，你为了保持垂直，你必须向着摔倒的方向扭转车轮。你扭转车轮角度的大小，随着你的车速的变化而变化。就此而言，这就是一个规则。而我认为，这恰好是错误的。

斯图亚特：在人工智能之后，兴起了称为神经网络和强化学习的研究。这种研究没有说存在无意识的规则（unconscious rules），而是讨论大脑工作的方式，结论是，即使你不去学习规则，你也能学会骑自行车。你只是通过大量的实践掌握了骑自行车的窍门。神经得到了协调，这样，你就不会摔倒。因此，我只是想说，实际上重要的是，当你转而反对过时的人工智能时，你要意识到，你通过学习规则不可能获得技能，但是，你能够通过其他方式获得技能。

问：您认为意会知识能够转化为明言知识吗？

德雷福斯：意会知识能够转化为明言知识，但不会捕获到技能。你能够发现意会知识的大致规则，并使它成为明言知识，但将会失去技能和直觉。你充其量能达到高级初学者的层次，也许只是初学者的层次。

问：据说，您的《计算机不能做什么：人工智能的极限》一书被翻译成 20 种语言，已经成为人工智能研究者的必读之作，甚至明斯基（Minsky）、麦卡锡（McCarthy）和维诺格拉德（Winograd）等人工智能专家已经在践行您的观点，人工智能专家会经常与您讨论人工智能的发展和研究吗？你们是在讨论些什么问题呢？

德雷福斯：明斯基和麦卡锡是最重要的两位人工智能的研究者，维诺格拉德也是人工智能的研究者，现在他以反对人工智能而著名。他通过读海德格尔的著作发生了转变。因此，我想说的是，这一切使得我们不能把维诺格拉德与明斯基和麦卡锡放在同样的范畴里。明斯基和麦卡锡都错了。他们继续研究人工智能，不理睬任何人。只有维诺格拉德与我讨论问题。维诺格拉德已经把我的观点付诸实践，那是对的。其实，人工智能的研究者已经失败了，没有必要讨论。曾经有一段时间，我们在麻省理工学院和加州大学伯克利分校有很激烈的公开辩论。每年都有大约 300 名学生集合起来争论过时的人工智能。但现在，我们知道，当你在应对时和处于最佳状态时，心灵没有什么了不起。当你是初学者或当你反思你在做什么时，你才会意识到心灵。像明斯基和麦卡锡这样的人恰好没有看到这一点。

三、技能获得模型

问：您在运用现象学的观点思考人工智能发展问题的过程中，您与您的弟弟一起提出了技能获得模型：①初学者（beginner）阶段；②高级初学者（advanced beginner）阶段；③胜任者（competent）阶段；④精通者（proficient）阶段；⑤专家（expert）阶段；⑥大师（master）阶段；⑦实践智慧（practical wisdom）阶段。我们比较好奇的是，您是如何想到要提出这样一种模型呢？您认为这个模型的重要价值何在？

斯图亚特：就技能模型而言，我们提出这个模型与思考如何提高飞行员的应急反应技能联系在一起。我们要考虑如何最好地教飞行员进行应急反应。这致使我们提出了五阶段的技能获得模型。我们看到了前三个阶段是什么，因为我们关心对飞行员的实际训练。他们可能需要从运用人们提供的规则开始。但是，必须很小心，当你训练飞行员时，他们明白，这并不是在他们成为专业人员后最终处理问题的方式。因此，飞行员为了能够学得更好，他们需要规则，以便能够得到经验。但是，在教学中，必须告诉他们，当他们最终掌握了驾驶技能之后，就不会再根据现在所学的这些应用规则来驾驶。许多教育的失误在于，开始时不会告诉学生这些事情。当用了越来越多的规则使得技能的履行开始变得越来越困难时，应该告诉学生，当他们成为真正的专业技术人员之后，技能将容易得多。我认为，对于教育来说，技能获得模型的最大意义在于，有必要让学生准备采取困难的阶段三和比较容易的阶段四之间的步骤。这就是对哲学家的观点的困难理解与更自然地获得像哲学家那样的思考能力之间的区别。

问：在这个模型中，最有新意的地方是，当学习者达到了域境敏感阶段时，他对问题的处理就变成了直觉式的熟练应对，也就是说，他只是根据掌握的技能随机应变地处理眼前的问题。您认为，这种经过训练获得的直觉与人天生的本能之间有什么异同呢？

斯图亚特："本能"是在出生时大脑中预编程序的某种东西。本能包括当你的手遇到火时会自动缩回来之类的事情。对于鸟类来说，包括如何为自己筑巢。在我的理解中，"直觉"完全是建立在通过经验来学习的基础之上的。许多人误以为，直觉不一定需要通过经验来拥有。在某种程度上，你可能不可思议地知道，你在自己没有经验的情境中或类似的情境中去做什么。

问：您在阐述技能获得模型时，多次使用了"无理性"（arationality）和"无意识"（unconsciousness）这样的术语，这两个术语之间有什么关联吗？

斯图亚特：对我们来说，"无理性"意味着没有使用技能模型的前三个阶段。我们发明了这个术语，但我们使用它时，与"无从区分是非"（amoral）

这个词的用法一样。这意味着，我们不用推理或进行分离就能搞清楚去做什么。非理性（irrationality）意指运用了错误的推理。无理性意指不用进行推理。无意识意指，我们不能说明，你为什么这样做事。除了专家的直觉的熟练应对（intuitive skillful coping）是无意识的之外，还有其他的问题。另一个例子是所谓的联想思维（associative thinking）。你向一个人提供一个词语和另一个词语或你想到的一种观念。无意识包括，除了以经验为基础的大脑神经元的突触引起事情的发生之外，这个人不能说明什么。

问：您在阐述熟练应对时，多次强调情感卷入的重要性，并认为，学习者嵌入域境的程度越深，对域境的敏感程度就越高，这种现象也适用于科学研究的情况。但是，您在《心灵高于机器》一书中，并没有对科学研究的情况做出更多的阐述，大部分阐述还是立足于日常的技能活动，比如开车、下棋等。那么，您能更具体地阐明一下，我们如何用这个模型来说明科学家的认知技能的获得情况呢？

斯图亚特：是的，如果人们没有熟练应对问题的能力，就不能做科学研究。一般情况下，这个能力不可能像在许多活动中那样从反复试验中学到。相反，它是通过观察和模仿有技能的科学家的学徒关系学到的。当然，如果人们不知道关于科学的所有事实，就不可能进行科学研究。因此，科学研究是两种情况的结合：人们必须拥有在我们的技能获得模型的前三个阶段中所获得的事实性知识，也必须具备这个模型的后两个阶段的熟练应对能力。

问：库恩认为，当科学理论处于常规时期时，科学家只是运用现有的范式解决问题，而不对范式本身做出进一步的思考，只有到了科学革命时期，才对范式提出批判。您的熟练应对是否类似于库恩的常规理论时期？您如何评价库恩的常规科学时期？

斯图亚特：就科学探索而言，我们的模型只应用于常规科学。科学革命牵涉到创造性的问题。我们没有研究科学探索的特殊技能，但我猜想，关于常规科学，我与库恩有一点分歧。他把科学探索中采取的步骤解释成是受类似于过去记住的情境的感觉引导的。他确实意识到，这是不可思议的，因为人们似乎不知道如何提问或回答这样的问题："在哪方面类似？"我认为，认知神经科学的当前研究说明，人们不需要提问或回答这个问题。这种替代的观点被称为执行器-评价器时序差分强化学习（actor-critic temporal difference reinforcement learning）。

问：根据这个技能获得模型，学习者从新手到专家的提升，只有在经过从域境无关阶段进入域境敏感阶段之后，才有可能。如何来理解这个过程呢？

斯图亚特：我当前的说明就是我刚才所提到的。专长（expertise）是在通过强化学习各种不同的情况下，哪些是可行的、哪些是不可行的，来产生的。成功的行动造成了对大脑中导致这种行动的神经元的突触的强化。

问：专长以过去的经验为基础，那么，专家的创造性应对是如何形成的？换言之，专家为什么能做出情境化的反应并且表现出创造性？

斯图亚特：在这一点上，我不认为任何一个人都能够成功地说明创造性。德雷福斯在他合作出版的《披露新世界：企业家精神、民主行动和团结的培养》一书中，触及这个主题。我在《科学、技术与社会公报》上发表的一篇文章中报告了我对这个主题的想法。

四、关于当代哲学的一些看法

问：您在 2011 年出版了《万物闪耀》（*All Things Shining*）一书，在出版之前，《纽约时报》还刊载介绍了这本书的相关信息。这本著作是进一步发展了您关于熟练应对的观点吗？

德雷福斯：是的，确实如此。在某种程度上，这本书就是研究我所说的"实践智慧"这一最高境界的社会技能和人们如何获得这项技能。

问：您能简要地介绍一下这本书的内容吗？

德雷福斯：在我们的生活中几乎每时每刻都面临着各种无情的"流畅自如"的选择，可是，我们的西方文化没有向我们提供明确的选择方式，我们的书就是关于这方面的。这种困境似乎是不可避免的，但事实上，这是相当新的困境。在中世纪的欧洲，上帝的感召是最基本的力量。在古希腊，照亮诸神的整个万神殿随时准备为你描绘适当的行动。像在"运动场上"的运动员一样，称为你已经与世界融洽地协调起来，完全沉浸在世界之中，你不可能做出"错误"的选择。然而，如果我们的文化不再是理所当然地相信上帝，我们还能够有荷马时代的好奇和感恩的心情，并被它们所揭示的意义所引导吗？我们在这本书中的答案是，我们能做到。

我们通过考察文学、哲学、宗教立论来重新展望现代人的精神生活，挖掘出了意义的古老来源，而且，教导我们如何每天重新发现我们周围神圣的、闪耀的事物。这本书改变了我们对我们的文化、历史、神圣的实践和我们自己的理解方式。它提供了一个新的——而且是很古老的——方式赞美和感激我们在现代世界中的存在。

我相信，中国的历史上也记载了这种看世界的相同方式。

　　问：这本书的出版是否意味着，您的研究在经历了从现象学到人工智能之后，又转向了对更加一般的人性问题的思考？

　　德雷福斯：是的，确实如此。

　　问：根据您的哲学研究经验，您对当代哲学的发展有何看法？

　　德雷福斯：当代哲学发展得很好，而且，每一年都越来越走近海德格尔和梅洛-庞蒂的哲学。